이상적인 식생활의 실천을 위한

# 식생활 관리

박영희 · 노희경 · 김재숙 공저

Meal Management

지식인공동체
지식인

## Profile

**박영희**
동신대학교 식품영양학과 교수
전남대학교 대학원 식품영양학과 이학박사

**노희경**
동신대학교 식품영양학과 교수
전남대학교 대학원 식품영양학과 이학박사

**김재숙**
JS퀴진아카데미 대표
전남대학교 식품영양학과 겸임교수
전남대학교 대학원 식품영양학과 이학박사

# 식생활관리

2013년 7월 25일 수정판 1쇄 인쇄
2013년 7월 30일 수정판 1쇄 발행

지은이 | 박영희 · 노희경 · 김재숙
펴낸이 | 김종욱
펴낸곳 | 지식인공동체 지식인
등 록 | 제301-2013-134호
주 소 | 서울시 중구 서애로5길 12-20 성운빌딩 402호
전 화 | 02)2266-8606~7
팩 스 | 02)2266-8607
E-mail | jisikin2013@naver.com

ISBN 978-89-9859100-7 (93590)

값 22,000원

# 식생활관리

# PREFACE

식생활관리의 가장 중요한 목표는 이상적인 식생활을 실천하여 사람들이 건강한 삶을 계속적으로 영위할 수 있도록 실질적인 방안을 모색하는 일일 것이다. 오늘날에는 사회환경의 변화에 의한 영향으로 식생활이 추구하는 가치와 목적이 급속하게 변화되고 있다. 과학기술의 발달과 국제적인 교류가 활발해지면서 외국의 식생활문화에 의한 영향이 커지게 되고, 가공식품의 이용과 외식의 빈도가 크게 증가되어 전통적인 식생활이 점차 약화되고 있다. 최근 우리나라 사람들의 사망원인이 되는 질병이 암, 혈관계질환 등 주로 만성질환이라는 사실은 식생활환경의 변화가 건강에 미치는 영향이 매우 크다는 것을 나타내는 것이다.

따라서 이처럼 어려운 문제에 접한 현대인들에게 가장 적절한 식생활관리 방안의 제시가 절실하며, 또한 현재 처해 있는 여러 가지 상황을 타개해 나갈 수 있는 제안이 필요하다.

이와 같은 이유에서 저자들은 이상적인 식생활의 실천을 위해 알아두어야 할 지식을 복잡하지 않게 설명하였고, 대학에서는 식품영양학 관련 전공 학생들이 현명한 식생활관리를 할 수 있는 능력을 배양하도록 기본적인 내용과 최근의 식품영양 정보를 소개하였다.

끝으로, 본 교재의 출판을 허락한 지식인에 감사드린다.

저자 일동

CONTENTS

# Meal Management

CONTENTS

Meal Management

**Meal** Management

# PART 1

# 식생활 관리의 목표

# 제1장 식생활관리의 개념

Meal Management

## 1-1 식생활관리의 의의와 목적

식생활관리란 식사와 관계되는 모든 활동, 의사결정, 실천 등을 관리하는 것을 말한다. 일반적으로 '식(食)'이란 음식물 자체 혹은 음식물 섭취의 의미를 갖는다. 먹는다는 것은 인간의 생명유지에 필수적인 요소이며 가장 기본이 되는 것이다.

과거 오랫동안 인간의 식생활은 일부 예외를 제외하고는, 기아를 면하기 위한 목적을 달성하기에 급급했다. 그러나 문화가 발달하고 생활에 여유가 많아짐에 따라 음식물도 풍족해졌으므로, 최근에는 단순한 공복 채우기나 영양의 섭취, 또는 맛이나 기호에만 국한되지 않고 어떻게 하면 좀 더 잘 먹고 잘 사는가에 관하여 많은 사람들이 관심을 두고 있다.

음식물은 생명유지의 기본이 되는 영양소를 함유하고 있기 때문에 매일매일 필요하며 그 내용이 적절하여야 한다. 한 나라의 식생활은 수천 년 동안 그들이 처한 환경에 적응하여 형성되어 왔으나 근래에 과학기술의 발달과 식품공업 발전, 교통과 통신의 발달 및 지역 간, 국가 간의 교역증진에 의하여 고유의 식생활 방식에 많은 변화를 가져오고 있다. 도시화, 핵가족화 등 현대사회에서 주부의 취업기회가 증가하고 혼자 사는 세대도 많아져 어머니가 조리법이나 전통식사법을 전해주는 시기에서 점차 독립해 나가게 되었다. 이러한 변화에 대응하여 외식시설, 가공식품의 증가 등으로 식생활에 큰 변화가 생겼으며, 이와 같은 경향 때문에 불규칙한 식사, 과도한 인스턴트식품의 섭취, 결식, 과식 등이 늘고 있다.

사람은 누구나 건강하게 오래 살기를 희망한다. 건강증진과 질병예방에 있어 적합한 식사와 좋은 영양은 대단히 중요하다. 적합한 식사란 자기에게 적합한 신체적 조건, 활동량, 식품에 대한 올바른 지식 등이 합쳐져서 적합한 식사가 구성된다. 또한 좋은 영양을 유지하기 위해서는 좋은 식습관을 가져야 한다. 식습관은 각 가정의 경제수준과 전통적인 관습, 교육수준, 정서적 환경, 사회관습 등에 따른 식품섭취 상황에 의해 형성된다.

우리나라는 최근 경제발전과 산업화, 도시화 및 국제 문화교류 등에 의한 사회생활의 변화로 인하여 식생활 양상도 과거에 비해 현저히 달라지고 있다. 식생활의 서구화로 인해 성인병 환자가 급격히 증가하고 있으며, 심지어 어린이와 청소년층에서도 성인병이 늘어나고 있다. 각종 성인병을 예방하기 위해서는 식생활을 재정립해야 하며 우리 전통음식을 발전시켜 계승하여야 한다. 한국의 전통음식은 과학적이고 합리적이다. 현대의 성인병은 식생활의 잘못에서 기인하는 경우가 많다. 식생활은 인간의 생명을 유지하고 건강을 지키는 근본이므로 식생활과 건강은 매우 밀접하다.

### 1) 식생활관리의 의의

식사와 관계되는 모든 활동과 의사결정, 그리고 실천하는 것을 책임 맡은 사람을 식생활관리자(meal manager)라 하고, 그 책임의 내용이 식생활관리(meal management)이다. 식생활관리자는 가정주부이기도 하고, 학교, 산업체, 병원 등의 영양사이기도 하며, 식품을 구매하는 구매자, 식생활비를 조정하는 재정관, 여러 가지 일을 관리·실천하는 경영자, 영양을 지도하는 교육자, 주방의 감독자이기도 하며, 나아가 식탁을 아름답게 연출하는 예술가이기도 하다. 따라서 식생활관리자는 위와 같은 역할을 담당하기 위해서 수많은 결정들을 내려야만 한다. 이러한 결정들은 시시각각 변할 수 있으므로 최상의 결정을 위하여 많은 경험과 다양한 지식을 활용해야 한다.

### 2) 식생활관리의 목적

식생활관리의 목적은 식생활관리의 의의를 구체화하여 이상적인 식생활이 영위되도록 하기 위함이며, 이를 위해서는 인체에 필요한 영양소를 공급하여 신체적·생리적 충족을 가져와야 하며, 식생활 행동에 심리적 만족감을 얻을 수 있어야 한다.

## 1-2 식생활관리의 개념

### 1) 의사결정

식생활관리에 있어서 의사결정이란 식생활관리자가 식생활 제반에 관한 방향을 결정하기 위하여 세부사항을 고려하고 검토하여 선택하는 모든 과정을 계획을 세워 실천하는 것이다. 의사결정의 과정은 무엇을 선택할 것인가를 인식하고, 선택방법은 어떻게 해야 할 것인가를 생각하며, 가능한 선택방법을 평가해 보고 최종적으로 하나를 선택해야 한다. 의사결정은 식생활관리자의 목표에 따라 달라질 수 있다. 예를 들면, 가족의 건강이나 영양을 생각하면 가격이 높아질 수 있고, 가격을 생각하면 영양가가 낮아질 수 있고 시간이 많이 소요될 수 있다. 그러므로 이를 잘 절충하도록 해야 한다.

모든 의사결정은 목표달성을 위해 가장 합리적인 방법으로 되어야 한다. 합리적인 의사결정은 깊이 생각하고 충분한 경험과 지식을 이용해야 한다.

### 2) 자원

자원이란 식생활을 영위하는 데 필요한 모든 것을 포괄한다. 자원은 크게 물적 자원과 인적 자원으로 나눌 수 있다. 물적 자원은 식품의 주·부재료, 조리기구, 주방설비 등을 말하며, 연료와 전기, 물 등의 자원도 여기에 속한다. 이들은 모두 화폐로 구매할 수 있으므로 화폐자원으로 쉽게 환산이 가능하다. 인적 자원은 지식, 기술, 에너지 등이다. 식생활관리자가 가지고 있는 지식, 기술능력 등의 인적 자원을 식사준비에 어떻게 소비하느냐에 따라 물적 자원의 소비가 절약될 수 있다.

식생활관리자가 식사의 의미를 어떻게 부여하는냐에 따라 가족 영양의 과부족과 건강상태가 결정된다. 이와 같은 자원의 사용은 서로 상호관련이 있으므로 이러한 자원을 얼마만큼 식사준비에 소비할 것이냐 하는 것을 우선 결정해야 한다.

# 제2장 식생활관리의 목표

Meal Management

## 2-1 영양면

식단작성은 신체가 어떠한 영양소를 얼마나 필요로 하는가를 알아서 여기에 알맞은 식단을 계획해야 한다. 식사의 본래 목적은 건강유지 · 체위향상을 기하기 위한 것이며 충분한 활동과 성장을 할 수 있도록 하기 위하여 영양을 섭취하는 것이므로 식단작성에 있어서 가장 중요시해야 할 점이 영양면이다. 어떠한 식품이든지 영양소를 함유하고는 있으나 한 가지 식품이 모든 영양소를 골고루 함유하고 있는 것은 아니다. 그러므로 모든 영양소를 균형 잡힌 상태로 섭취하려면 가족의 영양필요량에 알맞은 식품과 양을 선택하는 것이 중요하다. 영양적 측면을 고려하여 식단을 작성할 때 첫 번째 중요한 내용은 식사를 하는 사람의 연령 · 성별은 물론 노동강도 · 건강상태 등에 따라 각각의 영양소요량을 결정하여야 한다. 나아가서는 가족 개개인의 영양량을 알아야 하며 어떠한 식품을 얼마나 섭취하여야 할 것인가를 알아야 한다.

영양권장량을 실생활에 유용하게 사용할 수 있도록 하기 위해서 우선 식생활을 담당하고 있는 주부가 자기 가족별로 필요한 열량을 취할 수 있도록 식단을 작성해야 한다.

두 번째로 고려해야 할 영양적 요인은 단백질량이다. 따라서 식단작성에 있어서는 필요한 열량과 단백질량을 충족시킬 수 있도록 식단을 작성하는 데 유의해야 한다.

## 2-2 경제면

각 가정의 식생활비 규모는 가족 수와 수입에 따라 달라지므로 식단작성과 경제적 측면은 밀접한 관계가 있다. 그러므로 각 가정의 경제상태에 맞춰 식생활비에 대한 적절한 계획을 세워야 균형 잡힌 식단을 작성할 수 있다.

가정에서 식품비의 부담은 건강한 식사의 장애요인이 될 수 있다. 특히 구매력에 제한이 있는 저소득층의 경우, 식생활에 대한 과학적인 관리가 이루어지지 않으면 건강상의 문제를 초래할 수 있다. 서구 선진국과 같이 경제수준이 높은 나라에서 나타나고 있는 비만 등 에너지 섭취 불균형에 의한 영양문제도 저소득층의 질병으로 전환되고 있는 실정이다. 이는 저소득층의 구매력 제한이 비용이 적게 드는 고에너지

식품선택의 가능성을 높이기 때문이다.

그러므로 값싸고 구하기 쉬운 식품의 종류를 알아두어 소득에 알맞은 식품을 선택하도록 한다. 또한 물가에 따라 해마다 값싼 식품의 종류에는 차이가 있으므로 물가변동을 고려해야 한다. 이렇듯 현명한 경제적인 식생활관리를 한다면 경제적 형편에 적합하면서도 각 구성원의 기호와 영양을 충족시킬 수 있는 식생활계획이 가능할 것이다.

### 1) 식생활비(식비)의 지출 현황

식생활비는 소득수준과 가족 수에 따라 차이가 나고 식품의 양과 질적인 면에도 영향을 미친다. 계획적이고 영양이 풍부한 식생활을 하기 위해서는 식생활비를 미리 정하고, 그 내용을 충분히 검토한 후 식단을 작성해야 한다. 가족의 수입에 따른 식생활비가 결정되면 주식비, 부식비(간식 및 후식 포함), 외식비로 나누어 계획한다. 주식비는 가족 수에 따라 결정되며 소득이 많고 적음과는 그다지 상관없으나 부식비는 소득에 많은 영향을 받는다. 즉 소득이 증가할수록 부식비도 증가하며, 특히 값이 비싼 동물성 단백질 식품의 소비가 증가하게 된다. 간식비, 외식비 등도 소득수준과 밀접한 관계가 있다.

소비지출 중 식비가 차지하는 비중인 엥겔지수는 소득수준의 향상으로 1980년 42.9%에서 2000년에는 27.4%로 20년간 크게 감소하였고, 그 후 2011년에는 26.1%로 2000년 이후로 조금 감소를 보이고 있다.

식비 중에서 차지하는 식비 종류별 구성비를 비교해 보면(그림 2-1), 1970~2010년까지 40년간 주식비와 부식비는 감소한 반면, 기호식품비와 외식비는 증가하여 그간 식생활 패턴이 어떻게 변화했는지를 알 수 있다. 특히 1985~1990년에 근로자 임금수준이 향상됨에 따라 외식비 지출이 빠른 속도로 급상승했음을 알 수 있다.

또한 2011년에는 주식비의 비중이 9.0%로, 주식비의 비중에 비해 부식비는 3배, 기호식품비는 2배, 외식비는 8배로 식비 중 주식비 지출이 가장 적어졌다.

**TIP**

$$\text{엥겔지수(\%)} = \frac{\text{식비}}{\text{소비지출}} \times 100$$

그림 2·1
식비 구성의 연차적 추이(전 가구)

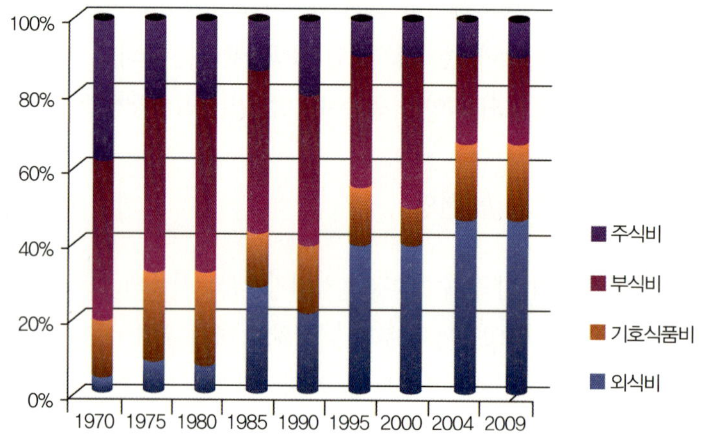


가계소득지출의 식비구성비를 보면〈표 2-1〉, 주식인 곡류의 구입비율이 1980년 이후 감소하는 현상을 보였고 현재는 식비 전체의 10%를 밑돌고 있다. 육류는 7~8% 수준, 채소 및 과일은 13~18%, 조미료는 약 4~5% 정도이다. 육류의 비율은 감소 추세이나, 실제로는 곡류구입비는 줄고 육류구입비는 늘어났다. 한편 가족 수별 식비지출을 보면, 가족 수가 증가할수록 식비지출은 늘어났으나, 가족 수가 증가할수록 1인당 식비지출은 감소했다〈표 2-2〉.

〈표 2-1〉 월평균 총 소비지출 중 식비구성비(전 가구)

| 연도 | 소비지출 (천원) | 식비 (천원) | 엥겔지수 (%) | 곡류 | 육류 | 외식 |
|---|---|---|---|---|---|---|
| | | | | 천원(식비에 대한 비율 %) | | |
| 1980 | 180.5 | 77.5 | 42.9 | 27.3(35.2) | 7.8(10.1) | 2.9(3.7) |
| 1985 | 317.0 | 118.9 | 37.5 | 33.4(28.1) | 14.9(12.5) | 8.9(7.5) |
| 1990 | 685.7 | 220.8 | 32.2 | 44.9(20.3) | 26.2(11.9) | 44.8(20.3) |
| 1995 | 1,265.9 | 363.1 | 29.0 | 46.7(12.9) | 42.2(11.6) | 115.7(31.9) |
| 2000 | 1,632.3 | 447.0 | 27.4 | 56.7(12.7) | 45.0(10.1) | 176.0(39.4) |
| 2009 | 2,187.7 | 582.8 | 26.6 | 36.7(6.3) | 51.8(8.9) | 280.7(48.1) |
| 2011 | 2,311.8 | 603.3 | 26.1 | 54.3(9.0) | 54.3(7.5) | 287.8(49.7) |

〈표 2-2〉 월평균 가족 수별 식비지출(2009)

| 가족 수 | 총 소비지출 (천원) | 식비 (천원) | 엥겔지수 (%) | 식비 중 외식비 (%) | 1인당 식비지출 (천원) |
|---|---|---|---|---|---|
| 2인 | 1,483.7 | 460.9 | 31.1 | 40.0 | 230.4 |
| 3인 | 2,217.5 | 638.1 | 28.7 | 47.8 | 212.7 |
| 4인 | 2,788.7 | 728.3 | 26.1 | 48.5 | 182.1 |
| 5인 이상 | 3,057.5 | 803.3 | 26.3 | 46.4 | 140.7 |
| 평균 | 2,019.8 | 563.2 | 27.9 | 46.0 | 196.5 |

자료 : 통계청, 가계소득지출, 2010

## 2) 경제관리 목표

### (1) 식품계획

식품계획(food plan)이란 영양섭취기준을 만족시키면서도 각 가정의 소득수준에 따라 합리적인 식품구입을 계획하는 것을 뜻한다. 식품계획은 새로운 영양지식의 발달, 식품소비실천의 변천, 경제상태의 발전에 따라 수정되어 왔다. 이 계획은 단체급식소의 영양교사, 영양사를 비롯하여 식품구매에 관련된 일을 하는 사람들이 사용하고 있다.

식생활관리자의 매우 중요한 기술의 하나는 재정능력에 맞는 식품을 선택하는 능력이다. 지금까지 우리나라 식생활계획을 살펴보았을 때 식생활비가 제한될수록 열량을 충족시키기 위하여 전분식품을 위주로 식품계획을 세워왔으며 단백질 및 다른 영양소의 과부족은 고려하지 않은 불합리한 식사계획을 해온 것 같다.

그러나 소득에 따른 식사계획을 컴퓨터를 이용하여 총 열량 중 탄수화물 : 단백질 : 지방의 섭취비율을 65 : 15 : 20으로 하고 다른 영양소 권장량을 만족시키도록 하면서 최저식품비 및 식품량을 산출하면 합리적인 식사계획이 가능하다.

가족들에게 필요한 열량과 영양소를 한국인 영양섭취기준을 만족시키도록 식품군별 구성량, 식품구입비 등의 자료를 입력한 후 선형계획법 프로그램을 수행시켜 하루에 필요한 총 식품량과 식품의 종류를 산출하고, 산출된 식품량을 바탕으로 한국인의 식습관에 맞는 식단을 작성한다. 〈표 2-3〉은 이와 같은 방법으로 수행된 가구모형별 식품필요량의 예이다.

〈표 2-3〉 가구모형별 식품필요량(단위 : g)

| 식품군 \ 가구모형 | | 단신 남자 | 단신 여자 | 2인 가족 | 3인 가족 | 4인 가족 | 5인 가족 |
|---|---|---|---|---|---|---|---|
| 단백질 식품 | 고기 · 생선 | 80 | 70.4 | 150.4 | 190.4 | 310.4 | 380 |
| | 난류 | 50 | 45 | 95 | 120 | 195 | 240 |
| | 콩 · 콩제품 | 30 | 24.9 | 54.9 | 69.9 | 114.9 | 140.1 |
| 칼슘 식품 | 우유 | 200 | 200 | 400 | 800 | 930 | 1130 |
| | 뼈째 먹는 생선 | 10 | 10 | 20 | 30 | 50 | 60 |
| 비타민 및 무기질 | 녹황색채소 | 100 | 80 | 180 | 230 | 365 | 445 |
| | 담색채소 | 200 | 160 | 360 | 456 | 730 | 896 |
| | 과일 | 200 | 160 | 360 | 456 | 730 | 896 |
| 당질 식품 | 곡류 | 350 | 280 | 630 | 801.5 | 127.4 | 1564.5 |
| | 서류 | 150 | 120 | 270 | 340.5 | 544.5 | 675 |
| 유지류 | 유지 | 60 | 49.8 | 109.8 | 139.8 | 220.2 | 265.2 |
| | 깨소금 | 3 | 2.5 | 5.5 | 7.0 | 11 | 13.3 |

자료 : 최혜미 외(1991), 대한가정학회지

식품계획은 식품필요량을 구입하는 지표로서 4가지 계획이 있다. 즉, 여유가격계획(liberal cost plan), 적정가격계획(moderate cost plan), 저가격계획(low cost plan), 절약계획(thrifty plan) 등이다. 저가격계획과 적정가격계획들은 대부분의 사람들 식사를 만족시키며, 여유가격계획은 육류 · 과일 · 채소가 다른 계획들보다 다양하고 풍부하며, 절약계획은 영양필요량을 공급해준다.

○ 식품계획의 종류

식품계획은 소득수준에 따라 절약계획, 저가격계획, 적정가격계획, 여유가격계획으로 나누어 계획한다. 절약계획은 저가격계획보다 식비를 25~33% 낮게 책정하고, 적정가격계획은 저가격계획보다 약 25% 높게, 여유가격계획은 저가격계획보다 약 50% 높게 계획한다.

○ 식품계획에 따른 유의사항

절약계획은 영양섭취기준을 만족시킬 수 있도록 하고, 여유가격계획은 식품선택을 다양하고 자유롭게 하여 식사 만족도를 높일 수 있도록 한다. 같은 쇠고기를 선택하더라도 여유가격계획인 경우에는 값비싼 부위와 등급을 사용할 수 있지만, 저가격계획인 경우에는 값싼 부위와 등급을 사용해야 한다.

> **TIP**
> **식품계획 시 식품비 책정(저가격계획 시 100% 기준)**
> • 절약가격계획 : 67~75%　　• 적정가격계획 : 125%　　• 여유가격계획 : 150%

식품계획의 비용이 여유가격에서 절약가격으로 감소됨에 따라 우유, 치즈, 아이스크림, 육류, 가금류와 어류, 난류, 감귤류와 토마토, 기타 과일과 야채류, 설탕과 당류의 양이 감소되고 있다. 동시에 말린 콩류, 완두와 견과류, 밀가루, 곡류와 제빵류, 감자류 등의 양은 증가하고 있다. 가장 현저한 차이는 육류의 양에서 볼 수 있는데, 식품비의 약 1/3을 수입육류에 의존하고 있다. 식품계획에는 양적인 차이뿐만 아니라 질적인 차이도 있다. 즉, 구입한 육류의 종류와 부위, 과일과 야채의 선택, 편이식품의 종류와 양, 구입한 식품의 질과 다양성 등에 차이가 있다.

이와 같은 방법으로 1998년 식품가격에 준하여 구한 식품구입계획별 구입 가능한 식품군의 지출비율은 〈표 2-4〉와 같았다. 식품비가 높아짐에 따라 난류와 두류의 상대적 구입비율은 낮아지고 육·어류의 구입비율은 높아지도록 구성되었다. 또한 여유가격계획에서는 각 식품군 내에서 질적인 면뿐만 아니라 선택된 식품의 종류가 더욱 다양해져, 식사계획이 훨씬 쉬어지고 먹는 즐거움을 제공하는 식사를 준비할 수 있을 것이다.

**〈표 2-4〉 각 식품구입계획에서 구입 가능한 식품군의 지출비율(%)**

| 식품군 \ 식품구입계획 | 저가격계획 | 적정가격계획 | 여유가격계획 |
|---|---|---|---|
| 곡류 및 감자류 | 33.5 | 23.1 | 18.7 |
| 어육류 · 두류 · 난류 | 27.5 | 25.6 | 38.4 |
| 우유류 | 12.4 | 10.5 | 8.2 |
| 채소 및 과일류 | 34.9 | 45.3 | 38.7 |
| 유지류 · 조미료류 | 6.8 | 5.7 | 3.5 |

자료 : 1998년 3월 가격
이경신 · 최성민 · 최혜미(1998), 대한지역사회영양학회지 3(3) : 480~495

### (2) 경제성을 고려한 식품선택

가정의 소득수준에 따라 식생활비를 결정하고 주식비, 부식비, 간식비, 외식비 등을 계획한다. 예산 내에서 식품을 구입하려면 대체식품을 적절히 활용할 필요도 있다. 즉 식품에 따라 주된 영양소 함량이 다르고 가격에서도 차이가 많으므로, 주요 영양소별 식품군에서 그 가정의 소득에 적합한 대체식품을 선택하도록 한다.

일반적으로 단백질 식품은 가격이 비싼 편이므로 가정경제에 맞는 적절한 식품을 선택한다. 단백질 식품에서는 유사한 단백질 함량을 포함하면서도 값이 저렴한 단백질 식품을 선택할 수 있어야 한다. 경제적으로 여유가 없는 가정에서 상대적으로 가격이 저렴한 대체식품을 활용하는 예를 제시한 것이다〈표 2-5〉.

예를 들어, 같은 단백질 식품군 내에서는 계란은 쇠고기에 비해 단백질 1g당 가격이 훨씬 저렴하므로, 이러한 대체식품을 적극적으로 이용한다〈표 2-6〉. 또한 영양도 풍부하고 저렴한 계절식품을 잘 활용하는 것도 매우 유익한 식품선택이라 할 수 있다.

**〈표 2-5〉 경제면을 고려한 대체식품**

| 식품군 | 식품명 | 대체식품 |
|---|---|---|
| 어육류군 | 쇠고기 | 돼지고기 |
| | 조기 | 고등어 |
| 채소군 | 송이버섯 | 새송이버섯 |
| 과일군 | 멜론 | 참외 |

**〈표 2-6〉 단백질 대체식품의 가격비교**

| 품명 | 1인 1회 분량(g) | 단백질 함량(g) | 단백질 1g당 가격(원) |
|---|---|---|---|
| 계란 | 50 | 6.25 | 26 |
| 쇠고기(한우 등심) | 60 | 12.5 | 297 |

자료 : 농림부, 농축임산물 가격정보(2008년 10월 기준)

### (3) 식품비 예산 세우기

식품비 예산을 세우는 것은 비교적 간단하다. 즉, 필요식품을 결정하고 어떻게 구입할 것인가를 결정하면 된다. 식품계획에 따라 식품필요량을 구입하는 것은 여유가격계획을 제외하고는 선택된 계획에 따라 식품선택을 다소 제한해야 하는 것을 뜻하다. 식품계획이 보수적일수록 식품선택은 제한되며 일단 형성된 식품기호와 식습관은 쉽게 빨리 변경되지 않는다. 더욱이 계획이 보수적일수록 식생활관리자가 식사계획, 장보기, 식사준비에 더 많은 시간과 노력을 소비해야 하며 더 많은 지식, 기술, 능력이 요구된다.

다음은 구입의 필요성에 맞는 품목이나 같은 품목을 다른 방법으로 구입하거나 달리 선택할 수 있는 품목들이 있는지를 알아보기 위해 각 품목별로 식품군을 조사해야 한다. 다른 식품계획에서 제시된 양과 구입한 식품의 양을 비교함으로써 실제보다 많은 것이 구입되고 낭비되었는지를 알 수 있게 된다. 현재의 소비실천을 완전히 분석한 결과로써 새로운 식품예산에 세워질 수 있다. 그러나 가족구성원 모두가 이러한 변화를 바람직한 것으로 생각하지 않거나 이러한 변화에 따른 시간과 노력을 기꺼이 쓰고자 하는 의사가 없을 때에는 새로운 예산은 실패하고 만다.

#### (4) 식품비 조절

일단 건전한 예산이 세워지면 모든 가족구성원들은 주어진 한계 내에서 생활할 책임을 분배해야 한다. 즉, 대부분의 음식을 집에서 조리해야 하므로 식사준비와 식사시간에 돕는 일들을 해야 한다. 주부가 식사를 계획하고 장보고 식사를 준비하게 되므로 주된 책임을 맡게 된다. 이러한 책임을 수행하는 주부의 기술이 식품비 예산의 성공 여부를 결정해주며 예산이 적을수록 주부는 많은 시간과 노력을 기울여야 한다. 이러한 모든 책임이 중요하기는 하나 제일 중요한 것은 식품구매이다. 식사가 즐겁고 음식의 맛이 좋아야 하나 이러한 목표는 예산에 따라 어떤 식품을 구매할 것이냐에 의해 이루어질 수 있는 것이다.

첫째, 구매하는 데 있어 식생활관리자는 부분적으로 조리된 식품과 완제품(ready-to-eat-food)에 얼마나 많이 소비할 수 있는지를 알아야 한다. 왜냐하면, 이런 식품에 너무 많이 소비하면 조심스럽게 계획된 예산을 망쳐버리기 때문이다.

둘째, 과일과 채소, 육류를 얼마나 살 수 있는지 알아야 한다.

셋째, 같은 식품군 중에서 자신의 예산에 맞는 것이 어떤 것인지를 선택할 수 있어야 한다. 낮은 식품비 예산으로 살아가기 위해서는 과일과 채소, 육류에 소비할 수 있는 총 비용을 항상 머릿속에 생각하고 있어야 한다. 1인분의 가격은 적당한 선택을 할 수 있는 가장 좋은 지표이기 때문에 주부는 시장단위의 일인분을 알아야 한다.

넷째, 여유가격을 제외한 모든 예산은 잡비항목의 비용에 주의해야 한다.

마지막으로, 주부는 경제적인 예산을 위하여 어떻게 식품을 사야 하며 특매를 어떻게 인식하는지를 알아야 한다.

식사계획에서 식사는 식사를 하는 사람들을 즐겁게 해야 한다. 예산이 많을수록 쉬운 일이다. 왜냐하면, 가족의 각 구성원이 맛있는 스테이크를 먹는다면 그 외 다른 음식에는 별로 신경을 쓰지 않아도 되기 때문이다. 예산이 적을수록 주부는 식단계획의 기술과 과학에 의존하게 된다. 주부는 여러 가지 맛과 향기를 배합하여 사용해야 하며 질감의 대조, 식품의 모양이나 맛을 좋게 하기 위하여 여러 가지 방법을 사용해야 한다. 요리를 잘하는 것이 항상 바람직하다는 것은 말할 필요도 없겠으나 예산이 제한된 경우는 더욱더 중요하다고 하겠다.

## 2-3 기호면

식생활관리 목표 중의 하나는 기호에 맞는 맛있는 식사를 할 수 있도록 하는 것이다. 아무리 영양이 풍부한 식사라 하더라도 맛이 없으면 음식을 잘 먹지 않게 된다. 그러나 영양이 좋은 식사이면서도 각 개인의 기호에 적합한 식사를 구성하는 것은 쉬운 일이 아니다. 기호는 성별, 연령, 건강상태, 개인이 처한 환경에 따라 항상 변화될 수 있기 때문이다. 특히 어린이를 중심으로 특정 식품에 대한 편식이 증가되고 있으며 이는 균형적인 영양섭취를 저해할 뿐만 아니라 이들의 일생에 걸쳐 영향을 미칠 수 있으므로, 이 시기에 올바른 식습관을 바탕으로 한 기호도를 형성하도록 식생활관리를 하는 것은 개인은 물론 국가적인 차원에서도 절대적으로 필요하다.

**TIP**

**기호를 변화시키는 요인**

- 성별
- 연령 · 건강상태
- 개인이 처한 환경

## 1) 한국인의 기호 및 식습관 현황

### (1) 한국인의 기호 변화

식환경의 변화와 외국의 식문화가 유입되면서, 오랫동안 곡류를 중심으로 한 우리의 전통적인 식생활 패턴과 기호는 전반적으로 서구화 또는 세계화되고 있다. 한편 우리의 전통음식이나 조리법은 대외적으로 건강음식으로 알려지면서 국제적인 교류가 활발하게 이루어지고 있다. 이러한 변화로 최근 '퓨전 푸드'라는 용어가 생겨났는데, 이는 동 · 서양 식재료의 조화, 조리법의 호환 등을 통해 새로운 맛을 창출해 가는 것을 말하며, 이러한 기호의 추구는 젊은 세대들의 시대적 요구로서 앞으로 더욱 발전해 나가리라 생각된다.

### (2) 식습관의 특성

식습관은 매일의 식사에서 반복되는 행동으로 어려서부터 몸에 익혀지는 것이므로 변화시키기란 매우 어렵다. 특히 식습관이 고정되는 시기를 학동기와 청소년기로 보고 있어, 이때의 올바른 식습관이 몸에 배도록 하는 것이 매우 중요하다.

식습관에서 가장 기본이 되는 것은 하루 세 끼 식사를 규칙적으로 하는 것이다. 그러나 최근 이러한 식사 패턴이 바뀌어 하루 두 끼 또는 한 끼의 식사로 변하고 있어 우려되는 바가 크다. 2008년 보건복지부의 국민건강영양조사에 의하면, 전국적으로 아침을 결식하는 비율이 21.6%, 점심결식이 4.7%, 저녁결식이 4.3%로 아침결식률이 단연 높다.

2005년에는 이전과 비교하여 아침결식률이 16.7%로 다소 개선된 것처럼 보였으나, 2008년 결과에는 다시 아침결식률이 높아졌다. 따라서 지속적으로 국민들의 하루 세 끼 식사의 필요성에 대한 인식도를 높이는 것이 필요하다.

또한 아침결식 현상은 대도시, 중 · 소도시, 읍 · 면지역의 순으로 낮아졌으며, 연령으로 볼 때는 20~29세에서 가장 높았고 다음으로는 13~19세 청소년기에서 높았다.

이들은 시간이 없어 결식하는 경우(남자 31.9%, 여자 33.7%)가 가장 많아 학습량이 과다한 것이 문제인 것을 알 수 있다. 그러나 그럴수록 먹을 수 있는 음식을 준비해서, 특히 결식률이 가장 높은 아침식사를 반드시 하는 것이 중요하다. 즉, 하루에 필요한 음식섭취량을 세 끼에 고루 분산시키지 않고 한꺼번에 많은 양을 섭취하게 되면, 위장장애가 생기기 쉽고 비만이나 졸음으로 인해 정신집중이 어렵게 된다. 한편 시간이 부족하여 스낵이나 과자류 등과 같이 먹기 쉬운 간식으로 대체하는 경우가 많은데, 이때에는 섭취하는 영양소가 편중되어 영양 불균형을 초래하게 된다. 특히 아침을 결식하게 되면 두뇌활동에 필요한 에너지 공급량이 부족하여 두뇌활동이 활발하지 못하게 되므로, 청소년기에 학습효과를 떨어뜨리는 원인으로 알려져 있다. 그러므로 세 끼의 식사를 하는 것이 매우 중요하다. 식사시간의 간격을 일정하고 규칙적으로 하는 것 또한 매우 중요하다.

경제적으로 여유가 생기면서 외식하는 빈도도 높아지고, 그 종류도 다양해지고 있다. 그러므로 식사를 관리하는 담당자는 외식의 장·단점을 살려서 적절하게 전체적인 식사계획안에 포함시켜 활용함으로써 좀 더 변화 있고 즐거운 식생활을 영위할 수 있을 것이다.

### 2) 기호에 영향을 미치는 관능적 요인

음식을 먹을 때 식품 기호에 영향을 미치는 관능적 요인에는 음식의 색, 질감, 향미와 전체적인 맛을 들 수 있다. 따라서 이러한 요인들을 고려하여 식사구성을 함으로써 기호를 증진시킬 수 있다.

#### (1) 색

식품의 색은 향, 맛 등과 식욕에 영향을 미치는 요소이며, 식품의 신선도와 품질을 평가하는 기준이 된다. 우리가 일상생활에서 늘 접하는 음식들은 다양한 색채들로 이루어져 있는데, 이 색채들은 인간의 식욕에 여러 가지 영향을 주고 있다. 일반적으로 밝고 따뜻한 색은 달콤한 것을 연상시켜 음식이 더 맛있어 보이게 하고, 탁하고 차가운 색은 쓰고 떫은맛을 연상시켜 음식의 맛을 감소시키는 역할을 한다.

시각적으로 맛이 있어 보이는 식사를 만들려면 각 식품의 색이 잘 배합되도록 고려하는 외에 식사의 전체적인 색이 아름답게 조화를 이루도록 해야 한다. 또한 음식을 담는 그릇의 색과 모양에 의해서도 음식의 맛과 특성이 살아나기도 하고 감소되기도 한다.

식단을 구성할 때 식품의 색이 다양할수록 영양적으로 균형이 잡힌다. 음식을 먹을 때 기초식품군을 골고루 이용하고, 다양한 색의 채소와 과일을 사용하여 식단을 구성하면, 식품에 대한 기호도가 높아지고 영양소의 균형도 훨씬 좋아진다.

### (2) 질감

식품의 질감은 촉감에 관계되는 것으로서 식품의 물성, 구조적 특성과 이것을 생리적으로 느끼는 결과라고 할 수 있다. 질감에 대한 관능평가는 소비자의 기호도를 반영할 수 있다.

식품 기호도에 대한 여러 조사에서 채소에 대한 기호도가 낮은 어린이들은 익숙하지 못한 질감의 식품을 싫어하였다. 채소에서 느껴지는 싫은 질감은 물컹함, 아삭함, 미끈함, 딱딱함으로 조사되었고, 특히 물컹한 채소의 질감을 가장 싫어하는 것으로 나타났다.

음식은 조리하는 방법에 따라 다양한 질감을 보이며 기호에 큰 영향을 준다. 기호도가 높은 고유의 질감을 살리려면 조리 시에 일어나는 변화를 최소한으로 해야 한다.

### (3) 향미

식품의 맛을 보기 전에 냄새를 맡음으로써 먹고 싶다는 충동을 느끼게 된다. 특히 식사시간이 가까워지면 냄새는 식욕을 더 자극하게 된다. 냄새는 맛을 연상시킬 뿐만 아니라 신선도를 판단하는 데도 도움을 준다.

향미는 생리학적 감각을 통하여 코와 입으로부터 느껴지는 복합적인 느낌이다. 즉, 음식을 먹기 전에 느낄 수 있는 향 또는 냄새, 그리고 음식을 먹을 때 느낄 수 있는 맛과 향 등을 모두 포함한다. 이것은 개인마다 다르고 건강상태와 시간에 따라서도 다르게 나타난다. 냄새는 맛에 비하여 한계값이 약 10,000배나 낮은 농도에서도 인지를 할 수 있는 반면, 둔화현상은 빠르게 나타나고 회복속도는 상대적으로 늦다. 즉 냄새의 감각기관은 예민한 반면, 반복적인 자극에 적응되면 감각능력을 상실하게 되므로, 비슷한 향미의 식품과 양념 등을 한 가지 식사에 반복해서 사용하는 것은 좋지 않다. 특히 재료 자체의 맛을 내야 하는 경우에는 냄새가 강한 향신료의 사용을 제한하여야 한다.

### (4) 맛

맛 또한 여러 요소가 관련되어 느껴지는 복합적인 감각으로 미뢰에서 맛을 느끼며 단맛, 짠맛, 신맛, 쓴맛, 감칠맛의 5가지 기본맛과 매운맛, 떫은맛과 같은 미각세포 이외에서 수용되는 맛과 그 외에 냄새, 입속의 촉감도 관계한다. 특히 어린이들은 자극적이고 강한 맛, 특유의 맛이나 냄새를 가진 음식에 대한 기호가 낮은 것으로 나타났다.

음식의 온도는 맛과 향에 크게 영향을 주는 조건으로, 사람에 따라 다르지만 일반적으로 신맛은 25℃, 단맛은 35℃, 짠맛은 37℃에서 가장 강하게 느껴진다. 따라서 음식마다 맛이 가장 좋게 느껴지는 온도가 있다. 예를 들면, 맥주는 10℃, 포도주는 15℃, 커피나 홍차는 65℃에서 가장 맛이 좋다. 맛에 대한 온도의 영향을 고려하여 뜨거운 음식은 뜨겁게, 찬 음식은 차게 대접하여 음식의 제맛을 느낄 수 있게 하고, 실제 조리에 맛의 상호작용을 적절하게 응용하도록 한다. 또한 먹을 때 나는 소리도 맛에 영향을 주어 아삭아삭한 채소의 씹는 소리나 찌개 끓는 소리 등은 음식에 대한 기호도를 높인다.

식단을 작성할 때 맛에 대한 원칙은 밥, 빵, 육류, 채소 등의 순한 맛을 먼저 맛보게 하고 생선, 향신료가 들어간 음식 등의 강한 맛을 나중에 제공하는 것이다. 또한 맛의 상호작용을 잘 파악하여 좋아하는 맛은 강조하고, 싫어하는 맛은 그 맛을 없애기 위해 다른 재료와 조미료를 사용하는 것이 좋다.

### 3) 기호에 영향을 미치는 기타 요인

기호에 영향을 미치는 요인은 매우 다양하며 연령이나 성별에 따라서도 다르다. 어머니와 자녀는 정서적인 애착관계가 긴밀하므로 어머니의 식품 기호는 유아의 식품 기호에 많은 영향을 미치게 된다.

식품의약품안전처에서 제시한 '어린이 기호식품 유형'의 다소비 및 다빈도 식품 종류를 보면 어린이들이 선호하는 간식류 중 상당수가 열량, 지방, 나트륨과 당 함량이 많은 식품인 것으로 조사되었다. 따라서 영양의 균형 섭취를 위하여 어린이들의 식품 기호를 개선하기 위한 지도가 필요한 실정이다.

또한 식품이나 음식을 선택할 때 브랜드 인지도가 중요한 영향을 미치는 것으로 나타났다. 특정 식품을 선택할 때 그 식품을 생산하는 회사의 지명도나 이미지가 기호에도 영향을 미치는 것이다.

**식품 기호를 높이기 위한 고려사항**

- 일반사람들이 좋아하는 음식을 반영한다.
- 식품의 재료를 다양하게 한다.
- 식품의 종류에 따라 모양, 크기, 양을 변화시킨다.
- 여러 가지 맛에 익숙하게 한다.
- 식품과 조리방법을 다양하게 한다.
- 서로 다른 색깔의 식품을 어울리게 사용한다.

## 2-4 능률면

식생활관리 전 단계의 과정에는 시간과 노력이 의사결정의 중요한 요소가 된다.

시간과 노력은 가족의 규모, 식사의 수준, 식품비 예산, 식품의 기호도, 주방설비, 식생활관리자의 지식과 기술 및 능력 등에 의해 결정된다. 통계청의 생활시간조사(2009)를 보면 맞벌이 가구의 주부보다 비맞벌이 가구의 주부가 식사 및 간식, 가정관리에 더 많은 시간을 소비하였다.

### 1) 가사노동시간 현황

우리나라에서 주부의 가사노동시간 중 식사와 관련된 조사로 2009년 통계청 발표에는 10세 이상의 전 국민의 시간활용을 보면 식사 및 간식에 사용되는 시간은 1시간 45분(7.3%), 가사노동에 1시간 53분(7.8%)을 사용하였다(그림 2-2).

**그림 2•2**
**전 국민의 하루시간 사용분포(10세 이상)**

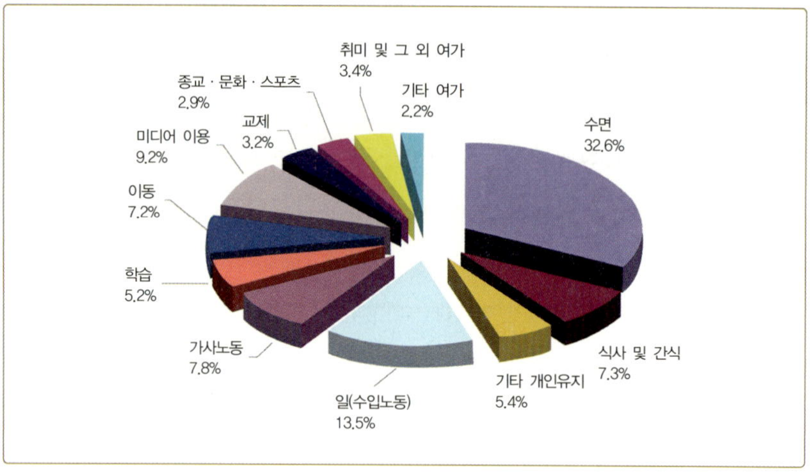


자료 : 통계청 생활시간조사(2009), www.kosis.kr

20세 이상 성인의 하루 중 필수생활시간은 10시간 53분인데 이중 식사시간은 1시간 47분을 사용하고, 가사노동시간은 여자 3시간 35분, 남자 42분으로 여자가 2시간 53분을 더 많이 가사노동에 사용하였다(그림 2-3, 표 2-7).

**그림 2·3**
**성인(20세 이상)의 행동별 · 성별 요일평균 사용시간**

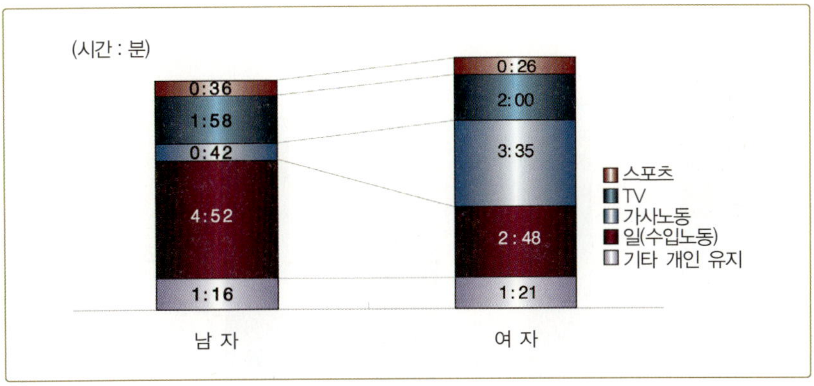


자료 : 통계청 생활시간조사(2009), www.kosis.kr

**〈표 2-7〉 성인(20세 이상)의 행동별 · 성별 요일평균 사용시간(시간 : 분)**

| | 전 체 | | | 남 자 | | | 여 자 | | |
|---|---|---|---|---|---|---|---|---|---|
| | 2004 | 2009 | 증감 | 2004 | 2009 | 증감 | 2004 | 2009 | 증감 |
| □ 필수생활시간 | 10:34 | 10:53 | 0:19 | 10:35 | 10:53 | 0:18 | 10:33 | 10:53 | 0:20 |
| 수면 | 7:46 | 7:48 | 0:02 | 7:48 | 7:48 | 0:00 | 7:45 | 7:48 | 0:03 |
| 식사 및 간식 | 1:39 | 1:47 | 0:08 | 1:42 | 1:50 | 0:08 | 1:36 | 1:44 | 0:08 |
| 기타 개인유지[1] | 1:08 | 1:18 | 0:10 | 1:04 | 1:16 | 0:12 | 1:12 | 1:21 | 0:09 |
| □ 의무생활시간 | 8:05 | 7:56 | −0:09 | 7:52 | 7:45 | −0:07 | 8:16 | 8:07 | −0:09 |
| 일(수입노동) | 4:02 | 3:48 | −0:14 | 5:09 | 4:52 | −0:17 | 2:58 | 2:48 | −0:10 |
| 가사노동[2] | 2:10 | 2:10 | 0:00 | 0:36 | 0:42 | 0:06 | 3:40 | 3:35 | −0:05 |
| 학습 | 0:10 | 0:11 | 0:01 | 0:12 | 0:12 | 0:00 | 0:09 | 0:10 | 0:01 |
| 이동 | 1:42 | 1:47 | 0:05 | 1:56 | 2:00 | 0:04 | 1:30 | 1:35 | 0:05 |

주) 1) 개인위생, 외모관리, 의료적 건강관리 등 2) 가정관리, 가족 보살피기
자료 : 통계청 생활시간조사(2009), www.kosis.kr

맞벌이 가구 주부의 가정관리시간은 2시간 38분, 비맞벌이가구 주부는 4시간 11분으로 비맞벌이 가구의 주부보다 1시간 33분 적다. 맞벌이가구 남편의 가정관리 시간은 24분, 비맞벌이 가구 남편의 19분보다 5분 많다. 2009년 맞벌이 가구와 비맞벌이 가구 모두 2004년보다 남편의 가정관리시간은 4분씩 증가하고, 주부는 각각 9분, 8분 감소하였다(그림 2-4, 표 2-8).

**그림 2·4**
**맞벌이 가구와 비맞벌이 가구의 주요 사용시간**

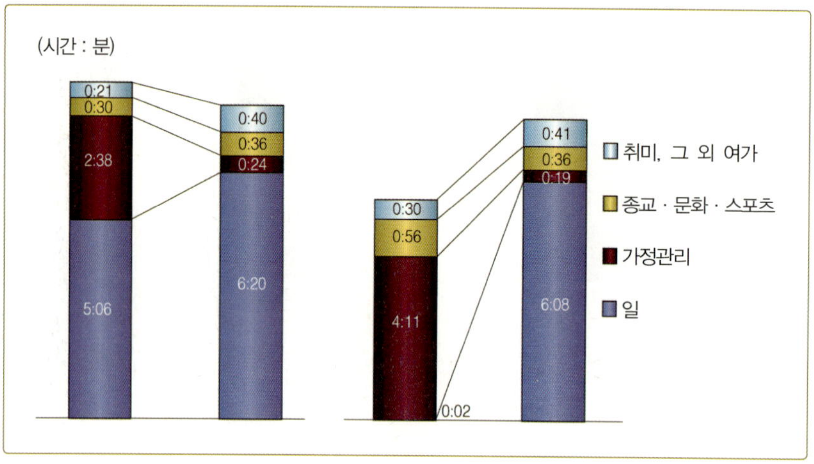


자료 : 통계청 생활시간조사(2009), www.kosis.kr

**〈표 2-8〉 맞벌이 가구와 비맞벌이 가구의 주요 사용시간(시간 : 분)**

| | 맞벌이 가구* | | | | | | 비맞벌이 가구** | | | | | |
|---|---|---|---|---|---|---|---|---|---|---|---|---|
| | 주부 | | | 남편 | | | 주부 | | | 남편 | | |
| | 2004 | 2009 | 증감 | 2004 | 2009 | 증감 | 2004 | 2009 | 증감 | 2004 | 2009 | 증감s |
| ▫ 필수생활시간 | 10:08 | 10:26 | 0:18 | 10:23 | 10:40 | 0:17 | 10:20 | 10:40 | 0:20 | 10:29 | 10:46 | 0:17 |
| 수면 | 7:25 | 7:26 | 0:01 | 7:39 | 7:37 | -0:02 | 7:39 | 7:48 | 0:09 | 7:41 | 7:41 | 0:00 |
| 식사 및 간식 | 1:36 | 1:44 | 0:08 | 1:44 | 1:51 | 0:07 | 1:40 | 1:46 | 0:06 | 1:46 | 1:54 | 0:08 |
| 기타 개인유지[1] | 1:06 | 1:16 | 0:10 | 1:00 | 1:12 | 0:12 | 1:01 | 1:06 | 0:05 | 1:01 | 1:12 | 0:11 |
| ▫ 의무생활시간 | 10:15 | 10:09 | -0:06 | 9:08 | 9:06 | -0:02 | 7:49 | 7:43 | -0:06 | 9:07 | 8:56 | -0:11 |
| 일(수입노동) | 5:14 | 5:06 | -0:08 | 6:34 | 6:20 | -0:14 | 0:05 | 0:02 | -0:03 | 6:26 | 6:08 | -0:18 |
| 가정관리[2] | 2:47 | 2:38 | -0:09 | 0:20 | 0:24 | 0:04 | 4:19 | 4:11 | -0:08 | 0:15 | 0:19 | 0:04 |
| 가족 보살피기 | 0:41 | 0:42 | 0:01 | 0:12 | 0:13 | 0:01 | 2:06 | 2:07 | 0:01 | 0:16 | 0:20 | 0:04 |
| 학습 | 0:00 | 0:01 | 0:01 | 0:01 | 0:01 | 0:00 | 0:02 | 0:02 | 0:00 | 0:01 | 0:01 | 0:00 |
| 이동 | 1:32 | 1:42 | 0:10 | 2:01 | 2:09 | 0:08 | 1:18 | 1:21 | 0:03 | 2:10 | 2:09 | -0:01 |

주) 1) 개인위생, 외모관리, 의료적 건강관리 등 2) 음식준비, 청소 및 정리, 집관리 등
* 맞벌이 가구 : 20세 이상 60세 미만의 부부 중 둘 다 취업한 가구
** 비맞벌이 가구 : 20세 이상 60세 미만의 부부 중 남편만 취업한 가구
자료 : 통계청 생활시간조사(2009), www.kosis.kr

주부의 가사노동시간 중 식사와 관련된 조사에서 미취업 가정주부는 평균 1.53시간으로 평일 1.54시간, 토요일 1.54시간, 일요일 1.36시간을 소비하는 것으로 나타났다. 반면 취업 가정주부의 식사와 관련된 소비시간은 평균 1.10시간으로 평일 1.06시간, 토요일 1.17시간, 일요일 1.27시간으로 조사되었다.

성인(20세 이상) 남자의 가사노동은 평일 50.9%, 토요일 61.4%, 일요일 68.2%이었으며 이들의 평균 가사노동시간은 각각 1시간 7분, 1시간 28분, 1시간 36분이었다. 유형별로 보면, 음식준비와 청소 및 정리 등의 가사노동을 하는 사람이 많았다〈표 2-9〉.

성인 여자는 92~95%가 가사노동을 하며 이들의 평균 가사노동시간은 4시간 전후였다. 유형별로 보면, 음식준비와 가족 보살피기(각각 1시간 50분 전후)에 많은 시간을 사용하였다. 5년 전에 비해 가사노동을 하는 남자의 비율이 증가하였다〈표 2-9〉.

**〈표 2-9〉 성인의 요일별 가사노동시간, 행위자 비율 및 행위자 평균시간(시간 : 분, %)**

| | 평 일 | | | | | | 토요일 | | | | | | 일요일 | | | | | |
|---|---|---|---|---|---|---|---|---|---|---|---|---|---|---|---|---|---|---|
| | 전체평균시간 | | 행위자비율 | | 행위자평균 | | 전체평균시간 | | 행위자비율 | | 행위자평균 | | 전체평균시간 | | 행위자비율 | | 행위자평균 | |
| | 2004 | 2009 | 2004 | 2009 | 2004 | 2009 | 2004 | 2009 | 2004 | 2009 | 2004 | 2009 | 2004 | 2009 | 2004 | 2009 | 2004 | 2009 |
| □ 남자 | 0:31 | 0:34 | 45.8 | 50.9 | 1:07 | 1:07 | 0:42 | 0:54 | 53.5 | 61.4 | 1:18 | 1:28 | 0:55 | 1:05 | 60.5 | 68.2 | 1:30 | 1:36 |
| 음식준비 | 0:06 | 0:09 | 15.7 | 20.9 | 0:39 | 0:42 | 0:07 | 0:10 | 17.6 | 24.8 | 0:40 | 0:41 | 0:08 | 0:13 | 20.2 | 28.9 | 0:42 | 0:43 |
| 의류관리 | 0:01 | 0:01 | 4.1 | 5.1 | 0:28 | 0:28 | 0:01 | 0:02 | 4.5 | 6.3 | 0:29 | 0:29 | 0:02 | 0:03 | 6.4 | 8.7 | 0:32 | 0:32 |
| 청소 및 정리 | 0:06 | 0:07 | 18.7 | 22.0 | 0:33 | 0:30 | 0:08 | 0:10 | 22.6 | 29.4 | 0:34 | 0:36 | 0:11 | 0:13 | 29.2 | 36.0 | 0:38 | 0:35 |
| 집관리 | 0:04 | 0:04 | 8.9 | 10.2 | 0:44 | 0:40 | 0:05 | 0:06 | 11.5 | 15.0 | 0:45 | 0:42 | 0:07 | 0:08 | 14.8 | 18.0 | 0:45 | 0:45 |
| 장보기, 쇼핑 | 0:03 | 0:03 | 8.0 | 8.5 | 0:33 | 0:34 | 0:06 | 0:08 | 13.7 | 17.7 | 0:45 | 0:43 | 0:08 | 0:10 | 17.2 | 20.6 | 0:49 | 0:49 |
| 가족 보살피기 | 0:09 | 0:09 | 15.1 | 15.6 | 1:00 | 0:55 | 0:14 | 0:16 | 18.3 | 21.2 | 1:17 | 1:17 | 0:18 | 0:19 | 19.7 | 22.8 | 1:29 | 1:22 |
| □ 여자 | 3:39 | 3:31 | 91.4 | 92.0 | 3:59 | 3:49 | 3:45 | 3:46 | 92.6 | 93.9 | 4:03 | 4:01 | 3:39 | 3:40 | 93.7 | 94.7 | 3:54 | 3:53 |
| 음식준비 | 1:30 | 1:29 | 83.9 | 85.1 | 1:47 | 1:44 | 1:35 | 1:35 | 84.8 | 86.4 | 1:52 | 1:50 | 1:35 | 1:36 | 86.3 | 87.7 | 1:50 | 1:50 |
| 의류관리 | 0:24 | 0:21 | 51.5 | 49.6 | 0:46 | 0:42 | 0:23 | 0:23 | 51.0 | 51.2 | 0:45 | 0:44 | 0:26 | 0:26 | 52.9 | 54.1 | 0:50 | 0:48 |
| 청소 및 정리 | 0:34 | 0:31 | 70.5 | 70.2 | 0:48 | 0:45 | 0:36 | 0:36 | 71.5 | 72.9 | 0:51 | 0:49 | 0:36 | 0:36 | 72.2 | 73.0 | 0:50 | 0:50 |
| 집관리 | 0:04 | 0:04 | 12.9 | 15.2 | 0:29 | 0:28 | 0:04 | 0:04 | 12.5 | 15.8 | 0:32 | 0:28 | 0:04 | 0:05 | 13.7 | 17.9 | 0:31 | 0:28 |
| 장보기, 쇼핑 | 0:14 | 0:15 | 36.2 | 36.0 | 0:38 | 0:41 | 0:18 | 0:20 | 39.3 | 42.2 | 0:47 | 0:48 | 0:16 | 0:19 | 34.8 | 36.7 | 0:47 | 0:52 |
| 가족 보살피기 | 0:50 | 0:48 | 44.1 | 43.7 | 1:54 | 1:51 | 0:47 | 0:47 | 44.0 | 42.5 | 1:47 | 1:50 | 0:39 | 0:37 | 36.4 | 36.0 | 1:48 | 1:42 |

자료 : 통계청 생활시간조사(2009), www.kosis.kr

미취학 자녀가 있는 주부는 미취학 자녀가 없는 주부보다 가사노동에 많은 시간을 사용하였다. 미취학 자녀가 있는 전업주부는 평일에 8시간 23분, 취업주부는 4시간

7분을 가사노동에 사용하여 미취학 자녀가 없는 주부보다 각각 3시간 51분, 1시간 25분 더 많이 사용하였다〈표 2-10〉.

**〈표 2-10〉 미취학 자녀 유 · 무별 전업주부와 취업주부의 총 일한 시간(20세 이상) (시간 : 분)**

| | 미취학 자녀 있음 | | | | | | | | 미취학 자녀 없음 | | | | | | | |
|---|---|---|---|---|---|---|---|---|---|---|---|---|---|---|---|---|
| | 전업주부[1] | | | | 취업주부[2] | | | | 전업주부[1] | | | | 취업주부[2] | | | |
| | 2004 | 가사[1)] | 2009 | 가사 | 2004 | 가사 | 2009 | 가사 | 2004 | 가사 | 2009 | 가사 | 2004 | 가사 | 2009 | 가사 |
| 평 일 | 8:06 | 8:04 | 8:23 | 8:23 | 9:50 | 3:59 | 9:43 | 4:07 | 4:52 | 4:40 | 4:40 | 4:32 | 8:49 | 2:50 | 8:43 | 2:42 |
| 토요일 | 7:21 | 7:17 | 7:19 | 7:17 | 8:15 | 4:41 | 7:42 | 5:21 | 4:42 | 4:29 | 4:27 | 4:19 | 7:58 | 3:11 | 7:25 | 3:11 |
| 일요일 | 6:46 | 6:41 | 6:47 | 6:45 | 6:56 | 5:05 | 6:40 | 5:27 | 4:06 | 3:57 | 4:03 | 3:53 | 6:23 | 3:27 | 6:04 | 3:32 |

주) 1. 전업주부는 20세 이상 기혼 여자 중 취업하지 않은 주부임
2. 취업주부는 20세 이상 기혼 여자 중 취업한 주부임
1) 수입노동+가사노동
자료 : 통계청 생활시간조사(2009), www.kosis.kr

## 2) 식생활관리에 시간 사용방법

식생활관리에 소요되는 시간과 노력은 식사의 계획, 식품의 구입, 식사의 준비 및 뒤처리에 따라 달라진다. 식생활관리에 사용되는 시간은 여러 요인에 의해 결정된다.

### (1) 식생활관리에 소요되는 시간과 노력

① 식사를 위한 식단작성 : 식사 메뉴계획 아이디어를 찾기 위해 소요되는 책, 잡지, 인터넷, 미디어 등을 보는 데 소요되는 시간을 포함한다. 식단작성에 소요되는 시간과 노력은 시장을 보기 전, 시장을 보는 과정, 시장을 본 후까지도 포함한다.

② 시장보기 계획 : 식품 구입장소와 구입품목에 대한 정보, 특별요리, 할인쿠폰, 아이디어를 위해 가게 광고를 보는 데 소비하는 시간을 포함한다.

③ 시장보기 : 식품의 구매

④ 식품에 대한 관리와 저장

⑤ 식사준비 : 실제 조리시간 및 조리방법을 찾는 데 소비된 시간

⑥ 상차리기

⑦ 식사 시중들기

⑧ 식사 후 세척 등 뒤처리

⑨ 주방 및 식당 설비관리

식생활관리에 사용되는 시간을 효율적으로 관리하기 위해서는 각 식생활관리에 사용된 여러 가지 활동들에 대한 사용시간을 분석한다. 식생활관리 과정에서의 시간 분석은 과도한 시간사용의 문제점에 대한 대안을 찾거나 시간절약 방법을 찾는 데 도움을 준다.

(2) 시간사용을 위한 다른 방법

식생활관리자의 시간과 노력을 절약하기 위해서 사용할 수 있는 대안으로는 돈, 지식, 기술, 능력 그리고 다른 시간 등이 있다.

**① 돈**

돈으로 시간을 살 수 있는 방법은 많은 사람들에게는 제한요인이 될 수 있다.

- 미리 만들어진 식품과 음식의 구매이다. 돈과 시간의 공급이 제한될 때에는 시간과 돈의 가치를 고려하여 소비된 돈에 대해 최대로 시간을 절약하는 편이식품을 사게 된다.
- 주방에 돈을 투자해 일하기에 더 효율적인 장소로 만듦으로써 시간을 절약할 수 있다. 식생활관리 비용의 크기에 따라 최신형의 효율적인 주방으로의 개선, 주방 시설과 조리기기의 구비, 편리한 계량기구 등 조리 소도구들도 시간을 절약하는 데 도움을 준다.
- 가사도우미를 고용하여 식사준비, 식사 시중, 식사 후 뒤처리, 주방 및 식당 설비관리 등을 하게 함으로써 시간을 절약한다.

**② 지식 · 기술 및 능력**

식생활관리자가 식사에 관련된 활동을 하는 데 있어 지식 · 기술 및 능력은 시간사용을 조절하는 데 중요한 요소가 된다. 식사를 수행하는 데 관련된 활동에서 어떤 시간, 장소, 방법을 어떻게 선택하느냐와 얼마의 비용을 사용하여 조리작업시간을 효과적으로 줄일 것인가, 시간절약에 도움이 되는 주방의 배치 및 식사준비계획들에 대한 지식 등이 포함된다. 식생활관리자의 지식 · 기술 및 능력은 많은 경험과 노력에서 얻을 수 있다. 또한 책, 잡지, 미디어 등을 이용하거나 주변 사람들의 도움으로부터 얻을 수 있다.

③ 시간

식생활관리를 위한 시간절약을 위해서는 현재 시간사용을 분석하고 연구하여 과도한 시간을 줄이고 효율적인 시간계획을 한다. 효율적인 주방배치와 효율적인 조리도구나 기기, 자동화시스템 등은 조리과정 중의 시간낭비를 줄일 수 있고, 조리과정의 능률화를 얻을 수 있다.

(3) 시간절약을 방해하는 요인

① 세대에 따른 식품 선호도의 차이 : 젊은 세대는 인스턴트식품과 편이식품에 대한 적응도가 높으나, 나이든 세대는 집에서 만든 가정식을 선호하여 시간절약이 어렵다.
② 초보자는 지식과 기술의 부족으로 시간절약이 어렵다.
③ 편이식품을 구매할 수 있는 능력과 주방의 개선, 가사도우미의 고용 등 시간절약을 위한 돈의 부족이다.

### 3) 식사준비의 계획

식사를 위해 지시된 시간에 모든 일을 완성시키고, 훌륭한 질의 음식을 먹기 위해, 식사준비시간을 줄일 수 있도록 식사준비에 대한 계획이 필요하다.

식사준비를 계획하기 위해서는 요리법에 대학 지식과 조리에 요구되는 시간에 대한 지식, 메뉴를 준비하는 것과 식사준비를 완성하는 데 필요한 다른 일들을 하기위해 요구된 시간을 평가하는 능력, 단계적인 문제를 풀기 위한 연필과 종이, 시간측정을 위한 시계 등이 필요하다.

식생활관리자의 인적 자원을 활용하는 방법으로 가족의 기호도를 파악하는 식단계획, 단순한 식단계획으로 조리시간 단축, 계획된 식단을 토대로 한 계획구매를 활용한다.

돈과 타인의 시간 등을 활용하는 방법으로는 반조리식품이나 완전조리식품 구매, 효율적인 주방시설이나 기기 구비, 가사도우미 고용 등을 활용할 수 있다.

### (1) 식사준비를 위한 시간계획표를 만드는 데 필요한 최적의 지침

① 시간사용에 대하여 연구 · 관찰하고, 시간사용을 어떻게 하는지를 알아야 하며 필요할 때 그 사용을 줄이는 방법을 찾는다.
② 시간사용을 제한하고, 시간에 대한 계획을 정확히 편성한다.
③ 식사준비의 시간측정이나 계획표 편성기술을 숙달시킨다.
④ 좋은 메뉴, 조리법, 좋은 상품의 상표, 적정한 고기 부위의 이름, 그리고 반복해서 사용할 수 있는 모든 정보에 대한 기록을 보존하고 이러한 정보를 계통적으로 묶어 정리하여 찾는 시간을 줄인다.
⑤ 주방에 게시판을 설치하여 생각나는 대로 필요한 것을 적는다.
⑥ 저장식품이 최소로 일정하게 유지되도록 시장보기의 빈도를 조절한다.
⑦ 사용빈도에 따라 주방에 물건을 배치한다. 자주 사용하는 물건은 손이 닿기 쉬운 곳에 배치한다.
⑧ 팬과 냄비, 일상적으로 사용하는 도구들을 벽에 걸고, 만일 주방의 작업장소가 두 군데 있다면 두 장소 모두에 장비를 갖춘다.
⑨ 오븐 사용을 효과적으로 하여 능률적으로 여러 음식을 동시에 요리하도록 한다.
⑩ 새로운 정보, 아이디어를 활용하고 시간절약에 방해가 되는 옛 습관은 바꾸도록 한다.

### (2) 조리과정을 능률화하기 위한 방법

① 유사한 작업을 간추려서 작업을 단순화시킨다.

② 복잡한 조리과정의 능률을 올리기 위하여 작업능률을 올리고 노력을 절약해주는 편리한 기계와 기구들을 사용하여 작업을 기계화시킨다.
③ 누구나 일정한 작업절차에 따라, 원하는 품질의 음식을 원하는 시간에 만들 수 있도록 작업을 표준화시킨다.
④ 채소를 다루는 작업, 씻는 작업, 써는 작업, 끓이는 작업, 지지거나 볶는 작업 등 일정한 시간 자동적으로 할 수 있는 작업을 자동화시킨다.
⑤ 일정한 조리시간에 일정한 크기, 농도, 텍스처를 유지하여 항상 같은 맛을 나타내기 위해 기계, 기구의 활용을 통하여 작업을 전문화시킨다.

**Meal** Management

# PART 2

# 식단계획 및 관리

# 제3장 식단계획

Meal Management

식단이란 올바른 식생활을 위한 식사의 계획으로, 매끼의 식사에 있어 가족의 영양과 기호를 충족시킬 수 있도록 음식의 종류와 분량을 정하는 것을 말한다. 경제면 · 위생면 · 능률면 등을 고려하여야 하며, 우수한 식품을 선택하고 적절한 방법으로 조리하여 가족에게 제공하는 것에 대한 구체적인 계획이 식단이다.

매일의 식사는 가족에게 알맞은 영양을 공급하여 건강한 몸으로 생활해 나갈 수 있도록 하는 동시에 즐거운 분위기 속에서 가족이 단란한 시간을 갖도록 하는 것이 바람직하다. 어린아이를 성장하게 하고 건강하게 하며 지혜롭게 성장시킬 뿐만 아니라 모든 활동을 위한 활력소가 된다. 영양을 충족시키고 먹는 사람에게 즐거움을 줄 수 있도록 하기 위하여 가족의 연령, 성별, 노동의 강도, 건강상태 등을 고려하여 식단계획을 세우는 것이 가장 중요하다. 식단은 가족의 건강상태와 기호에 맞아야 하며 영양면 · 능률면 · 경제면 · 위생면 등의 조건을 만족시킬 수 있도록 계획되어야 한다.

## 3-1 식단이란

식품은 지리적 조건과 기후에 따라서 생산되는 종류와 생산시기가 달라지게 된다. 또한 식품가공기술의 발달에 따라 가공식품의 종류도 많아지고 있다. 우리나라는 사계절의 변화가 뚜렷하여 계절별로 생산되는 식품의 종류와 생산량에는 많은 차이가 있었다. 그러나 현대기술 및 산업의 발달로 수만 여종의 식품이 생산되고 있으며 농업기술의 발달로 일 년 내내 계절식품이 출하되고 있다. 이러한 많은 식품 중에서 가족의 영양과 기호에 알맞을 뿐만 아니라 경제적 상태를 고려한 식품을 택하여 분량을 정하며, 주부의 시간과 노력을 생각하여 어떠한 형태로 조리해서 먹을 것이냐에 대한 구체적인 계획을 세우는 것이 식단작성이다.

식단을 작성하는 데는 많은 노력과 영양지식이 필요하며, 올바른 식단작성은 가족의 건강을 향상시킬 뿐만 아니라 합리적인 식습관을 형성시킬 수 있다. 그러므로 종래의 식습관을 개선하여 합리적인 식습관을 형성하는 데 큰 도움을 주는 식단작성을 실천에 옮기도록 해야 한다.

식사계획은 식품을 선정하는 것으로부터 출발하여 사용량의 확정, 조리방법의 선정, 식품구입, 그리고 대접하기(서빙)까지 포함하게 된다. 즉, 식단이란 식사의 목표와 일치하는 식사를 하기 위한 일체의 계획과 실천을 위한 관리를 통틀어 가리키는 것이다.

## 3-2 식단의 필요성

식사의 중요성에도 불구하고 식사를 미리 계획하지 않으면 시장이나 슈퍼마켓에 가서 무계획적으로 식품을 구입하게 되어 식사준비 시 같은 식품을 중복하여 사용하거나 불필요한 식품을 구입할 수 있다. 특히 주부들은 식단작성을 하여 준비한 식품 품목에 의해 식품을 구입하지 않으면 가족의 영양적 균형이 잡히기 어려울 뿐만 아니라 경제적인 측면에서도 많은 낭비를 가져오게 된다. 식단이 필요한 이유는 다음과 같다.

### 1) 알맞은 영양공급

주부는 가족의 건강관리를 담당하고 있다. 건강관리 중 가장 중요한 것은 가족 각 개인의 영양공급인데, 계획 없이 만들어진 식사는 알맞은 영양을 공급하기 어려울 수 있다. 따라서 주부는 가족의 연령과 성장발달에 따른 적합한 영양량을 파악하고, 식품을 선택하는 데에 있어서도 영양 함유량을 파악하여야 하며 그에 따르는 조리법도 고려해야 한다. 하루 세 번씩 먹게 되는 식사배분도 영양량을 고려하여 활동량에 적합한 영양량을 공급하도록 한다. 만일 가족이 점식식사를 외부에서 할 경우에는 그에 따라 가정에서 하는 식사를 조절하도록 해야 한다. 영양적으로 알맞은 식사를 계획하여 좋은 식사가 될 수 있도록 하는 것은 주부의 중요한 역할 중 하나이다. 영양적으로 고려된 식사는 식단사용을 다양하게 할 수 있을 뿐만 아니라 식품선택을 자유롭게 할 수 있다. 식품선택은 가격과 영양을 비교하여 다양하고 변화 있게 조절해야 한다.

### 2) 합리적인 식품의 선택

여성의 취업률 증가는 시간과 노력을 가장 많이 소비해야 하는 식사준비를 어렵게 할 수 있다. 그러나 가족의 건강관리를 위한 식사계획이 소홀이 되어서는 안 되므로 식단을 작성하여 식품구입의 시간을 절약하고 또한 반조리 · 완전조리식품을 사용하여 조리시간을 단축할 수도 있다. 바쁜 날의 식사는 반찬의 수도 간단해야 하고 또한 조리시간을 단축시킬 수 있는 조리법을 이용해야 한다. 여기에 주부의 시간과 노력을 자유롭게 조절할 수 있는 것이 식단계획이며, 식단은 이러한 주부의 능률면을 충분히 고려하여 계획되어야 한다.

### 3) 가족의 기호 고려

영양적으로 균형 잡히고 가족이 충분한 영양소를 섭취할 수 있도록 식품의 종류와 양을 결정하였다 하더라도 가족이 즐겨 먹을 수 있는 것이라야 한다.

가족의 기호면은 너무 기호면에만 치중해서는 안 되며 가족의 기호를 좋은 방향으로 이끌어가도록 노력해야 한다. 가족이나 개인에 따라 다소 싫고 좋은 것이 있으므로 식단을 작성할 때에는 식품의 선택, 조리방법, 조미료의 사용 등에 있어 가족들이 즐겨먹는 것을 택함으로써 계획한 음식을 전부 섭취할 수 있도록 해야 할 것이다. 가족의 기호에 맞는 식사를 하면서 아울러 영양도 충족시킬 수 있어야 한다. 식단을 계획하지 않고 순간적으로 생각나는 대로 식사준비를 한다면 대부분 가족의 기호를 생각할 여유가 없이 식사를 마련하게 되므로 때로는 많은 음식을 남기게 된다.

우리나라에서 대부분의 가정에서 특정 가족의 기호에 맞게 식사준비를 하는 경향이 있어 식단내용이 가족의 기호에 맞지 않을 때가 많다. 주부는 시대와 함께 변화하는 가족의 기호를 충분히 인식하여 항상 가족이 즐거운 식사를 할 수 있도록 기호면을 생각해야 한다. 예를 들면, 어른들은 짜고 매운 밑반찬을 좋아하는 반면, 어린이들은 달걀 · 두부 · 샐러드 등을 좋아하는 경향이 있다. 식량정책에 따라 우리들의 기호를 변경시켜야 할 필요성이 있을 때에는 서서히 기호를 변경할 수 있는 식단으로 주의 깊게 식습관을 변경해 가도록 해야 한다.

### 4) 좋은 식습관의 형성

계획된 식단은 여러 종류의 식품을 사용할 수 있고 또한 조리법도 다양하게 변화시킬 수 있다.

농업기술의 발달에 따라 농산물 생산의 변화와 식품가공기술의 발달로 우리의 식생활은 변하고 있다. 흰밥만을 즐겨 먹던 우리들의 식습관을 식량정책에 따라 균형식을 하도록 해야 하며, 우유와 같은 우수식품을 즐겨 먹을 수 있는 식습관을 형성하도록 세심한 배려를 해야 한다. 그러므로 주부의 주의 깊은 식단계획을 통하여 가족들에게 좋은 식습관을 기르도록 해야 한다.

## 3-3 영양섭취기준(Dietary Reference Intakes : DRIs)

### 1) 영양섭취기준 제정배경

한국인 영양섭취기준이란 질병이 없는 대다수의 한국 사람들이 건강을 최적의 상태로 유지하고 질병을 예방하는 데 도움이 되도록 필요한 영양소 섭취수준을 제시하는 기준이다. 종전에 사용하던 영양권장량은 식생활과 관련된 건강문제로서 영양섭취 부족이 주요 관심사였던 시기에 필수영양소 결핍예방을 목표로 제정되었기 때문에 대다수 건강한 사람들의 필요량을 충족시키는 양을 단일값으로 제시하였다. 그러나 현대사회에서는 식생활과 질병 패턴의 변화로 인해 건강문제 중에서 영양부족이 차지하는 비중은 줄어들고 있는 반면, 비만과 만성질환의 위험률이 증가하고 있으며 영양 보충제, 건강보조식품의 사용증가로 영양소의 과다섭취가 건강에 미치는 영향에 대한 우려도 높아지고 있다. 따라서 최적의 건강유지를 목표로 영양섭취기준을 제시하려면 영양필요량 충족에만 초점을 맞추기보다는 만성질환이나 영양소 과다섭취의 예방까지도 함께 고려하는 것이 바람직하다.

미국과 캐나다가 공동작업으로 제안한 영양섭취기준(Dietary Reference Intakes : DRIs)은 현대사회에서 다양한 형태로 나타나고 있는 영양소 섭취와 건강의 관계를 포괄적으로 포함하는 새로운 개념이며 그 사용이 세계 여러 나라로 확대되는 추세이다.

우리나라에서도 만성질환과 영양소 과다섭취에 대한 우려가 높아진 현실을 감안할 때 식사섭취의 평가나 식사계획에도 다양하게 활용이 가능하며 건강증진을 위한 식사섭취 방향을 제시할 수 있는 영양섭취기준이 필요하다는 취지에서 2005년 새로운 영양섭취기준을 제정하였고, 2010년에 1차 개정이 이루어졌다. 미국과 캐나다를 비롯한 여러 나라에서 사용하고 있는 영양섭취기준의 체계를 적용하되 한국인의 특성에 부합하는 영양섭취기준을 제시하고자 증거중심적 연구방법론(evidence-based approach)에 의해 최근까지의 국내 · 외 학술연구 결과들을 검토함으로써 영양섭취기준 설정을 위한 과학적 근거를 마련하였으며 우리나라 사람들의 식사 패턴, 일상적 영양소 섭취량, 체위 등을 고려하였다.

**〈표 3-1〉 영양소별 한국인 영양섭취기준 설정 현황**

| 영양소 | | 영양섭취기준 | | | |
|---|---|---|---|---|---|
| | | 평균필요량 | 권장섭취량 | 충분섭취량 | 상한섭취량 |
| 에너지 | 에너지 | O[1] | | | |
| 다량 영양소 | 단백질 | O | O | | |
| | 아미노산 | O | O | | |
| | 식이섬유 | | | O | |
| | 수분 | | | O | |
| 지용성 비타민 | 비타민 A | O | O | | O |
| | 비타민 D | | | O | O |
| | 비타민 E | | | O | O |
| | 비타민 K | | | O | |
| 수용성 비타민 | 비타민 C | O | O | | O |
| | 티아민 | O | O | | |
| | 리보플라빈 | O | O | | |
| | 니아신 | O | O | | O |
| | 비타민 $B_6$ | O | O | | O |
| | 엽산 | O | O | | O |
| | 비타민 $B_{12}$ | O | O | | |
| | 판토텐산 | | | O | |
| | 비오틴 | | | O | |

| 영양소 | | 영양섭취기준 | | | |
|---|---|---|---|---|---|
| | | 평균필요량 | 권장섭취량 | 충분섭취량 | 상한섭취량 |
| 다량 무기질 | 칼슘 | ○ | ○ | | ○ |
| | 인 | ○ | ○ | | ○ |
| | 나트륨 | | | ○ | ○[2)] |
| | 염소 | | | ○ | |
| | 칼륨 | | | ○ | |
| | 마그네슘 | ○ | ○ | | ○ |
| 미량 무기질 | 철 | ○ | ○ | | ○ |
| | 아연 | ○ | ○ | | ○ |
| | 구리 | ○ | ○ | | ○ |
| | 불소 | | | ○ | ○ |
| | 망간 | | | ○ | ○ |
| | 요오드 | ○ | ○ | | ○ |
| | 셀레늄 | ○ | ○ | | ○ |
| | 몰리브덴 | | | | ○ |

1) 에너지의 경우 필요추정량(EER) 값임 2) 목표섭취량

## 2) 영양섭취기준의 구성

영양섭취기준(Dietary Reference Intakes)은 평균필요량(Estimated Average Requirements : EAR), 권장섭취량(Recommended Nutrient Intalce : RNI), 충분섭취량(Adequate Intake : AI), 상한섭취량(Tolerable Upper Intake Level : UL)의 4가지로 구성되어 있다.

### (1) 평균필요량

평균필요량(EAR)은 대상집단을 구성하는 건강한 사람들의 절반에 해당하는 사람들의 일일필요량을 충족시키는 값이다. 현재 모든 영양소에 대해 이러한 기준을 충족시키는 지표가 개발되어 있지는 않으며, 측정지표의 적절성의 기준이 연령에 따라 다를 수 있다. 따라서 현재 모든 영양소에 대해 평균필요량의 설정이 가능하지는 않다.

### (2) 권장섭취량

권장섭취량(RNI)은 평균필요량에 표준편차의 2배를 더하여 정한다.

### (3) 충분섭취량

충분섭취량(AI)은 영양소 필요량에 대한 정확한 자료가 부족하거나 필요량의 중앙값과 표준편차를 구하기 어려워 권장섭취량을 산출할 수 없는 경우에 제시한다. 주로 역학조사에서 관찰된 건강한 사람들의 영양소 섭취수준을 기준으로 정한다.

### (4) 상한섭취량

상한섭취량(UL)은 인체 건강에 유해영향이 나타나지 않는 최대 영양소 섭취수준이다. 과량섭취 시 건강에 악영향의 위험이 있다는 자료가 있는 경우에 설정이 가능하다. 따라서 유해영향이 확인된 영양소의 경우, 영양소의 과잉섭취로 인한 위험을 예방하기 위하여 일반적인 집단의 대다수 구성원들에게 건강상 유해영향의 위험을 나타내지 않을 섭취수준을 상한섭취량으로 설정한다.

새로운 개념의 영양섭취기준은 한 영양소에 대하여 2~3가지 수치가 있으며 식생활의 내용을 보다 정밀하게 평가하고 식사에 적용할 수 있도록 제정되었으므로 내용을 충분히 이해하여 올바로 사용하는 것이 중요하다.

### (5) 에너지적정비율

탄수화물과 지질의 영양섭취기준은 다른 영양소와 달리 서로간의 균형이 중요하므로 에너지적정비율(Acceptable Macronutrient Distribution Ranges : AMDR)을 설정하였다. 에너지적정비율의 설정근거는 만성질환의 위험을 감소시키고 비타민, 무기질 등의 필수영양소를 충분히 제공받는 범위이므로, 섭취량이 그 범위를 벗어날 경우 영양부족 혹은 만성질환의 위험이 증가할 수 있다.

〈표 3-2〉 30세 성인 남녀의 신체활동수준별 에너지필요추정량

| 성별 | 신장(cm) | 신체활동수준 | 체중(kg) | | 에너지필요추정량 | |
|---|---|---|---|---|---|---|
| | | | 기준 BMI 18.5 | 기준 BMI 24.9 | 기준 BMI 18.5 | 기준 BMI 24.9 |
| 남자 | 160 | 비활동적 | 47.4 | 64.0 | 1,993 | 2,257 |
| | | 저활동적 | | | 2,171 | 2,464 |
| | | 활동적 | | | 2,397 | 2,727 |
| | | 매우 활동적 | | | 2,769 | 3,160 |
| | 165 | 비활동적 | 50.4 | 68.0 | 2,068 | 2,349 |
| | | 저활동적 | | | 2,254 | 2,566 |
| | | 활동적 | | | 2,490 | 2,842 |
| | | 매우 활동적 | | | 2,880 | 3,296 |
| | 170 | 비활동적 | 53.5 | 72.7 | 2,114 | 2,442 |
| | | 저활동적 | | | 2,338 | 2,670 |
| | | 활동적 | | | 3,586 | 2,959 |
| | | 매우 활동적 | | | 2,992 | 3,434 |
| | 175 | 비활동적 | 56.7 | 76.5 | 2,222 | 2,538 |
| | | 저활동적 | | | 2,425 | 2,776 |
| | | 활동적 | | | 2,683 | 3,078 |
| | | 매우 활동적 | | | 3,108 | ,3576 |
| | 180 | 비활동적 | 59.9 | 81.0 | 2,301 | 2,635 |
| | | 저활동적 | | | 2,513 | 2,884 |
| | | 활동적 | | | 2,782 | 3,200 |
| | | 매우 활동적 | | | 3,225 | 3,700 |
| 여자 | 150 | 비활동적 | 41.6 | 56.2 | 1,625 | 1,762 |
| | | 저활동적 | | | 1,803 | 1,956 |
| | | 활동적 | | | 2,025 | 2,198 |
| | | 매우 활동적 | | | 2,291 | 2,489 |
| | 155 | 비활동적 | 44.4 | 60.0 | 1,688 | 1,834 |
| | | 저활동적 | | | 1,873 | 2,037 |
| | | 활동적 | | | 2,104 | 2,290 |
| | | 매우 활동적 | | | 2,382 | 2,593 |
| | 160 | 비활동적 | 47.4 | 64.0 | 1,752 | 1,907 |
| | | 저활동적 | | | 1,944 | 2,118 |
| | | 활동적 | | | 2,185 | 2,385 |
| | | 매우 활동적 | | | 2,474 | 2,669 |

| 성별 | 신장(cm) | 신체활동수준 | 체중(kg) | | 에너지필요추정량 | |
|---|---|---|---|---|---|---|
| | | | 기준 BMI 18.5 | 기준 BMI 24.9 | 기준 BMI 18.5 | 기준 BMI 24.9 |
| 여자 | 165 | 비활동적 | 50.4 | 68.0 | 1,876 | 1,982 |
| | | 저활동적 | | | 2,016 | 2,202 |
| | | 활동적 | | | 2,267 | 2,407 |
| | | 매우 활동적 | | | 2,567 | 2,807 |
| | 170 | 비활동적 | 53.5 | 72.2 | 1,881 | 2,057 |
| | | 저활동적 | | | 2,090 | 2,286 |
| | | 활동적 | | | 2,350 | 2,573 |
| | | 매우 활동적 | | | 2,662 | 2,917 |

자료 : 한국영양학회, 한국인 영양섭취기준위원회, 2010

**〈표 3-3〉 한국인 영양섭취기준(Dietary Reference Intakes for Korean : KDRIs) (에너지적정비율)**

| 영양소 | | 1~2세 | 3~18세 | 19세 이상 | 비고 |
|---|---|---|---|---|---|
| 탄수화물 | | 55~70% | 55~70% | 55~70% | |
| 단 백 질 | | 7~20% | 7~20% | 7~20% | |
| 지 질 | 총 지방 | 20~35% | 15~30% | 15~25% | |
| | n-6 불포화지방산 | 4~8% | 4~8% | 4~8% | |
| | n-3 불포화지방산 | 1% 내외 | 1% 내외 | 1% 내외 | |
| | 포화지방산 | | | 4.5~7% | |
| | 트랜스지방산 | | | 1% 미만 | |
| | 콜레스테롤 | | | 300mg/일 미만 | 목표섭취량 |

자료 : 한국영양학회, 한국인 영양섭취기준위원회, 2010

〈표 3-4〉 한국인 영양섭취기준(Dietary Reference Intakes for Korean : KDRIs)

| 성별 | 연령 | 에너지(kcal/일) | | | | 탄수화물(g/일) | | | | 지방(g/일) | | | | n-6계 지방산(g/일) | | | |
|---|---|---|---|---|---|---|---|---|---|---|---|---|---|---|---|---|---|
| | | 필요추정량 | 권장섭취량 | 충분섭취량 | 상한섭취량 | 평균필요량 | 권장섭취량 | 충분섭취량 | 상한섭취량 | 평균필요량 | 권장섭취량 | 충분섭취량 | 상한섭취량 | 평균필요량 | 권장섭취량 | 충분섭취량 | 상한섭취량 |
| 영아 | 0~5(개월) | 550 | | | | | | 55 | | | | 25 | | | | 2.0 | |
| | 6~11 | 730 | | | | | | 90 | | | | 25 | | | | 4.5 | |
| 유아 | 1~2(세) | 1,000 | | | | | | | | | | | | | | | |
| | 3~5 | 1,400 | | | | | | | | | | | | | | | |
| 남자 | 6~8(세) | 1,600 | | | | | | | | | | | | | | | |
| | 9~11 | 1,900 | | | | | | | | | | | | | | | |
| | 12~14 | 2,400 | | | | | | | | | | | | | | | |
| | 15~18 | 2,700 | | | | | | | | | | | | | | | |
| | 19~29 | 2,600 | | | | | | | | | | | | | | | |
| | 30~49 | 2,400 | | | | | | | | | | | | | | | |
| | 50~64 | 2,200 | | | | | | | | | | | | | | | |
| | 65~74 | 2,000 | | | | | | | | | | | | | | | |
| | 75이상 | 2,000 | | | | | | | | | | | | | | | |
| 여자 | 6~8(세) | 1,500 | | | | | | | | | | | | | | | |
| | 9~11 | 1,700 | | | | | | | | | | | | | | | |
| | 12~14 | 2,000 | | | | | | | | | | | | | | | |
| | 15~18 | 2,000 | | | | | | | | | | | | | | | |
| | 19~29 | 2,100 | | | | | | | | | | | | | | | |
| | 30~49 | 1,900 | | | | | | | | | | | | | | | |
| | 50~64 | 1,800 | | | | | | | | | | | | | | | |
| | 65~74 | 1,600 | | | | | | | | | | | | | | | |
| | 75이상 | 1,600 | | | | | | | | | | | | | | | |
| 임신부* | | +0 | | | | | | | | | | | | | | | |
| | | +340 | | | | | | | | | | | | | | | |
| | | +450 | | | | | | | | | | | | | | | |
| 수유부 | | +320 | | | | | | | | | | | | | | | |

자료 : 한국영양학회, 한국인 영양섭취기준위원회, 2010

### ① 다량 영양소

| 성별 | 연령 | n-3계지방산(g/일) | | | | 단백질(g/일) | | | | 식이섬유(g/일) | | | | 수분(mL/일) | | | |
|---|---|---|---|---|---|---|---|---|---|---|---|---|---|---|---|---|---|
| | | 평균 필요량 | 권장 섭취량 | 충분 섭취량 | 상한 섭취량 | 평균 필요량 | 권장 섭취량 | 충분 섭취량 | 상한 섭취량 | 평균 필요량 | 권장 섭취량 | 충분 섭취량 | 상한 섭취량 | 평균 필요량 | 권장 섭취량 | 충분 섭취량 | 상한 섭취량 |
| 영아 | 0~5(개월) | | | 0.3 | | | | 9.5 | | | | | | | | 700 | |
| | 6~11 | | | 0.8 | | 9.8 | 13.5 | | | | | | | | | 800 | |
| 유아 | 1~2(세) | | | | | 12 | 15 | | | | | 10 | | | | 1,100 | |
| | 3~5 | | | | | 15 | 20 | | | | | 15 | | | | 1,400 | |
| 남자 | 6~8(세) | | | | | 20 | 25 | | | | | 20 | | | | 1,800 | |
| | 9~11 | | | | | 30 | 35 | | | | | 20 | | | | 2,000 | |
| | 12~14 | | | | | 40 | 50 | | | | | 25 | | | | 2,300 | |
| | 15~18 | | | | | 45 | 55 | | | | | 25 | | | | 2,600 | |
| | 19~29 | | | | | 45 | 55 | | | | | 25 | | | | 2,600 | |
| | 30~49 | | | | | 45 | 55 | | | | | 25 | | | | 2,500 | |
| | 50~64 | | | | | 40 | 50 | | | | | 25 | | | | 2,200 | |
| | 65~74 | | | | | 40 | 50 | | | | | 25 | | | | 2,100 | |
| | 75이상 | | | | | 40 | 50 | | | | | 25 | | | | 2,100 | |
| 여자 | 6~8(세) | | | | | 20 | 25 | | | | | 15 | | | | 1,700 | |
| | 9~11 | | | | | 30 | 35 | | | | | 15 | | | | 1,800 | |
| | 12~14 | | | | | 40 | 45 | | | | | 20 | | | | 2,000 | |
| | 15~18 | | | | | 40 | 45 | | | | | 20 | | | | 2,100 | |
| | 19~29 | | | | | 40 | 50 | | | | | 20 | | | | 2,100 | |
| | 30~49 | | | | | 35 | 45 | | | | | 20 | | | | 2,000 | |
| | 50~64 | | | | | 35 | 45 | | | | | 20 | | | | 1,900 | |
| | 65~74 | | | | | 35 | 45 | | | | | 20 | | | | 1,800 | |
| | 75이상 | | | | | 35 | 45 | | | | | 20 | | | | 1,800 | |
| 임신부* | | | | | | +0 | +0 | | | | | +5 | | | | +200 | |
| | | | | | | +12 | +15 | | | | | | | | | | |
| | | | | | | +25 | +30 | | | | | | | | | | |
| 수유부 | | | | | | +20 | +25 | | | | | +5 | | | | +700 | |

* 에너지, 단백질 : 임신 1, 2, 3분기별 부가량

## ② 지용성 비타민

| 성별 | 연령 | 비타민 A(μgRE/일) | | | | 비타민 D(μg/일) | | | | 비타민 E(mg α-TE/일) | | | | 비타민 K(μg/일) | | | |
|---|---|---|---|---|---|---|---|---|---|---|---|---|---|---|---|---|---|
| | | 평균 필요량 | 권장 섭취량 | 충분 섭취량 | 상한 섭취량 | 평균 필요량 | 권장 섭취량 | 충분 섭취량 | 상한 섭취량 | 평균 필요량 | 권장 섭취량 | 충분 섭취량 | 상한 섭취량* | 평균 필요량 | 권장 섭취량 | 충분 섭취량 | 상한 섭취량 |
| 영아 | 0~5(개월) | | | 300 | 600 | | | 5 | 25 | | | 3 | | | | 4 | |
| | 6~11 | | | 400 | 600 | | | 5 | 25 | | | 4 | | | | 7 | |
| 유아 | 1~2(세) | 200 | 300 | | 600 | | | 5 | 60 | | | 5 | 100 | | | 25 | |
| | 3~5 | 230 | 300 | | 700 | | | 5 | 60 | | | 6 | 140 | | | 30 | |
| 남자 | 6~8(세) | 300 | 400 | | 1,100 | | | 5 | 60 | | | 8 | 200 | | | 45 | |
| | 9~11 | 390 | 550 | | 1,500 | | | 5 | 60 | | | 9 | 280 | | | 55 | |
| | 12~14 | 510 | 700 | | 2,100 | | | 5 | 60 | | | 10 | 380 | | | 70 | |
| | 15~18 | 590 | 850 | | 2,400 | | | 5 | 60 | | | 12 | 430 | | | 80 | |
| | 19~29 | 540 | 750 | | 3,000 | | | 5 | 60 | | | 12 | 540 | | | 75 | |
| | 30~49 | 520 | 750 | | 3,000 | | | 5 | 60 | | | 12 | 540 | | | 75 | |
| | 50~64 | 500 | 700 | | 3,000 | | | 10 | 60 | | | 12 | 540 | | | 75 | |
| | 65~74 | 490 | 700 | | 3,000 | | | 10 | 60 | | | 12 | 540 | | | 75 | |
| | 75이상 | 490 | 700 | | 3,000 | | | 10 | 60 | | | 12 | 540 | | | 75 | |
| 여자 | 6~8(세) | 280 | 400 | | 1,000 | | | 5 | 60 | | | 7 | 200 | | | 45 | |
| | 9~11 | 370 | 500 | | 1,500 | | | 5 | 60 | | | 8 | 280 | | | 55 | |
| | 12~14 | 470 | 650 | | 2,100 | | | 5 | 60 | | | 9 | 380 | | | 65 | |
| | 15~18 | 440 | 600 | | 2,400 | | | 5 | 60 | | | 10 | 430 | | | 65 | |
| | 19~29 | 460 | 650 | | 3,000 | | | 5 | 60 | | | 10 | 540 | | | 65 | |
| | 30~49 | 450 | 650 | | 3,000 | | | 5 | 60 | | | 10 | 540 | | | 65 | |
| | 50~64 | 430 | 600 | | 3,000 | | | 10 | 60 | | | 10 | 540 | | | 65 | |
| | 65~74 | 410 | 600 | | 3,000 | | | 10 | 60 | | | 10 | 540 | | | 65 | |
| | 75이상 | 410 | 600 | | 3,000 | | | 10 | 60 | | | 10 | 540 | | | 65 | |
| 임신부 | | +50 | +70 | | 3,000 | | | +5 | 60 | | | +0 | 540 | | | +0 | |
| 수유부 | | +350 | +490 | | 3,000 | | | +5 | 60 | | | +3 | 540 | | | +0 | |

* RRR-α-tocopherol

### ③ 수용성 비타민

| 성별 | 연령 | 비타민 C(mg/일) | | | | 티아민(mg/일) | | | | 리보플라빈(mg/일) | | | | 니아신(mg/일) | | | | |
|---|---|---|---|---|---|---|---|---|---|---|---|---|---|---|---|---|---|---|
| | | 평균 필요량 | 권장 섭취량 | 충분 섭취량 | 상한 섭취량 | 평균 필요량 | 권장 섭취량 | 충분 섭취량 | 상한 섭취량 | 평균 필요량 | 권장 섭취량 | 충분 섭취량 | 상한 섭취량 | 평균 필요량 | 권장 섭취량 | 충분 섭취량 | 상한 섭취량[1] | 상한 섭취량[2] |
| 영아 | 0~5(개월) | | | 35 | | | | 0.2 | | | | 0.3 | | | | 2 | | |
| | 6~11 | | | 45 | | | | 0.3 | | | | 0.4 | | | | 3 | | |
| 유아 | 1~2(세) | 30 | 40 | | 350 | 0.4 | 0.5 | | | 0.5 | 0.6 | | | 5 | 6 | | 10 | 180 |
| | 3~5 | 30 | 40 | | 500 | 0.4 | 0.5 | | | 0.6 | 0.7 | | | 5 | 7 | | 10 | 250 |
| 남자 | 6~8(세) | 40 | 60 | | 700 | 0.6 | 0.7 | | | 0.7 | 0.9 | | | 7 | 9 | | 15 | 350 |
| | 9~11 | 55 | 70 | | 1,000 | 0.7 | 0.9 | | | 0.9 | 1.1 | | | 9 | 11 | | 20 | 500 |
| | 12~14 | 75 | 100 | | 1,400 | 0.9 | 1.1 | | | 1.2 | 1.5 | | | 11 | 15 | | 25 | 700 |
| | 15~18 | 85 | 110 | | 1,600 | 1.1 | 1.3 | | | 1.4 | 1.7 | | | 13 | 17 | | 30 | 800 |
| | 19~29 | 75 | 100 | | 2,000 | 1.0 | 1.2 | | | 1.3 | 1.5 | | | 12 | 16 | | 35 | 1,000 |
| | 30~49 | 75 | 100 | | 2,000 | 1.0 | 1.2 | | | 1.3 | 1.5 | | | 12 | 16 | | 35 | 1,000 |
| | 50~64 | 75 | 100 | | 2,000 | 1.0 | 1.2 | | | 1.3 | 1.5 | | | 12 | 16 | | 35 | 1,000 |
| | 65~74 | 75 | 100 | | 2,000 | 1.0 | 1.2 | | | 1.3 | 1.5 | | | 12 | 16 | | 35 | 1,000 |
| | 75이상 | 75 | 100 | | 2,000 | 1.0 | 1.2 | | | 1.3 | 1.5 | | | 12 | 16 | | 35 | 1,000 |
| 여자 | 6~8(세) | 50 | 60 | | 700 | 0.6 | 0.7 | | | 0.6 | 0.7 | | | 7 | 9 | | 15 | 350 |
| | 9~11 | 60 | 80 | | 1,000 | 0.7 | 0.9 | | | 0.8 | 0.9 | | | 9 | 11 | | 20 | 500 |
| | 12~14 | 75 | 100 | | 1,400 | 0.9 | 1.1 | | | 1.0 | 1.2 | | | 11 | 14 | | 25 | 700 |
| | 15~18 | 75 | 100 | | 1,600 | 0.9 | 1.0 | | | 1.0 | 1.2 | | | 11 | 14 | | 30 | 800 |
| | 19~29 | 75 | 100 | | 2,000 | 0.9 | 1.1 | | | 1.0 | 1.2 | | | 11 | 14 | | 35 | 1,000 |
| | 30~49 | 75 | 100 | | 2,000 | 0.9 | 1.1 | | | 1.0 | 1.2 | | | 11 | 14 | | 35 | 1,000 |
| | 50~64 | 75 | 100 | | 2,000 | 0.9 | 1.1 | | | 1.0 | 1.2 | | | 11 | 14 | | 35 | 1,000 |
| | 65~74 | 75 | 100 | | 2,000 | 0.9 | 1.1 | | | 1.0 | 1.2 | | | 11 | 14 | | 35 | 1,000 |
| | 75이상 | 75 | 100 | | 2,000 | 0.9 | 1.1 | | | 1.0 | 1.2 | | | 11 | 14 | | 35 | 1,000 |
| 임신부 | | +10 | +10 | | 2,000 | +0.4 | +0.4 | | | +0.3 | +0.4 | | | +3 | +4 | | 35 | 1,000 |
| 수유부 | | +35 | +35 | | 2,000 | +0.3 | +0.4 | | | +0.4 | +0.4 | | | +3 | +5 | | 35 | 1,000 |

1) 니코틴산(mg/일) 2) 니코틴아미드(mg/일)

| 성별 | 연령 | 비타민 $B_6$(mg/일) | | | | 엽산(μg DFE/일)[1] | | | | 비타민 $B_{12}$(μg/일) | | | | 판토텐산(mg/일) | | | | 비오틴(μg/일) | | | |
|---|---|---|---|---|---|---|---|---|---|---|---|---|---|---|---|---|---|---|---|---|---|
| | | 평균필요량 | 권장섭취량 | 충분섭취량 | 상한섭취량 | 평균필요량 | 권장섭취량 | 충분섭취량 | 상한섭취량 | 필요추정량 | 권장섭취량 | 충분섭취량 | 상한섭취량 | 평균필요량 | 권장섭취량 | 충분섭취량 | 상한섭취량 | 평균필요량 | 권장섭취량 | 충분섭취량 | 상한섭취량 |
| 영아 | 0~5(개월) | | | 0.1 | | | | 65 | | | | 0.3 | | | | 1.7 | | | | 5 | |
| | 6~11 | | | 0.3 | | | | 80 | | | | 0.5 | | | | 1.8 | | | | 7 | |
| 유아 | 1~2(세) | 0.5 | 0.6 | | 25 | 120 | 150 | | 300 | 0.8 | 0.9 | | | | | 2 | | | | 9 | |
| | 3~5 | 0.6 | 0.7 | | 35 | 150 | 180 | | 400 | 0.9 | 1.1 | | | | | 3 | | | | 11 | |
| 남자 | 6~8(세) | 0.7 | 0.9 | | 45 | 180 | 220 | | 500 | 1.1 | 1.3 | | | | | 3 | | | | 15 | |
| | 9~11 | 0.9 | 1.1 | | 60 | 250 | 300 | | 600 | 1.5 | 1.7 | | | | | 4 | | | | 20 | |
| | 12~14 | 1.3 | 1.5 | | 80 | 320 | 400 | | 800 | 1.9 | 2.3 | | | | | 5 | | | | 25 | |
| | 15~18 | 1.3 | 1.5 | | 90 | 320 | 400 | | 900 | 2.2 | 2.7 | | | | | 6 | | | | 30 | |
| | 19~29 | 1.3 | 1.5 | | 100 | 320 | 400 | | 1,000 | 2.0 | 2.4 | | | | | 5 | | | | 30 | |
| | 30~49 | 1.3 | 1.5 | | 100 | 320 | 400 | | 1,000 | 2.0 | 2.4 | | | | | 5 | | | | 30 | |
| | 50~64 | 1.3 | 1.5 | | 100 | 320 | 400 | | 1,000 | 2.0 | 2.4 | | | | | 5 | | | | 30 | |
| | 65~74 | 1.3 | 1.5 | | 100 | 320 | 400 | | 1,000 | 2.0 | 2.4 | | | | | 5 | | | | 30 | |
| | 75이상 | 1.3 | 1.5 | | 100 | 320 | 400 | | 1,000 | 2.0 | 2.4 | | | | | 5 | | | | 30 | |
| 여자 | 6~8(세) | 0.7 | 0.9 | | 45 | 180 | 220 | | 500 | 1.2 | 1.5 | | | | | 3 | | | | 15 | |
| | 9~11 | 0.9 | 1.1 | | 60 | 250 | 300 | | 600 | 1.6 | 1.9 | | | | | 4 | | | | 20 | |
| | 12~14 | 1.2 | 1.4 | | 80 | 320 | 400 | | 800 | 2.0 | 2.4 | | | | | 5 | | | | 25 | |
| | 15~18 | 1.2 | 1.4 | | 90 | 320 | 400 | | 900 | 2.0 | 2.4 | | | | | 6 | | | | 30 | |
| | 19~29 | 1.2 | 1.4 | | 100 | 320 | 400 | | 1,000 | 2.0 | 2.4 | | | | | 5 | | | | 30 | |
| | 30~49 | 1.2 | 1.4 | | 100 | 320 | 400 | | 1,000 | 2.0 | 2.4 | | | | | 5 | | | | 30 | |
| | 50~64 | 1.2 | 1.4 | | 100 | 320 | 400 | | 1,000 | 2.0 | 2.4 | | | | | 5 | | | | 30 | |
| | 65~74 | 1.2 | 1.4 | | 100 | 320 | 400 | | 1,000 | 2.0 | 2.4 | | | | | 5 | | | | 30 | |
| | 75이상 | 1.2 | 1.4 | | 100 | 320 | 400 | | 1,000 | 2.0 | 2.4 | | | | | 5 | | | | 30 | |
| 임신부 | | +0.6 | +0.8 | | 100 | +200 | +200 | | 1,000 | +0.2 | +0.2 | | | | | +1 | | | | +0 | |
| 수유부 | | +0.6 | +0.8 | | 100 | +130 | +150 | | 1,000 | +0.3 | +0.4 | | | | | +2 | | | | +5 | |

1) Dietary Folate Equivalents, 가임기 여성의 경우 400μg/일의 엽산보충제 섭취를 권장함. 엽산의 상한섭취량은 보충제 또는 강화식품의 형태로 섭취한 μg/일에 해당됨

### ④ 다량 무기질

| 성별 | 연령 | 칼슘(mg/일) | | | | 인(mg/일) | | | | 나트륨(g/일) | | | |
|---|---|---|---|---|---|---|---|---|---|---|---|---|---|
| | | 평균 필요량 | 권장 섭취량 | 충분 섭취량 | 상한 섭취량 | 평균 필요량 | 권장 섭취량 | 충분 섭취량 | 상한 섭취량 | 평균 필요량 | 권장 섭취량 | 충분 섭취량 | 상한 섭취량 |
| 영아 | 0~5(개월) | | | 200 | | | | 100 | | | | 0.12 | |
| | 6~11 | | | 300 | | | | 300 | | | | 0.37 | |
| 유아 | 1~2(세) | 390 | 500 | | 2,500 | 350 | 500 | | 3,000 | | | 0.7 | |
| | 3~5 | 470 | 600 | | 2,500 | 390 | 500 | | 3,000 | | | 0.9 | |
| 남자 | 6~8(세) | 580 | 700 | | 2,500 | 550 | 700 | | 3,000 | | | 1.2 | |
| | 9~11 | 670 | 800 | | 2,500 | 810 | 1,000 | | 3,500 | | | 1.3 | 2.0 |
| | 12~14 | 800 | 1,000 | | 2,500 | 860 | 1,000 | | 3,500 | | | 1.5 | 2.0 |
| | 15~18 | 750 | 900 | | 2,500 | 790 | 1,000 | | 3,500 | | | 1.5 | 2.0 |
| | 19~29 | 620 | 750 | | 2,500 | 580 | 700 | | 3,500 | | | 1.5 | 2.0 |
| | 30~49 | 600 | 750 | | 2,500 | 580 | 700 | | 3,500 | | | 1.5 | 2.0 |
| | 50~64 | 570 | 700 | | 2,500 | 580 | 700 | | 3,500 | | | 1.4 | 2.0 |
| | 65~74 | 560 | 700 | | 2,500 | 580 | 700 | | 3,500 | | | 1.2 | 2.0 |
| | 75이상 | 560 | 700 | | 2,500 | 580 | 700 | | 3,000 | | | 1.1 | 2.0 |
| 여자 | 6~8(세) | 580 | 700 | | 2,500 | 450 | 600 | | 3,000 | | | 1.2 | |
| | 9~11 | 670 | 800 | | 2,500 | 700 | 900 | | 3,500 | | | 1.3 | 2.0 |
| | 12~14 | 740 | 900 | | 2,500 | 680 | 900 | | 3,500 | | | 1.5 | 2.0 |
| | 15~18 | 660 | 900 | | 2,500 | 580 | 800 | | 3,500 | | | 1.5 | 2.0 |
| | 19~29 | 530 | 650 | | 2,500 | 580 | 700 | | 3,500 | | | 1.5 | 2.0 |
| | 30~49 | 510 | 650 | | 2,500 | 580 | 700 | | 3,500 | | | 1.5 | 2.0 |
| | 50~64 | 590 | 700 | | 2,500 | 580 | 700 | | 3,500 | | | 1.4 | 2.0 |
| | 65~74 | 570 | 700 | | 2,500 | 580 | 700 | | 3,500 | | | 1.2 | 2.0 |
| | 75 이상 | 570 | 700 | | 2,500 | 580 | 700 | | 3,000 | | | 1.1 | 2.0 |
| 임신부 | | +230 | +280 | | 2,500 | +0 | +0 | | 3,000 | | | +0 | 2.0 |
| 수유부 | | +310 | +370 | | 2,500 | +0 | +0 | | 3,500 | | | +0 | 2.0 |

| 성별 | 연령 | 염소(g/일) | | | | 칼륨(g/일) | | | | 마그네슘(mg/일) | | | |
|---|---|---|---|---|---|---|---|---|---|---|---|---|---|
| | | 평균 필요량 | 권장 섭취량 | 충분 섭취량 | 상한 섭취량 | 평균 필요량 | 권장 섭취량 | 충분 섭취량 | 상한 섭취량 | 평균 필요량 | 권장 섭취량 | 충분 섭취량 | 상한 섭취량[1] |
| 영아 | 0~5(개월) | | | 0.18 | | | | 0.4 | | | | 30 | |
| | 6~11 | | | 0.56 | | | | 0.7 | | | | 55 | |
| 유아 | 1~2(세) | | | 1.1 | | | | 1.7 | | 60 | 75 | | 65 |
| | 3~5 | | | 1.4 | | | | 2.3 | | 85 | 100 | | 90 |
| 남자 | 6~8(세) | | | 1.8 | | | | 2.8 | | 125 | 150 | | 130 |
| | 9~11 | | | 2.0 | | | | 3.2 | | 175 | 210 | | 180 |
| | 12~14 | | | 2.3 | | | | 3.5 | | 250 | 300 | | 250 |
| | 15~18 | | | 2.3 | | | | 3.5 | | 335 | 400 | | 350 |
| | 19~29 | | | 2.3 | | | | 3.5 | | 285 | 340 | | 350 |
| | 30~49 | | | 2.3 | | | | 3.5 | | 295 | 350 | | 350 |
| | 50~64 | | | 2.1 | | | | 3.5 | | 295 | 350 | | 350 |
| | 65~74 | | | 1.9 | | | | 3.5 | | 295 | 350 | | 350 |
| | 75이상 | | | 1.6 | | | | 3.5 | | 295 | 350 | | 350 |
| 여자 | 6~8(세) | | | 1.8 | | | | 2.8 | | 125 | 150 | | 130 |
| | 9~11 | | | 2.0 | | | | 3.2 | | 175 | 210 | | 180 |
| | 12~14 | | | 2.3 | | | | 3.5 | | 240 | 290 | | 250 |
| | 15~18 | | | 2.3 | | | | 3.5 | | 285 | 340 | | 350 |
| | 19~29 | | | 2.3 | | | | 3.5 | | 235 | 280 | | 350 |
| | 30~49 | | | 2.3 | | | | 3.5 | | 235 | 280 | | 350 |
| | 50~64 | | | 2.1 | | | | 3.5 | | 235 | 280 | | 350 |
| | 65~74 | | | 1.9 | | | | 3.5 | | 235 | 280 | | 350 |
| | 75 이상 | | | 1.6 | | | | 3.5 | | 235 | 280 | | 350 |
| 임신부 | | | | +0 | | | | +0 | | +33 | +40 | | 350 |
| 수유부 | | | | +0 | | | | +0.4 | | +0 | +0 | | 350 |

1) 식품 외 급원의 마그네슘에만 해당

### ⑤ 미량 무기질

| 성별 | 연령 | 철(mg/일) | | | | 아연(mg/일) | | | | 구리(μg/일) | | | | 불소(mg/일) | | | |
|---|---|---|---|---|---|---|---|---|---|---|---|---|---|---|---|---|---|
| | | 평균필요량 | 권장섭취량 | 충분섭취량 | 상한섭취량 | 평균필요량 | 권장섭취량 | 충분섭취량 | 상한섭취량 | 평균필요량 | 권장섭취량 | 충분섭취량 | 상한섭취량 | 평균필요량 | 권장섭취량 | 충분섭취량 | 상한섭취량 |
| 영아 | 0~5(개월) | | | 0.3 | 40 | | | 1.7 | | | | 230 | | | | 0.01 | 0.6 |
| | 6~11 | 5.0 | 6 | | 40 | 2.2 | 2.8 | | | | | 300 | | | | 0.5 | 0.9 |
| 유아 | 1~2(세) | 4.8 | 6 | | 40 | 2.4 | 3 | | 6 | 220 | 290 | | 1,500 | | | 0.6 | 1.2 |
| | 3~5 | 5.4 | 7 | | 40 | 3.1 | 4 | | 9 | 250 | 330 | | 2,000 | | | 0.8 | 1.7 |
| 남자 | 6~8(세) | 6.3 | 8 | | 40 | 4.3 | 5 | | 13 | 330 | 430 | | 3,000 | | | 1.0 | 2.5 |
| | 9~11 | 8.5 | 11 | | 40 | 6.2 | 8 | | 18 | 440 | 570 | | 5,000 | | | 2.0 | 10 |
| | 12~14 | 11.0 | 14 | | 40 | 6.5 | 8 | | 25 | 570 | 740 | | 7,000 | | | 2.5 | 10 |
| | 15~18 | 11.8 | 15 | | 45 | 8.4 | 10 | | 30 | 670 | 870 | | 8,000 | | | 3.0 | 10 |
| | 19~29 | 7.7 | 10 | | 45 | 8.1 | 10 | | 35 | 600 | 800 | | 10,000 | | | 3.5 | 10 |
| | 30~49 | 7.4 | 10 | | 45 | 7.9 | 9 | | 35 | 600 | 800 | | 10,000 | | | 3.0 | 10 |
| | 50~64 | 7.1 | 9 | | 45 | 7.5 | 9 | | 35 | 600 | 800 | | 10,000 | | | 3.0 | 10 |
| | 65~74 | 6.9 | 9 | | 45 | 7.2 | 9 | | 35 | 600 | 800 | | 10,000 | | | 3.0 | 10 |
| | 75이상 | 6.9 | 9 | | 45 | 6.9 | 9 | | 35 | 600 | 800 | | 10,000 | | | 3.0 | 10 |
| 여자 | 6~8(세) | 6.3 | 8 | | 40 | 4.1 | 5 | | 13 | 330 | 430 | | 3,000 | | | 1.0 | 2.5 |
| | 9~11 | 8.0 | 10 | | 40 | 5.9 | 7 | | 18 | 440 | 570 | | 5,000 | | | 2.0 | 10 |
| | 12~14 | 10.0 | 13 | | 40 | 6.1 | 7 | | 25 | 570 | 740 | | 7,000 | | | 2.5 | 10 |
| | 15~18 | 12.9 | 17 | | 45 | 7.2 | 9 | | 30 | 670 | 870 | | 8,000 | | | 2.5 | 10 |
| | 19~29 | 10.8 | 14 | | 45 | 7.0 | 8 | | 35 | 600 | 800 | | 10,000 | | | 3.0 | 10 |
| | 30~49 | 10.5 | 14 | | 45 | 6.8 | 8 | | 35 | 600 | 800 | | 10,000 | | | 2.5 | 10 |
| | 50~64 | 6.1 | 8 | | 45 | 6.3 | 8 | | 35 | 600 | 800 | | 10,000 | | | 2.5 | 10 |
| | 65~74 | 5.8 | 8 | | 45 | 6.0 | 7 | | 35 | 600 | 800 | | 10,000 | | | 2.5 | 10 |
| | 75 이상 | 5.8 | 8 | | 45 | 5.8 | 7 | | 35 | 600 | 800 | | 10,000 | | | 2.5 | 10 |
| 임신부 | | +7.8 | +10 | | 45 | +2.0 | +2.5 | | 35 | +100 | +130 | | 10,000 | | | +0 | 10 |
| 수유부 | | +0 | +0 | | 45 | +4.3 | +5.0 | | 35 | +350 | +450 | | 10,000 | | | +0 | 10 |

| 성별 | 연령 | 망간(mg/일) | | | | 요오드(μg/일) | | | | 셀레늄(μg/일) | | | | 몰리브덴(μg/일) | | | |
|---|---|---|---|---|---|---|---|---|---|---|---|---|---|---|---|---|---|
| | | 평균 필요량 | 권장 섭취량 | 충분 섭취량 | 상한 섭취량 | 평균 필요량 | 권장 섭취량 | 충분 섭취량 | 상한 섭취량 | 평균 필요량 | 권장 섭취량 | 충분 섭취량 | 상한 섭취량 | 평균 필요량 | 권장 섭취량 | 충분 섭취량 | 상한 섭취량 |
| 영아 | 0~5(개월) | | | 0.01 | | | | 130 | 250 | | | 8.5 | 40 | | | | |
| | 6~11 | | | 0.8 | | | | 170 | 250 | | | 11 | 60 | | | | |
| 유아 | 1~2(세) | | | 1.4 | 2 | 55 | 80 | | 300 | 17 | 20 | | 85 | | | | 100 |
| | 3~5 | | | 2.0 | 3 | 65 | 90 | | 300 | 19 | 25 | | 120 | | | | 150 |
| 남자 | 6~8(세) | | | 2.5 | 4 | 75 | 100 | | 500 | 25 | 30 | | 150 | | | | 200 |
| | 9~11 | | | 3.0 | 5 | 85 | 110 | | 700 | 33 | 40 | | 200 | | | | 300 |
| | 12~14 | | | 4.0 | 7 | 90 | 130 | | 1,700 | 43 | 50 | | 300 | | | | 400 |
| | 15~18 | | | 4.0 | 9 | 95 | 130 | | 1,900 | 50 | 60 | | 300 | | | | 500 |
| | 19~29 | | | 4.0 | 11 | 95 | 150 | | 2,400 | 45 | 55 | | 400 | | | | 600 |
| | 30~49 | | | 4.0 | 11 | 95 | 150 | | 2,400 | 45 | 55 | | 400 | | | | 600 |
| | 50~64 | | | 4.0 | 11 | 95 | 150 | | 2,400 | 45 | 55 | | 400 | | | | 600 |
| | 65~74 | | | 4.0 | 11 | 95 | 150 | | 2,400 | 45 | 55 | | 400 | | | | 600 |
| | 75이상 | | | 4.0 | 11 | 95 | 150 | | 2,400 | 45 | 55 | | 400 | | | | 600 |
| 여자 | 6~8(세) | | | 2.5 | 4 | 75 | 100 | | 500 | 25 | 30 | | 150 | | | | 200 |
| | 9~11 | | | 3.0 | 5 | 85 | 110 | | 700 | 33 | 40 | | 200 | | | | 300 |
| | 12~14 | | | 3.5 | 7 | 90 | 130 | | 1,700 | 43 | 50 | | 300 | | | | 400 |
| | 15~18 | | | 3.5 | 9 | 95 | 130 | | 1,900 | 50 | 60 | | 300 | | | | 500 |
| | 19~29 | | | 3.5 | 11 | 95 | 150 | | 2,400 | 45 | 55 | | 400 | | | | 600 |
| | 30~49 | | | 3.5 | 11 | 95 | 150 | | 2,400 | 45 | 55 | | 400 | | | | 600 |
| | 50~64 | | | 3.5 | 11 | 95 | 150 | | 2,400 | 45 | 55 | | 400 | | | | 600 |
| | 65~74 | | | 3.5 | 11 | 95 | 150 | | 2,400 | 45 | 55 | | 400 | | | | 600 |
| | 75 이상 | | | 3.5 | 11 | 95 | 150 | | 2,400 | 45 | 55 | | 400 | | | | 600 |
| 임신부 | | | | +0 | 11 | +65 | +90 | | | +3 | +4 | | 400 | | | | 600 |
| 수유부 | | | | +0 | 11 | +130 | +180 | | | +8 | +10 | | 400 | | | | 600 |

## 3-4 영양소의 기능과 권장량

### 1) 에너지

신체는 성장과 유지, 활동, 체온조절 등 체내에서 일어나는 모든 신진대사를 위하여 에너지를 필요로 하며 이러한 에너지필요량은 개인의 나이, 체격, 체조직 구성, 활동량 등에 따라 달라진다. 성장기나 임신기에는 적절한 성장을 위한 에너지가 추가로 필요하며 성인은 원활한 신진대사 및 활동을 위한 에너지를 필요로 한다. 에너지는 음식물로 섭취되는 에너지와 생명유지, 활동 및 발열작용에 소비되는 에너지로 구분되는데, 건강을 유지하기 위해서는 에너지 섭취량과 소비량 사이에 적절한 균형을 이루는 것이 중요하다. 섭취에너지와 소비에너지 사이의 균형은 체내 에너지 저장량에 영향을 미치게 되며 장기간의 에너지 불균형은 체구성 성분의 변화와 체중변화를 초래한다. 특히 체중과잉은 여러 가지 만성퇴행성 질환의 주요 위험인자로 간주되고 있어 최근 우리나라에서도 증가하고 있는 비만인구에서 체중조절이 논의되고 있으나 무분별한 체중조절에 의한 영양결핍도 우려되고 있다.

한국 성인의 에너지 필요추정량은 에너지 소비량으로 규정하며 영유아, 아동 및 청소년은 에너지 소비량에 성장에 소요되는 에너지를 추가하여 산정하였다. 에너지 소비량은 이중표시 수분방법을 사용하여 산출한 공식을 사용하였다.

- 성인 남자 : 662 − (9.53×연령) + PA*(5.91×체중kg + 539.6×신장m)
- 성인 여자 : 354 − (6.91×연령) + PA*(9.36×체중kg + 726×신장m)

* PA(신체활동 단계별 계수) : 1.0(비활동적), 1.11(저활동적), 1.27(활동적), 1.45(매우 활동적)

### 2) 탄수화물

탄수화물은 단순당질과 복합당질로 나뉘는데 단순당질에는 포도당, 과당과 같은 단당류와 서당, 맥아당, 유당과 같은 이당류가 포함되며, 복합당질에는 전분과 식이섬유질 중 비전분 다당류가 이에 해당된다. 탄수화물은 주된 에너지원(4kcal/g)으로서 정상적인 에너지대사에 필수적이지만 탄수화물 자체의 최소필요량이나 적정섭취량에 대한 관심보다는 탄수화물과 지방섭취량의 상대적인 변화가 인체에 미치는 기능 측면에 관심을 가져왔다. 2010년 한국인 영양섭취기준은 탄수화물에 대해 에너지 적정섭취비율을 설정하였고, 영아에서만 충분섭취량을 설정하였다. 1~18세의 탄수화물 섭취비율은 55~70%를 권장하고 있다. 식이섬유질의 충분섭취량은 성인의 경우 남자는 25g/일, 여자는 20g/일이다.

〈표 3-5〉 주요 식품 100g당 식이섬유소 함량

| 식 품 | 식이섬유소 함량(g) | 식 품 | 식이섬유소 함량(g) |
|---|---|---|---|
| 김 | 5.0 | 옥수수 | 0.62 |
| 건미역 | 2.0 | 사 과 | 0.60 |
| 배추김치 | 1.4 | 감 자 | 0.53 |
| 고구마 | 0.88 | 현미밥 | 0.41 |
| 양배추 | 0.80 | 파인애플 통조림 | 0.35 |
| 당 근 | 0.80 | 쌀 밥 | 0.19 |

### 3) 단백질

단백질은 근육, 결합조직 등 신체조직을 구성할 뿐만 아니라 효소, 호르몬, 체내 필수물질의 운반과 저장, 항체, 체액과 산 · 염기 평형 등 중요한 기능을 가지고 있으며 단백질이 결핍되면 성장저해가 오고 질병에 대한 저항력도 약해진다. 한국인 영양섭취기준에 의한 우리나라의 성인 단백질 평균필요량은 남녀 구분 없이 0.66g/kg 체중/일로 책정하였다. 단백질의 권장섭취량은 평균필요량에 개인변이를 고려하여 0.66g/kg체중/일의 125%인 체중 kg당 0.83g을 한국인 성인 단백질 권장량으로 산정하였다. 단백질 권장량은 영아기에 체중 1kg당 1.5g, 청년기에는 남자 0.9g, 여자 0.85g으로 책정하였는데, 성장에 따라 체중이 지속적으로 증가하기 때문에 권장섭취 수준은 청소년기에 최대에 이른다.

### 4) 지질

우리나라는 최근 20여 년 사이에 식생활이 급격히 변화되었고 지방섭취량도 증가하고 있는 추세이다. 지방은 농축된 에너지 급원(9kcal/g)으로서 지용성 비타민의 소화를 돕고 식품의 향미를 증가시켜 미각을 증가시킨다. 비만환자에서 나타나는 여러 가지 합병증으로 인하여 지방에 대해 부정적인 시각을 가지고 있으나 식이 지방은 총 섭취량뿐만 아니라 지방을 구성하고 있는 지방산의 형태와 구조에 따라 체내에서 작용기전이 다른 것으로 보고되고 있다. 2010년 한국인 영양섭취기준에서는 총지방의 에너지 적정비율을 설정하였고, 영아에서만 충분섭취량을 설정하였다. 지질의 에너지 적정비율은 19세 이상 성인은 15～25%, 1～2세에는 20～35%, 3～18세에는 15～30%이다. 생후 1년 이내의 영아의 경우에는 25g/일을 충분섭취량으로 설정하였다. N-6계 필수지방산은 에너지 적정비율 4～8%로, N-3계 지방산은 에너지의 1% 내외로 정하였다. 콜레스테롤은 대사증후군 등 성인병의 예방적 차원에서 19세 이상의 성인을 대상으로 300mg/일 미만을 목표섭취량으로 설정하였다.

### 5) 비타민

#### (1) 지용성 비타민

**① 비타민 A(레티놀)**

비타민 A는 시각, 성장, 생식 그리고 면역체계의 보존에 중요한 역할을 하는 영양소로 우리나라의 경우 결핍증세가 흔하지 않지만 국민영양조사 결과에 의하면 권장량보다 낮게 섭취되고 있다. 비타민 A의 평균필요량 및 권장섭취량은 남녀 차이가 있다. 비타민 A의 1일 평균필요량은 남자의 경우 19～29세 540μgRE, 30～49세 520μgRE이며, 여자의 경우 19～29세 460μgRE, 30～49세 450μgRE이다. 비타민 A의 저장효율(40%)을 고려한 1일 권장섭취량은 19～49세의 성인의 남자 750μgRE, 여자 650μgRE이다. RE(retinol equivalent)는 레티놀 등가이다.

비타민 A는 과량섭취하면 독성을 나타내므로 성인의 경우 1일 상한섭취량인 3,000μgRE 이상을 섭취하지 않도록 한다. 식품 중의 베타-카로틴은 독성이 거의 없으나 보충제에 첨가된 베타카로틴은 흡연자나 석면에 노출될 경우 폐암발생 위험을 증가시키므로 베타-카로틴은 보충제의 형태로 섭취하지 않는 것이 바람직하다.

비타민 A가 풍부한 급원으로는 간, 생선간유, 우유와 유제품, 버터, 계란 등이 있다. 식물성 식품에는 비타민 A가 들어 있지는 않지만 비타민 A의 전구체인 카로티노이드가 풍부하다. 비타민 A의 활성을 가진 식물성 식품으로는 적색, 황색 색소를 가진 채소와 과일들로 시금치, 당근, 호박, 풋고추, 무청, 감, 토마토, 복숭아, 살구, 김 등이 있다.

**② 비타민 D**

비타민 D는 골격 형성과 무기질 평형에 필수적이고 칼슘과 인의 항상성에 중요하며 결핍되면 골격의 석회화가 이루어지지 않아 어린이의 경우는 구루병, 성인의 경우 골연화증이 나타난다. 비타민 D는 자외선에 의해 피부에 존재하는 전구체로부터 합성이 가능하므로 충분섭취량을 기준으로 책정하였다. 우리나라 성인의 비타민 D 충분섭취량은 5㎍이며, 노인기에는 피부에서 비타민 D의 합성능력 감소, 퇴행성질환 등으로 신체활동이 저하되어 골다공증과 골절률이 증가하므로 50세 이후의 폐경기 여성과 남성의 경우 10㎍을 충분섭취량으로 설정하였다. 임신 · 수유부는 추가로 5㎍을 섭취하도록 정하였다. 한편 비타민 D의 과잉섭취는 고칼슘혈증을 일으킬 수 있으므로 이를 방지하기 위해서는 1일 상한섭취량인 60㎍을 초과 섭취하지 않도록 한다.

비타민 D는 식품에는 거의 들어 있지 않지만, 대구간유, 난황, 간과 정어리, 청어, 참치, 연어 등의 기름진 생선, 비타민 D 강화우유와 마가린, 버섯 등이 비교적 좋은 급원이다.

**③ 비타민 E(토코페롤)**

비타민 E는 항산화제로 잘 알려져 있는데, 한국인 1일 성인의 비타민 E 충분섭취량은 남성 12mg α-TE, 여성 10mg α-TE이며, 1일 성인 남녀의 비타민 E 상한섭취량은 540mg α-TE이다. 비타민 E가 풍부한 식품으로는 식물성 기름, 마가린, 전곡, 견과류, 종실류, 콩류, 진한 녹색 잎채소 등이 있으며, 육류, 가금류, 생선, 계란 등에도 소량 들어 있다. 비타민 E의 섭취단위는 토코페롤 등가(α-TE)로 표현하며, 1α-TE는 1mg α-토코페롤에 해당된다.

④ **비타민 K**

혈액응고에 관여하는 비타민 K의 1일 충분섭취량은 남자 75$\mu$g, 여자 65$\mu$g이다. 비타민 K가 풍부한 식품은 간과 시금치, 브로콜리 등의 녹색 잎채소, 양배추과에 속하는 채소류 등이다.

(2) 수용성 비타민

① **비타민 $B_1$(티아민)**

비타민 $B_1$은 탄수화물대사를 비롯한 에너지대사에 참여하며 과다한 육체노동, 발열, 임신, 수유 시에 필요량이 늘어나 결핍되기 쉽다. 한국인 성인 티아민의 1일 평균필요량은 남자 1.0mg, 여자 0.9mg이며, 1일 권장섭취량은 평균필요량의 120% 수준인 남자 1.2mg, 여자 1.1mg이다. 티아민은 에너지대사에서 매우 중요한 역할을 하므로 열량섭취량이 감소하더라도 1일 1.0mg 이상 섭취하도록 해야 한다. 티아민이 풍부한 식품으로는 돼지고기와 햄 등의 육류, 콩류, 밀배아, 건조 효모, 해바라기씨, 통밀빵 등이 있다.

② **비타민 $B_2$(리보플라빈)**

탄수화물, 지방, 아미노산대사에 필수적인 비타민 $B_2$의 성인 평균필요량은 남자 1.3mg, 여자 1.0mg이며, 1일 권장섭취량은 평균필요량의 120% 수준인 남자 1.5mg, 여자 1.2mg이다. 리보플라빈은 일반적으로 우유와 유제품 등의 흰색, 육류 · 생선 · 가금류의 적색, 채소의 녹색 식품에 풍부하다.

③ **니아신**

니아신은 체내에서 탄수화물대사, 지방산대사, 세포호흡, 스테로이드 합성 등에 관여하며, 성인의 평균필요량은 남자 12mgNE, 여자 11mgNE이며, 1일 권장섭취량은 평균필요량의 130% 수준인 남자 16mgNE, 여자 14mgNE이다. 에너지섭취량을 감안하더라도 니아신 섭취량이 13mgNE 이하가 되지 않도록 해야 한다. NE(Niacin Equivalent)는 니아신 등가이다. 니아신이 풍부한 식품으로는 쇠고기, 돼지고기, 닭고기의 살코기,

생선, 달걀, 우유, 전곡, 견과류, 버섯 등이 있다.

④ **비타민 $B_6$**

비타민 $B_6$는 아미노산대사에 필수적이며, 탄수화물대사와 신경전달물질과 적혈구의 합성에 중요하다. 비타민 $B_6$ 요구량은 단백질섭취량이 증가할수록 늘어나므로 단백질소비량을 기준으로 정해진다. 한국인 성인의 1일 비타민 $B_6$ 평균필요량은 남자 1.3mg, 여자 1.2mg이며, 1일 권장섭취량은 평균필요량의 120% 수준인 남자 1.5mg, 여자 1.4mg이다. 비타민 $B_6$의 과잉섭취는 신경장애를 초래하므로 1일 상한섭취량인 100mg을 초과하지 않도록 한다. 비타민 $B_6$는 주로 동물의 근육조직에 저장되므로 단백질이 풍부한 육류, 생선류, 가금류에 많이 들어 있으며, 이외에도 전곡, 콩류, 말린 과일, 종실류, 견과류, 바나나와 채소들도 좋은 급원이다. 일반적으로 동물성 식품이 식물성 식품에 비해 비타민 $B_6$의 생체이용률이 높다.

⑤ **비타민 C**

비타민 C는 신경전달물질의 합성, 철의 흡수, 면역기능, 상처회복과 그 밖에 엽산, 아미노산, 포도당 등의 대사에도 관여한다. 비타민 C가 결핍되면 모세혈관이 쉽게 파열되고 피부, 점막, 내장기관, 근육에서 출혈이 생기며 체중 감소, 면역기능 감소, 상처회복 지연, 빈혈 등이 나타난다.

비타민 C의 남녀 1일 평균필요량은 75mg이며, 권장섭취량은 100mg이다. 흡연자, 알코올중독자, 약물복용, 저소득층, 노년층, 스트레스, 수술환자 등은 특히 결핍되기 쉬우므로 비타민 C를 충분히 섭취해야 한다. 그러나 1일 상한섭취량인 2,000mg를 초과하지 않도록 한다.

비타민 C는 식물성 식품에만 함유되어 있으며, 오렌지, 레몬, 밀감 등의 감귤류, 키위, 딸기 등의 과일과 풋고추, 브로콜리, 케일, 양배추, 피망, 시금치, 고춧잎 등의 녹엽채소, 토마토 등이 매우 풍부한 급원이다.

⑥ **엽산**

엽산은 아미노산과 핵산 합성에 필수적인 영양소이며 세포분열과 성장에 특히 중요하다. 엽산결핍은 임신부, 수유부, 조산아, 사춘기 아동, 노인 등에게 발생하며 특히 임신부, 수유부의 엽산결핍은 전 세계적인 영양문제로 인식되고 있다. 적혈구 엽산, 혈장 호모시스테인, 혈청 엽산 등의 혈중 농도를 정상으로 유지하는 데 필요한 엽산의 성인 남녀의 1일 평균필요량은 320μgDFE이며, 1일 권장섭취량은 400μgDFE이다. 엽산을 경구투여를 하거나 식품에 첨가할 경우에는 1일 상한섭취량인 1,000μgDFE를 초과하지 않도록 해야 한다. 임신이나 세포증식이 일어나는 경우에는 엽산의 요구량이 상당히 높아진다. DFE(Dietary Folate Equivalent)는 식품 중 체내 이용이 가능한 엽산의 양을 표시한 단위이다.

엽산은 간과 조리하지 않은 신선한 과일과 채소에 풍부하다. 특히 푸른 잎채소, 브로콜리, 아스파라거스, 콩류, 오렌지주스 등에 많이 들어 있으며 이들 식품 중의 비타민 C는 엽산의 파괴를 방지한다.

#### ⑦ 비타민 $B_{12}$

비타민 $B_{12}$는 세포분열과 성장에 관여한다. 신경세포의 유지에 필요하며, 결핍 시 악성빈혈이 나타난다. 악성빈혈 환자 또는 식이 비타민 $B_{12}$를 매우 적게 섭취하는 사람이 적절한 혈청 비타민 $B_{12}$를 유지하는 데 필요한 성인 남녀의 1일 평균량은 2μg이며, 1일 권장섭취량은 2.4μg이다. 비타민 $B_{12}$의 상한섭취량은 설정되어 있지 않다. 비타민 $B_{12}$는 동물성 식품에만 들어 있으며, 특히 간과 내장육(신장 · 심장 등)이 가장 풍부한 급원이고, 육류, 어류, 조개류, 계란, 우유도 좋은 급원이다. 또는 비타민 $B_{12}$는 장내 세균에 의해 일부 합성되기도 한다.

### 6) 무기질

#### ① 칼슘

칼슘은 인체에 가장 많이 들어 있는 무기질로서 뼈를 구성하고, 혈장의 칼슘은 신경의 흥분, 혈액응고, 근육수축 등 신체의 기본적인 활동을 조절한다. 칼슘은 우리나라 식생활에 있어서 가장 결핍되기 쉬운 영양소 중의 하나로 국민건강영양조사에 의하면 우리나라 국민의 1일 평균 칼슘섭취량은 1969년 이후 2008년까지 400~600mg/일로 나타나 전 국민이 매우 부족하게 섭취하고 있다.

체내의 칼슘 평형을 유지하기 위해 우리나라에서 성인의 권장섭취량은 남성 750mg, 여성 650mg이며, 임신기는 930mg, 수유기는 1,020mg을 권장하고 있다. 칼슘의 상한 섭취량은 2,500mg로 하였다.

칼슘의 주요 급원식품은 우유, 치즈, 요구르트와 같은 유제품이다. 우유 한 잔에는 약 200mg 정도의 칼슘이 함유되어 있다. 우유와 유제품은 칼슘 함량이 높을 뿐만 아니라 칼슘의 흡수를 촉진시키는 유당을 함유하고 있으므로 칼슘의 체내 이용률도 높다. 멸치, 뱅어포와 같은 뼈째 먹는 생선도 칼슘의 좋은 급원식품이지만 우유보다는 칼슘 흡수율이 낮다. 녹색 채소류도 다량의 칼슘을 함유하고 있으나 흡수율이 높지 못하며, 육류와 곡류는 칼슘의 함량이 비교적 낮은 식품이다.

**② 인**

현재 우리나라 식생활에서 인의 섭취량은 충분하다고 생각되며 오히려 인스턴트 식품의 섭취증가에 따른 과잉섭취가 우려되고 있다. 우리나라 성인 남녀의 1일 권장량은 700mg이다. 인의 상한 섭취량은 성인의 경우 최대 무독성량인 3,500mg으로 하였다. 인은 거의 모든 식품에 들어 있으며, 특히 단백질 함량이 풍부한 어육류와 난류, 우유 및 유제품, 곡류에 많이 함유되어 있다.

**③ 마그네슘**

칼슘 및 인과 복합체를 형성하여 골격과 치아를 구성하는 마그네슘의 우리나라 성인의 1일 권장량은 남성 340mg(19～29세)～350mg(30세 이상)이고, 여성 280mg이다. 식품 외 급원으로 섭취한 마그네슘의 상한섭취량은 350mg으로 정하였다. 마그네슘은 자연계에 널리 분포하며, 주요 급원식품은 전곡류, 견과류, 땅콩 등이다. 시금치와 같은 녹색 채소는 마그네슘을 많이 함유하고 있으나 그 속에 함유되어 있는 수산과 피틴산 성분에 의해 효율이 감소된다.

**④ 나트륨**

나트륨은 수분 및 산 · 염기의 평형에 주요한 역할을 한다. 건강을 유지하는 데 필요한 성인의 1일 나트륨 최소필요량은 500mg이지만 실제로는 나트륨의 결핍증보다는 과잉섭취가 문제된다. 나트륨의 과량섭취는 고혈압을 유발할 수 있으므로 우리나라에서는 성인의 하루 나트륨 충분섭취량을 1.5g으로 정하고 하루 섭취가 2.0g(소금으로는 5.0g)을 넘지 않도록 권장한다. 우리나라 사람들이 실제로 섭취하는 소금의 양은 15~25g이므로 섭취를 줄이는 것을 권장하고 있다. 나트륨의 주요 급원은 소금과 소금을 함유한 식품이며, 가정에서 사용하는 소금은 나트륨 40%, 염소 60%로 이루어져 있다. 육류에는 채소류나 과일류, 콩류에 비해 비교적 많은 나트륨이 함유되어 있고, 가공식품과 된장, 간장, 고추장, 케첩, 감자칩 등도 나트륨의 함량이 높다. 또한 베이킹파우더와 화학조미료, 발색제로 사용되는 아질산나트륨 등에도 많이 함유되어 있다.

**⑤ 철분**

철분은 산소의 운반과 세포호흡의 생리과정에서 꼭 필요한 무기질로 철 결핍의 위험이 높은 시기는 급격한 신체성장이 이루어지는 영유아기, 사춘기, 월경혈의 손실이 있는 가임기, 철의 요구가 증가하는 임신기이다. 우리나라의 철 권장량은 성인 남자는 1일 10mg, 성인 여자는 1일 14mg이며, 임신부는 임신기 전체 기간 동안 24mg을 섭취하도록 권장하고 있다. 철은 보충제를 통하여 과잉 섭취하였을 때 위장장애를 유발하는 등 인체에 유해한 영향을 미치도록 상한섭취량을 45mg으로 설정하여 임신부와 수유부를 포함한 모든 성인에게 적용하였다.

철의 가장 좋은 급원은 헴철을 가지고 있는 육류, 어패류, 가금류 식품들인데 이 식품들은 흡수율이 높기 때문이다. 곡류 및 그 제품, 콩류, 녹색 채소 등도 철의 함량이 높지만 식물성 식품에 존재하는 철분은 비헴철로 흡수율이 낮으므로 비타민 C가 풍부한 과일이나 육류 등과 함께 섭취하여 흡수를 증진시키도록 한다. 곡류는 우리나라의 주식으로 일일섭취량이 많으므로 철의 주요 급원이 된다.

**⑥ 아연**

아연은 모든 동물세포의 구성성분으로 체내에서 여러 가지 효소작용과 구조에 관여하고, 많은 호르몬의 활성과 면역기능 등의 중요한 기능을 가지고 있다. 아연은 식품에 널리 존재하기 때문에 극심한 아연결핍은 드물지만 경미한 상태의 아연결핍은 세계적으로 만연해 있는 실정이다. 아연은 매일 인체로부터 손실되기 때문에 매일 보충해주어야 한다. 특히 영유아 및 청소년기 어린이들, 임신부와 같이 새로운 조직을 만들어야 하는 사람들에게 아연필요량이 가장 많다. 우리나라에서는 성인 남자 10mg, 성인 여자 8mg을 권장하고 있으며, 어린이의 경우 정상적인 성장발달에 필요하므로 체중에 비해 많은 양을 권장한다. 임신부와 수유부는 각각 10.5mg과 13mg을 권장하고 있다. 아연을 만성적으로 과다 섭취할 때 적혈구의 활성이 저하되거나 구리 영양상태가 저하되므로 한국인의 아연 상한섭취량을 35mg/일로 정하였다.

아연은 굴, 조개류, 육류, 간과 같은 고단백질 식품에 많이 들어 있다. 아연은 곡류의 배아와 외피에 함유되어 있으므로 전곡류 제품도 많은 양을 섭취할 경우 아연의 좋은 급원이 될 수 있다. 채소와 과일류, 정제된 식품에는 아연의 함량이 낮으며 우유단백질인 카제인은 아연과 결합하여 아연의 흡수를 방해하므로 유아의 경우 아연흡수가 잘 되는 모유를 섭취하는 것이 권장된다.

# 제4장 식단작성의 기본지식

Meal Management

식단작성 시에는 많은 기초지식이 필요하다. 그 중 기본적으로 습득해야 할 목측량, 건물량, 1인분량, 계절별 음식과 단체급식의 식단작성에서 활용할 수 있는 음식의 종류 등을 먼저 알아본다.

## 4-1 목측량

목측량은 눈으로 보았을 때의 양을 확인할 수 있는 것을 말하며 식단작성에 있어 1인분량과 각 음식에 들어가는 식품량 확인에 필요하다.

〈표 4-1〉 식품의 목측량과 1인분량

| 식품명 | 식품의 양 | 식품명 | 식품의 양 |
|---|---|---|---|
| 쇠고기 | 국에 넣을 때 5~10g<br>찌개에 넣을 때 10~20g<br>볶음 30~50g<br>구이 80~100g | 달걀 | 대 70~80g<br>중 50~60g<br>소 30~40g |
| 돼지고기 | 찌개 20~30g<br>튀김 50~60g<br>구이 80~100g | 생선 | 조기(중) 330g<br>갈치(중) 400~410g<br>꽁치(중) 75~85g<br>병어 270~280g |
| 닭고기 | 전체 1,000~1,050g<br>날개(1쪽) 50~60g<br>다리(1쪽) 130~140g<br>가슴(1쪽) 100~110g | 채소류 | 찌개 30~50g(1가지 채소 무게)<br>나물 60~100g<br>김치 50~100g |

각 음식의 1인분량과 목측량을 실제 사진을 통해 확인해 보고 식단작성에 앞서 잘 알아둔다.

## 4-2 건물량

건조식품은 불린 후 그 양이 상당히 증가한다. 그래서 식단작성에 앞서 건조식품과 불린 후의 양을 확인한 후 사용하여야 한다. 특히 이 과정을 거치지 않고 식단작성을 한다면 잘못된 분량 측정으로 버려지는 음식들이 많아질 것이다. 불렸을 때를 기준으로 해서 1인분량을 미리 확인해 두어야 한다.

**〈표 4-2〉 건물을 불렸을 때의 비율**

| 식품군명 | 식품명 | 비율 | 비고 |
|---|---|---|---|
| 버섯류 | 느타리버섯<br>표고버섯<br>목이버섯 | 3.0<br>9.1<br>8.0 | |
| 해조류 | 미역<br>다시마 | 9.0<br>3.0 | |
| 곡류 | 콩<br>국수<br>라면<br>당면 | 3.0<br>3.0<br>2.0<br>6.4 | 삶아 건졌을 때 |
| 채소류 삶은 것 | 고비<br>고사리 | 6.0<br>7.0 | 24시간 물에 불림 |
| 건어패류 | 건대구<br>건오징어<br>건홍합 | 2.4<br>4.4<br>3.0 | |

## 4-3 가식부율

가공되지 않은 식품은 다듬는 과정에서 상당량 버려지게 된다. 순수하게 사용되는 분량을 식단에서 기준으로 하기 때문에 이 버려지는 양을 감안하여 식품구입이 이루어져야 한다. 만약 그렇지 않다면 음식이 부족하여 제대로 식단공급이 되지 않을 것이다. 식단작성자 및 구입자는 폐기율과 가식부율에 대한 기초지식을 갖고 있어야 한다.

〈표 4-3〉 식품별 가식부율

| 구 분 | 식품명 | 가식부율(%) | 식품명 | 가식부율(%) | 식품명 | 가식부율(%) |
|---|---|---|---|---|---|---|
| 채소류 | 고구마 | 90 | 감자 | 89 | 토란 | 83 |
| | 고추 | 90 | 풋고추 | 90 | 무청 | 92 |
| | 미나리 | 66 | 배추 | 92 | 상추 | 95 |
| | 시금치 | 73 | 쑥갓 | 86 | 아욱 | 96 |
| | 호박 | 92 | 양배추 | 92 | 움파 | 88 |
| | 파 | 85 | 당근 | 92 | 달래 | 65 |
| | 토마토 | 93 | 가지 | 94 | 무 | 95 |
| | 양파 | 92 | 마늘 | 88 | 우엉 | 80 |
| | 연근 | 80 | 오이 | 92 | 콩나물 | 80 |
| | 참외 | 80 | 콩 (껍질 있는 것) | 56 | | |
| | 숙주나물 | 90 | | | | |
| 과일 | 감 | 83 | 곶감 | 95 | 귤 | 75 |
| | 대추 | 93 | 살구 | 90 | 풋대추 | 93 |
| | 사과 | 77 | 잣 | 92 | 수박 | 58 |
| | 앵두 | 89 | 배 | 81 | 포도 | 74 |
| | 복숭아 | 88 | 호두 | 48 | 밤 | 71 |
| | 은행 | 85 | | | | |
| 어패류 및 기타 | 가자미 | 55 | 게 | 54 | 동태 | 40 |
| | 넙치 | 81 | 도미 | 78 | 미꾸라지 | 78 |
| | 대구 | 46 | 뱀장어 | 69 | 연어 | 50 |
| | 방어 | 82 | 정어리 | 66 | 조기 | 52 |
| | 병어 | 35 | 굴(깐 것) | 98 | 대합 | 35 |
| | 청어 | 66 | 낙지 | 88 | 상어 | 40 |
| | 조개 | 17 | 농어 | 55 | 닭고기 | 52 |
| | 꽁치 | 71 | 고등어 | 72 | 달걀 | 86 |

〈표 4-4〉 식품군별 평균 가식부율

| 식품군명 | 가식부율(%) | 식품군명 | 가식부율(%) |
|---|---|---|---|
| 채소류 | 85 | 어패류(생건) | 90 |
| 감자류 | 90 | 어패류(염건) | 82 |
| 과일류 | 76 | 어패류(염장) | 72 |
| 생선(통째) | 62 | 난류 | 87 |
| 생선(토막) | 83 | 패류(껍질 있는 것) | 25 |

〈표 4-5〉 각종 식품의 폐기율

| 식품군 | 식품명 | 폐기율(%) | 식품명 | 폐기율(%) |
|---|---|---|---|---|
| 육류 | 쇠갈비 | 8 | 쇠꼬리 | 50 |
| | 쇠혀 | 13 | 꿩고기 | 50 |
| | 닭고기 | 39 | 메추리고기 | 45 |
| | 참새고기 | 50 | 오리고기 | 36 |
| | 칠면조고기 | 33 | 식용개구리 | 40 |
| 알류 | 달걀 | 14 | 오리알 | 12 |
| | 메추리알 | 11 | | |
| 어패류 및 가공품 | 가다랭이 | 35 | 꽁치 | 30 |
| | 가자미 | 49 | 꽁치염장 | 20 |
| | 개량조개 | 80 | 날치 | 45 |
| | 게(큰 게) | 68 | 농어 | 34 |
| | 고등어(생것) | 31 | 대구 | 34 |
| | 고등어자반 | 27 | 참도미 | 51 |
| | 꽁치 | 24 | 석도미 | 43.7 |
| | 굴(석굴) | 75 | 천도미 | 39 |
| | 굴비 | 42 | 돌가자미 | 51.4 |
| | 긴다로 | 37 | 모래무지 | 37 |
| | 꼴뚜기(생것) | 15 | 무지개송어 | 25 |
| | 꽁치(말린 것) | 21.5 | 붉은새우 | 66.3 |
| | 낙지 | 15 | 민어 | 35 |
| | 날치염장 | 60 | 바지락 | 82 |
| | 노래미 | 50 | 뱀장어 | 32 |
| | 대게 | 83.5 | 보리멸 | 35 |
| | 대구(말린 것) | 50 | 복어 | 48 |
| | 대합 | 71 | 새우(잔새우) | 40 |
| | 가시배새우 | 65.5 | 소라 | 82 |
| | 갈고등어 | 22.7 | 아귀 | 55 |
| | 갯가재(삶은 것) | 5 | 양미리 | 13 |
| | 멸치 | 45 | 연어훈제 | 20 |
| | 광어 | 34 | 옥돔 | 45 |
| | 은어 | 25 | 대하(생것) | 50 |
| | 잉어 | 54 | 송어 | 34 |
| | 전갱이(아지) | 33 | 숭어 | 40 |
| | 전복 | 54 | 암치 | 31 |
| | 전어 | 26 | 연어 | 28 |
| | 정어리(말린 것) | 29 | 오징어(생것) | 28 |
| | 조기 | 34 | 우럭 | 32 |
| | 쥐치 | 63.6 | 임연수어 | 25 |
| | 동태 | 37 | 장어 | 27 |
| | 모시조개 | 83 | 전갱이(염건) | 20 |
| | 문어 | 12 | 정어리 | 45 |
| | 바닷가재 | 60 | 정어리염건 | 25 |
| | 바닷장어 | 33.3 | 준치 | 3.2 |
| | 방어 | 25 | 참다랭이(참치) | 45 |
| | 백합 | 75 | 청어(자반비웃) | 17 |
| | 놀멩이 | 31.5 | 갈치 | 21 |
| | 병어 | 17 | 해삼 | 24 |
| | 보리새우 | 55 | 홍합(생것) | 12 |
| | 볼락 | 53.5 | 청어 | 35 |
| | 북어 | 50 | 갈치자반 | 22 |
| | 삼치 | 34 | 홍어 | 28 |

| 식품군 | 식품명 | 폐기율(%) | 식품명 | 폐기율(%) |
|---|---|---|---|---|
| 채소류 | 가지 | 10 | 갓 | 4 |
| | 고추 | 28 | 말린통고추 | 46 |
| | 풋고추 | 6 | 고춧잎 | 6 |
| | 청정채 | 10 | 근대 | 14 |
| | 냉이 | 12 | 달래 | 36 |
| | 당근 | 4 | 마늘 | 10 |
| | 조선무 | 5 | 미나리 | 26 |
| | 배추 | 8 | 부추 | 11 |
| | 생강 | 14 | 시금치 | 14 |
| | 쑥 | 12 | 쑥갓 | 42 |
| | 아스파라거스 | 30 | 아욱 | 10 |
| | 양배추 | 12 | 양파 | 7 |
| | 연근 | 11 | 오이 | 8 |
| | 우엉 | 22 | 죽순 | 35 |
| | 케일 | 26 | 파 | 14 |
| | 피망 | 15 | 호박 | 8 |
| | 호배추 | 11 | 송이버섯 | 10 |
| 과일류 | 감 | 5 | 석류 | 80 |
| | 개암 | 21 | 앵두 | 10 |
| | 오렌지 | 32 | 자두 | 5 |
| | 곶감 | 5 | 참외 | 25 |
| | 대추(말린 것) | 19 | 포도 | 29 |
| | 딸기 | 2 | 포도(골덴머스킷) | 53 |
| | 배 | 24 | 복숭아(신도) | 21 |
| | 연시 | 3 | 버찌 | 12 |
| | 귤 | 25 | 사과(인도황) | 11 |
| | 대추(생것) | 10 | 사과(홍옥) | 10 |
| | 머루 | 23 | 살구 | 5 |
| | 복숭아 | 12 | 수박 | 42 |
| | 백도 | 17 | 오얏 | 1 |
| | 복숭아(황도) | 13 | 자두(후무사) | 3 |
| | 사과(후지) | 11 | 파인애플 | 50 |
| | 사과 | 18 | 포도(거봉) | 34 |
| | 산딸기 | 1 | 포도(델라웨어) | 52 |
| 곡류, 견과류 및 감자류 | 메밀 | 37 | 아몬드 | 50 |
| | 감자 | 6 | 은행 | 35 |
| | 토란 | 7 | 해바라기씨 | 46 |
| | 잣 | 28 | 말린호박씨 | 26 |
| | 호두 | 57 | 호콩 | 32 |
| | 고구마 | 10 | | |

## 4-4 계절별 음식과 음식 종류

계절에 따라 재배, 생산되는 식품의 종류는 매우 다양하여 그 식품을 이용한 음식 역시 상당히 많다. 식단은 이런 계절성을 띄면서 작성되어야 식단을 공급받는 자에게 좀 더 기쁨을 느끼는 식사시간을 제공할 수 있다. 현재 단체급식 등에서 많이 이용하고 있는 계절음식과 음식의 종류들은 〈표 4-6〉, 〈표 4-7〉과 같다.

**〈표 4-6〉 계절별 식품**

| | 채소류 | 젓갈류 | 생선류 |
|---|---|---|---|
| 봄 | 고비, 고사리, 껍질콩, 냉이, 달래, 더덕, 두릅, 미나리, 씀바귀, 봄배추, 시금치, 쑥, 쑥갓, 연근, 오이, 우엉, 죽순, 질경이, 햇무 | 굴젓, 꼴뚜기젓, 대합젓, 멸치젓, 뱅어젓, 전복젓, 조기젓, 준치알젓, 황석어젓 | 가자미, 고등어, 꼴뚜기, 꽁치, 낙지, 도미, 망둥이, 멸치, 명태, 민어, 병어, 붕어, 삼치, 숭어, 오징어, 장어, 전어, 조기, 준치, 청어 |
| 여름 | 가지, 고구마, 근대, 깻잎, 단호박, 도라지, 버섯류, 상추, 아욱, 열무, 오이, 옥수수, 완두콩, 청대콩, 토마토, 풋고추, 피망, 햇감자, 호박 | 뱅어젓, 새우젓, 오징어젓, 조개젓, 조기젓, 준치젓, 황석어젓 | 가물치, 가오리, 꽁치, 넙치, 농어, 도미, 민어, 복어, 붕어, 숭어, 오징어, 전어, 정어리, 조기, 준치, 참치, 홍어, 황석어 |
| 가을 | 감자, 고구마줄기, 고사리, 당근, 무, 미나리, 배추, 시금치, 토란 | 게젓, 고개미젓, 굴젓, 명란젓, 아가미젓, 창란젓 | 광어, 대구, 동태, 명란, 숭어, 양미리 |
| 겨울 | 고구마, 당근, 무, 배추, 우엉, 토란 | 갈치젓, 명란젓, 소라젓, 어리굴젓, 창란젓 | 가자미, 낙지, 대구, 동태, 문어, 정어리, 주꾸미, 청어 |

**〈표 4-7〉 단체급식에 많이 이용되는 음식**

| 구분 | 종류 | 음 식 명 |
|---|---|---|
| 주식류 | 밥류 | 흰밥, 밤밥, 보리콩밥, 밀쌀밥, 팥밥, 완두밥, 보리밭밥, 콩밥, 강낭콩밥, 동부밥, 풋콩밥, 콩나물밥, 감자밥, 고구마밥(떡국) |
| | 일품요리 | 고기덮밥, 카레라이스, 장어덮밥, 채소덮밥, 자장덮밥, 튀김두부덮밥, 계란덮밥, 닭고기덮밥, 초밥, 오무라이스, 잡채밥, 콩가루비빔밥, 비빔밥, 하이라이스, 볶음밥 |
| | 분식류 | 국수장국, 냉면, 비빔국수, 울면, 자장면, 기스면, 칼국수, 카레국수, 우동, 스파게티, 마카로니, 만둣국, 만두, 고기만두 |
| | 빵류 | 식빵, 토스트, 팬케이크, 찐빵, 영양빵, 도넛, 밀전병, 롤빵, 샌드위치, 기타 빵종류 |
| 국류 | 채소국 | 무다시맛국, 쑥갓맑은국, 팟국, 아욱국, 호박토장국, 시금치맛살국, 무맑은장국, 채소토장국, 두부된장국, 냉이토장국, 쑥갓토장국, 근댓국, 감자콩나물국, 토란국, 콩나물국, 시금칫국, 배춧국, 움팟국, 시금치콩나물토장국, 호박감자토장국, 우거지토장국, 감자맑은장국, 오이냉국, 배추속대국, 미역국, 호박국 |
| | 생선 육류국 | 육개장, 설렁탕, 갈빗국, 곰국, 쇠뼈국, 닭국, 개장국, 완자탕, 생선만둣국, 동탯국, 조깃국, 넙칫국, 북엇국, 미꾸라지국, 준칫국, 오징어된장국, 계란맑은장국, 튀김두붓국, 두붓국 |

| 구분 | 종류 | 음 식 명 |
|---|---|---|
| 찌개 및 지짐이류 | 찌개 | 갈치두부찌개, 동태찌개, 조기찌개, 생선찌개, 오징어찌개, 두부고추장찌개, 두부알찌개, 두부젓국찌개, 순두부찌개, 명란젓찌개, 알찌개, 비지찌개, 되비지찌개, 된장찌개, 감자찌개, 고사리찌개, 고춧잎찌개, 김치찌개, 들깻잎찌개, 무고추장찌개, 무젓국찌개, 박속찌개, 산나물찌개, 숙주나물찌개, 양배추찌개, 양파찌개, 우거지찌개, 콩나물찌개, 호박오가리찌개, 배추속대찌개, 된장무찌개 |
| | 지짐이 | 가자미지짐이, 고등어지짐이, 꽁치지짐이, 넙치지짐이, 대구지짐이, 명태지짐이, 방어지짐이, 조기지짐이 |
| | 전골 | 고기전골, 간전골, 도미전골, 두부전골, 무채전골, 채소전골, 버섯전골 |
| 튀김류 | 튀김 | 전갱이튀김, 고등어튀김, 생멸치튀김, 대구튀김, 방어튀김, 오징어튀김, 조기튀김, 꽁치튀김, 새우튀김, 붕어튀김, 당근멸치튀김, 굴튀김, 미역튀김, 다시마튀김, 고구마튀김, 가지튀김, 감자양파튀김, 고구마당근튀김, 깻잎튀김, 우엉튀김, 호박튀김, 풋고추튀김 |
| 볶음류 | 볶음 | 멸치볶음, 오징어채볶음, 간볶음, 고기볶음, 김치볶음, 감자채볶음, 고추장볶음, 우엉볶음, 호박볶음, 채소볶음, 미나리볶음, 닭볶음 |
| 무침류 | 무침 | 짠지무침, 김치무침, 오이지무침, 오이맛살무침, 상추무침, 근대무침, 얼갈이무침, 고춧잎무침, 깻잎무침, 두부무침, 묵무침, 파래무침, 김무침, 생미역무침, 오징어채무침, 잡채, 족편채, 겨자채, 북어무침 |
| 나물류 | 나물 | 무나물, 무생채, 양배추나물, 양배추생채, 오이나물, 오이생채, 시래기나물, 애호박나물, 가지나물, 시금치나물, 콩나물, 숙주나물, 미나리나물, 초나물, 고비나물, 도라지생채, 두릅나물, 고사리나물, 산나물, 취나물, 부추나물, 쑥갓나물, 오가리나물 |
| 장아찌류 | 장아찌 | 무장아찌, 무숙장아찌, 무청장아찌, 열무장아찌, 배추장아찌, 파장아찌, 오이장아찌, 속대장아찌, 양파장아찌, 마늘장아찌, 미나리장아찌 |
| 김치 및 회류 | 김치 | 통김치, 배추김치, 보쌈김치, 양배추김치, 배추열무김치, 깍두기, 나박김치, 동치미, 짠지, 열무김치, 총각김치, 단무지김치, 오이김치, 오이소박이김치, 오이깍두기김치, 오이지, 양배추오이김치, 피클, 미나리김치, 부추김치, 갓김치, 장김치, 돗나물김치, 비늘김치 |
| | 회 | 파강회, 미나리강회, 생굴회, 오징어회, 문어회, 낙지회, 전복회, 민어회 |
| 후식류 | 음료 | 코코아, 우유, 커피, 홍차, 쌍화탕, 인삼차, 생강차, 보리차, 오미자차, 유자차, 딸기화채, 배화채, 앵두화채, 복숭아화채, 포도화채, 식혜, 수정과 |
| | 과실 | 사과, 배, 복숭아, 감, 자두, 살구, 포도, 딸기, 앵두, 귤, 참외, 수박, 밤, 잣, 호두, 은행, 대추, 곶감, 건포도, 멜론 |
| | 과자 및 떡 | 케이크, 쿠키, 캔디, 다식, 강정, 매작과, 주악, 송편, 경단, 인절미, 증편, 시루떡, 색편, 정과 |
| 젓갈류 | 젓갈 | 새우젓, 오징어젓, 찐새우젓, 어리굴젓, 명란젓, 조개젓, 황새기젓, 창란젓, 멍게젓, 꼴두기젓, 갈치젓, 굴젓, 멸치젓, 가자미식혜 |
| 구이 및 부침류 | 구이 | 불고기구이, 돼지고기구이, 생고등어구이, 대구구이, 자반고등어구이, 갈치구이, 방어구이, 꽁치구이, 민어구이, 조기구이, 가자미구이, 삼치구이, 병어구이, 뱀장어구이, 뱅어포구이, 굴비구이, 북어구이, 두부구이, 김구이, 더덕구이 |
| | 부침 | 생선 전유어, 새우전, 조개전, 고기전, 간전, 장산적, 두부부침, 파산적, 애호박전, 풋고추전, 감자부침, 고구마전, 채소전, 김치전 |
| 조림류 | 생선·육류 | 갈치조림, 광어조림, 꽁치조림, 넙치조림, 대구알조림, 명태조림, 병어조림, 생고등어조림, 전갱이조림, 오징어채감자조림, 오징어토란조림, 장조림 |
| | 채소 | 가지조림, 감자조림, 감자풋고추조림, 고구마조림, 당근조림, 튀김감자조림, 김조림, 무조림, 무말랭이조림, 연근조림, 완두조림, 우엉조림, 풋고추조림 |
| | 찜 | 돼지고기찜, 갈치찜, 게찜, 굴비찜, 대구찜, 대구알찜, 조기찜, 도미찜, 민어찜, 북어찜, 자반고등어찜, 계란찜, 가지찜, 양배추찜, 된장찜 |

## 4-5 대체식품

대체식품은 기본이 되는 식품에 대해 교환할 수 있는 것을 말한다. 예를 들면, 당질 식품인 쌀로 밥을 선택하는 대신에 국수를 교체하는 것을 말한다. 대체식품은 식품에 함유되어 있는 주된 영양소를 주로 생각하여 대체한다. 우리나라는 계절의 차로 말미암아 식품생산의 종류가 다르므로 대체식품에 대해 잘 알아두어야 한다. 뿐만 아니라 계획한 식단가격이 비싸서 예산으로 구입하기 어려울 때에는 대체식품을 생각하여 같은 영양소를 공급하면서 싼값으로 식품을 구입하여야 한다.

〈표 4-8〉 대체식품표

| 군별 | 종류별 | 식품 |
|---|---|---|
| 곡류 | 원곡 | 백미, 칠분도미, 찹쌀, 누른보리, 겉보리, 쌀보리, 밀, 옥수수, 수수, 조 |
| | 가공 | 빵, 건빵, 떡, 소면, 메밀국수, 마카로니, 소맥분, 라면 |
| 감자류 | 원품 | 감자, 고구마, 토란 |
| | 가공품 | 녹말, 말린고구마, 당면, 포도당 |
| 두류 | 콩 | 대두, 대두분 |
| | 기타두류 | 팥, 녹두, 완두, 강낭콩, 땅콩, 동부콩 |
| | 두류제품 | 두부, 튀김두부, 콩조림, 된장, 고추장, 간장, 청국장, 콩비지 |
| 채소류 | 녹황색채소 | 시금치, 배추, 양배추, 미나리, 상추, 무청, 당근, 호박, 풋고추, 근대, 부추, 셀러리, 피망, 껍질콩, 깻잎 |
| | 기타 채소 | 가지, 무, 콩나물, 숙주나물, 도라지, 고비, 양파, 우엉, 연근 |
| | 건조채소 | 호박고지, 무말랭이, 무청, 고춧잎, 버섯류 |
| | 김치류 | 배추김치, 무청김치, 열무김치, 오이김치, 오이지, 단무지, 알타리김치 |
| | 과실 | 감, 곶감, 귤, 사과, 수박, 포도, 복숭아, 토마토, 밤, 딸기, 자두 |
| | 해초 | 김, 미역, 다시마, 파래 |
| 어패류 | 신선어패 | 전갱이, 가자미, 꽁치, 정어리, 조기, 숭어, 상어, 연어, 갈치, 삼치, 오징어, 대구, 방어, 도미, 청어, 조개, 큰새우, 민어, 동태 |
| | 기타어패 | 염갈치, 염고등어, 염꽁치, 염청어, 염전갱이, 말린조기, 북어 |
| | 가공 | 어류통조림, 생선튀김, 새우젓, 멸치젓, 굴젓 |
| | 알류 | 명란젓, 대구알젓, 기타 어란 |
| 수조육류 | 수육 | 쇠고기, 돼지고기, 토끼고기, 양고기 |
| | 조육 | 닭, 꿩, 칠면조, 오리 |
| | 난류 | 달걀, 오리알, 메추리알 |
| | 우유 | 우유, 분유, 연유, 농축유 |
| 유지류 | 식용유 | 참기름, 콩기름, 샐러드유, 면실유, 올리브유, 채종유 |
| | 유지류 | 버터, 강화마가린, 라드 |
| 조미료 및 향신료 | 조미료 | 식염, 깨소금, 간장, 파, 마늘, 양파, 설탕 |
| | 향신료 | 말린고추, 고춧가루, 생강, 겨자, 카레가루, 후춧가루, 계핏가루 |
| 기호품 | 당류 | 설탕, 캐러멜, 엿류, 얼음사탕, 사탕 |
| | 기타 | 인삼차, 생강차, 커피, 홍차, 주류(정종 · 맥주 · 소주 · 약주 · 위스키) |

쇠고기 대신으로 생선을 사용할 수도 있고 닭고기 · 두부 · 된장 등 모두가 양질의 단백질을 함유하고 있으므로 대치할 수 있다. 이와 같이 계획된 예산에 알맞은 식생활을 실천하는 데 있어 대체식품을 알아두어 이용하도록 하는 것이 좋다.

경제면에 있어서의 대체식품은 계절식품을 뜻하며 계절에 많이 생산되는 식품은 가격이 쌀뿐만 아니라 영양에 있어서도 우수하고 특히 맛에 있어 가장 좋은 맛을 지니고 있다. 그러므로 계절식품을 알아두어 대체식품을 사용하는 것이 좋다.

# 제5장 식단작성의 실제 및 식단평가

Meal Management

식단은 1주일 단위로 작성하는 것이 보통이나 3일, 5일, 10일 주기로도 사용할 수 있다. 식단은 한 끼분으로 완전한 식사가 되어야 하는 것은 물론 하루분으로도 완전해야 한다. 다양한 방법으로 식단을 작성할 수 있다.

## 5-1 식사구성안을 이용한 식단작성

### 1) 식사구성안의 이해

식사구성안은 일반인에게 영양섭취기준에 만족할 만한 식사를 제공할 수 있도록 식품군별 대표식품과 섭취횟수를 이용하여 식사의 기본구성 개념을 설명한 것이다. 식사구성안의 영양적 목표는 한국인 영양섭취기준과 한국인을 위한 식생활 지침을 기본으로 하여 설정되었다.

#### (1) 식사구성안의 목표

- 전반적인 건강을 염두에 두어야 한다.
- 최근의 연구결과가 반영되어야 한다.
- 전반적인 식생활에 대하여 권장된다.
- 일반 사람들이 유용하게 사용할 수 있어야 한다.
- 영양섭취 목표를 실생활에서 실용적으로 사용 가능하도록 한다.
- 사용자의 미각이나 생활습관에 따라 변화나 대체가 용이해야 한다.

#### (2) 식사구성안의 영양목표

〈표 5-1〉 식사구성안의 영양목표

| | 적절한 섭취 |
|---|---|
| 에너지 | 100% 에너지필요추정량 |
| 단백질 | 총 에너지의 15% 정도 |
| 비타민 | 100% 권장섭취량 또는 충분섭취량, 상한섭취량 미만 |
| 무기질 | 100% 권장섭취량 또는 충분섭취량, 상한섭취량 미만 |
| 식이섬유 | 100% 충분섭취량 |

| 섭취의 절제 | |
|---|---|
| 지 방 | 총 에너지의 15~25% 정도 공급 |
| 나트륨 | 소금 5g 이하 |
| 당 류 | 설탕, 물엿 등의 첨가는 되도록 적게 |

### (3) 6가지 식품군

우리가 섭취하는 식품은 영양소와 기능에 따라 6가지 식품군으로 나눌 수 있다. 각 식품군은 우리 몸에 필요한 열량, 탄수화물, 단백질, 지방, 비타민, 무기질, 물 등을 공급해주고 있다. 따라서 식품군을 고려하여 매 끼니마다 다양한 식품을 적당량 섭취하는 것이 바람직하다.

**〈표 5-2〉 식품군의 분류**

| 식 품 군 | 식품 종류 |
|---|---|
| 곡류 | 곡류, 면류, 떡류, 빵류, 씨리얼류, 감자류, 기타 |
| 고기 · 생선 · 계란 · 콩류 | 육류, 어패류, 난류, 콩류, 견과류 |
| 채소류 | 채소류, 해조류, 버섯류 |
| 과일류 | 과일류, 주스류 |
| 우유 · 유제품류 | 우유, 유제품 |
| 유지 · 당류 | 유지류, 당류 |

### (4) 식품군별 대표식품의 1인 1회 분량

대표식품은 각 식품군별로 섭취량이 상대적으로 높고, 각 영양소별로 기여도가 높으며, 연령별로 상용하는 식품들을 고려하여 선정하였다. 또한 바람직한 식품섭취 유도를 위하여 라면, 삼겹살, 케이크, 탄산음료 등 포화지방이나 첨가당의 함량이 높은 식품은 섭취량이 많음에도 대표식품에서 배제하였다.

#### ① 곡류

곡류는 1인 1회 분량이 평균적으로 300kcal에 해당되며 주로 주식으로 이용되는 식품들을 기준으로 분류하였다. 1인 1회 분량의 조정이 어려운 씨리얼, 감자류, 묵류의 경우는 1회 분량이 밥 반 공기에 해당하기 때문에 1회 분량으로 제시하되, 식단작성 시 섭취횟수가 0.5회임을 명시하였다. 대표식품으로 우동, 빵, 현미, 찹쌀 등이 포함되었다.

〈표 5-3〉 곡류의 주요 식품과 1인 1회 분량

| 품목 | | 식품명 | 분량(g)[1)] | 비고 | 섭취횟수 |
|---|---|---|---|---|---|
| 곡류<br>(300kcal) | 곡류 | 쌀, 보리쌀, 찹쌀, 현미, 혼합잡곡 | 90 | | 1회 |
| | | 쌀밥, 보리밥 | 210 | 1공기 | 1회 |
| | 면류 | 삶은 면 | 300 | 1대접 | 1회 |
| | | 생면 – 우동, 칼국수 | 200 | | 1회 |
| | | 건면 – 국수용 | 100 | 국수 묶음두께 2.5cm | 1회 |
| | | 냉면국수, 메밀국수 | 100 | 국수 묶음두께 2.5cm | 1회 |
| | 떡류 | 흰떡 – 떡국용 | 130 | 1컵(썬 것) | 1회 |
| | | 찹쌀떡, 시루떡 | 130 | | 1회 |
| | 빵류 | 식빵, 빵류 | 100 | 큰 것 2쪽, 1개 | 1회 |
| | 씨리얼류 | 콘플레이크 등 | 40[2)] | | 0.5회 |
| | 감자류 | 감자 | 130[2)] | 중 1개 | 0.5회 |
| | | 고구마 | 130[2)] | 중 1/2개 | 0.5회 |
| | 기타 | 메밀묵 | 200[2)] | | 0.5회 |
| | | 밤 | 100[2)] | 큰 것 5개 | 0.5회 |

1) 분량(g) : 가식부 무게임
2) 씨리얼 · 감자 · 묵 · 견과류 1회 분량 에너지는 다른 곡류 1회 분량의 1/2이므로 식단작성 시 0.5회로 간주함

### ② 고기 · 생선 · 계란 · 콩류

고기 · 생선 · 계란 · 콩류는 각 식품의 1인 1회 분량을 평균열량 100kcal, 단백질 10g에 맞추어 조정하였다. 육류 60g, 생선류 60g, 낙지, 새우, 오징어 80g, 패류 80g, 건어물류 15g, 계란 60g으로 통일하였다. 또한 견과류의 영양적 중요성이 강조되면서 고기 · 생선 · 계란 · 콩류에 포함시키고 견과류가 다른 단백질 식품에 비해 1인 1회 분량이 적어 열량의 수준을 비슷하게 조절하기 위해 1회 분량으로 제시하되, 식단작성 시 섭취횟수가 0.5회임을 명시하였다.

### ③ 채소류

채소류는 1인 1회 분량이 평균 15kcal에 해당되며, 생채소류 약 70g에 해당되는 양이다. 김치류는 염분섭취 감소를 유도하기 위하여 김치류 40g, 파김치 25g, 기타 김치(나박김치, 오이소박이) 60g으로 조정하고 대표식품에 동치미, 총각김치, 두릅, 머위, 쑥 등이 추가되었다.

〈표 5-4〉 고기 · 생선 · 계란 · 두류의 주요 식품과 1인 1회 분량

<table>
<tr><th colspan="2">품목</th><th>식품명</th><th>분량(g)[1]</th><th>비고</th><th>섭취횟수</th></tr>
<tr><td rowspan="16">고기 · 생선 · 계란 · 콩류 (100kcal)</td><td rowspan="4">육류</td><td>쇠고기[2]</td><td>60</td><td></td><td>1회</td></tr>
<tr><td>돼지고기[3]</td><td>60</td><td></td><td>1회</td></tr>
<tr><td>닭고기</td><td>60</td><td></td><td>1회</td></tr>
<tr><td>햄</td><td>60</td><td></td><td>1회</td></tr>
<tr><td rowspan="4">어패류</td><td>갈치, 삼치, 꽁치, 고등어, 동태, 가자미, 조기, 넙치, 참치, 참치통조림, 어묵, 미꾸라지, 민물장어</td><td>60</td><td>작은 것 1토막</td><td>1회</td></tr>
<tr><td>생굴, 조갯살, 꽃게</td><td>80</td><td></td><td>1회</td></tr>
<tr><td>오징어, 낙지, 새우</td><td>80</td><td></td><td>1회</td></tr>
<tr><td>건멸치, 건조기, 건오징어</td><td>15</td><td></td><td>1회</td></tr>
<tr><td>난류</td><td>계란, 메추라기알</td><td>60</td><td>중 1개</td><td>1회</td></tr>
<tr><td rowspan="3">콩류</td><td>검정콩, 대두</td><td>20</td><td></td><td>1회</td></tr>
<tr><td>두부</td><td>80</td><td></td><td>1회</td></tr>
<tr><td>두유</td><td>200</td><td></td><td>1회</td></tr>
<tr><td rowspan="3">견과류</td><td>땅콩</td><td>10[4]</td><td>15알 내외</td><td>0.5회</td></tr>
<tr><td>깨</td><td>10</td><td>1스푼</td><td>0.5회</td></tr>
<tr><td>호두</td><td>10</td><td></td><td>0.5회</td></tr>
</table>

1) 분량(g) : 가식부 조리 전 무게임 2) 한우등심(살코기 기준) 3) 한돈(살코기 기준)
4) 견과류 1회 분량 에너지는 다른 고기 · 생선 · 계란 · 콩류 1회 분량의 1/2이므로 식단작성 시 0.5회로 간주함

〈표 5-5〉 채소류의 주요 식품과 1인 1회 분량

| 품목 | | 식품명 | 분량(g)[1] | 비고 | 섭취횟수 |
|---|---|---|---|---|---|
| 채소류 (15kcal) | 채소류 | 고구마줄기, 고사리, 시금치, 풋고추 | 70 | 1접시 | 1회 |
| | | 근대, 깻잎, 무청, 부추, 돌미나리 | | | |
| | | 배추, 상추, 쑥, 쑥갓, 아욱, 취나물 | | | |
| | | 애호박, 두릅, 오이, 콩나물, 숙주나물 | | | |
| | | 머위, 무, 배추, 양배추, 양파, 가지 | | | |
| | | 당근, 늙은호박, 토마토 | | | |
| | | 나박김치, 오이소박이, 동치미 | 60 | | 1회 |
| | | 갓김치, 깍두기, 배추김치, 열무김치, 총각김치, 단무지 | 40 | | 1회 |
| | | 우엉, 도라지, 파, 파김치 | 25 | | 1회 |
| | | 마늘 | 10 | | 1회 |
| | | 토마토주스 | 100 | | 1회 |
| | 해조류 | 다시마, 미역, 파래(생것) | 30 | | 1회 |
| | | 김 | 2 | 1장 | 1회 |
| | 버섯류 | 느타리, 양송이, 팽이, 표고(생것) | 30 | | 1회 |

1) 분량(g) : 가식부 조리 전 무게임

### ④ 과일류

과일류에서는 1인 1회 분량이 평균 50kcal에 해당되며, 과일주스류, 망고, 키위, 파인애플 등이 추가되었다.

〈표 5-6〉 과일류의 주요 식품과 1인 1회 분량

| 품목 | | 식품명 | 분량(g)[1] | 비고 | 섭취횟수 |
|---|---|---|---|---|---|
| 과일류 (50kcal) | 과일류 | 딸기, 수박, 참외 | 200 | 딸기 10개 | 1회 |
| | | 귤, 감, 바나나, 망고, 키위, 사과, 배, 복숭아, 오렌지, 포도, 파인애플 | 100 | 귤(중) 1개<br>사과(중) 1/2개 | 1회 |
| | 주스류 | 오렌지주스, 귤주스, 사과주스, 포도주스 | 100 | 1/2컵 | 1회 |

1) 분량(g) : 가식부 무게임

### ⑤ 우유 · 유제품류

우유 · 유제품류에서는 1인 1회 분량이 평균 125kcal로 우유 1잔에 해당하는 분량을 기준으로 하였다. 호상요구르트는 100g으로 조정하였고 치즈의 경우 1회 분량으로 제시하되, 식단작성 시 섭취횟수가 0.5회임을 명시하였다.

〈표 5-7〉 우유 · 유제품류의 주요 식품과 1인 1회 분량

| 품목 | | 식품명 | 분량(g) | 비고 | 섭취횟수 |
|---|---|---|---|---|---|
| 우유 · 유제품류 (50kcal) | 우유 | 우유 | 200 | 1컵(1개) | 1회 |
| | 유제품 | 치즈 | 20[1] | 1장 | 0.5회 |
| | | 요구르트(호상) | 100 | 1/2컵(1개) | 1회 |
| | | 요구르트(액상) | 150 | 3/4컵(1개) | 1회 |
| | | 아이스크림 | 100 | 1/2컵(1개) | 1회 |

1) 치즈 1회 분량 에너지는 다른 우유 · 유제품류 1회 분량의 1/2이므로 식단작성 시 0.5회로 간주함

### ⑥ 유지 · 당류

유지 · 당류는 1인 1회 분량이 평균 45kcal에 해당하며 유지류 약 5g에 맞추었고, 당류는 10g에 해당하는 양으로 통일하였다.

〈표 5-8〉 유지 · 당류의 주요 식품과 1인 1회 분량

| 품목 | | 식품명 | 분량(g) | 비고 | 섭취횟수 |
|---|---|---|---|---|---|
| 유지 · 당류 (45kcal) | 유지류 | 버터, 마요네즈, 커피프림, 참기름, 콩기름, 들기름, 옥수수기름 | 5 | 1작은술 | 1회 |
| | | 커피믹스 | 12 | 1봉 | 1회 |
| | 당류 | 꿀, 설탕, 당밀/시럽, 사탕 | 10 | 1큰술 | 1회 |

### (5) 권장식사 패턴

어린이와 성인의 음식섭취 양상이 다르고, 우유 · 유제품에 대한 기호도 차이가 큼을 고려하여 어린이와 청소년의 경우는 우유 · 유제품을 2회 사용하는 것을 기준으로 하였으며(A타입), 성인은 1회 사용하는 것을 기준으로 하였다(B타입).

〈표 5-9〉 권장식사 패턴(섭취횟수)

| 식품군 \ 적용대상 | A타입 | | | | | B타입 | | | |
|---|---|---|---|---|---|---|---|---|---|
| | 1,400A | 1,600A | 1,800A | 2,000A | 2,600A | 1,600B | 1,900B | 2,000B | 2,400B |
| | 3~5세 유아 | 6~11세 여 | 6~11세 남 | 12~18세 여 | 12~18세 남 | 65세 이상 여 | 19~64세 여 | 65세 이상 남 | 19~64세 남 |
| 곡류 | 2 | 2.5 | 3 | 3 | 4 | 3 | 3 | 3.5 | 4 |
| 고기 · 생선 · 계란 · 콩류 | 3 | 3 | 3 | 4 | 6 | 2.5 | 4 | 4 | 5 |
| 채소류 | 5 | 5 | 5 | 7 | 7 | 5 | 7 | 7 | 7 |
| 과일류 | 1 | 1 | 1 | 2 | 2 | 1 | 2 | 1 | 3 |
| 우유 · 유제품류 | 2 | 2 | 2 | 2 | 2 | 1 | 1 | 1 | 1 |
| 유지 · 당류 | 2 | 3 | 3 | 4 | 6 | 3 | 4 | 4 | 5 |

1) 곡류 : 식이섬유 섭취를 늘이기 위해서 잡곡류 사용을 권장함
2) 고기 · 생선 · 계란 · 콩류 : 고기의 경우 살코기 기준이며, 지방 함량이 높은 식품을 이용할 경우에는 유지류를 추가 사용하는 것으로 간주해야 함
3) 채소류 : 소금 5g 이하의 영양목표를 달성하기 위해 가능한 싱겁게 조리하도록 함
4) 나트륨 : 국, 찌개류의 경우 건더기 위주로 섭취하도록 함
5) 과일류 : 식이섬유 섭취를 늘이기 위해 주스보다는 생과일 섭취를 권장함
6) 우유 · 유제품류 : 단순당질이 적게 함유된 제품을 권장함
7) 유지 · 당류 : 조리 시 사용되는 양도 섭취횟수 범위 내에서 사용하도록 함
8) 양념류 : 각 권장섭취 패턴에 이미 양념 사용량이 포함되어 있음. 여기서 양념이란 간장, 고추장, 된장, 소금 등의 조미료류를 말하여 50~85kcal 사용된 것으로 계산함

### (6) 식사모형과 식품구성자전거

식사모형은 운동을 권장하기 위해 자전거 이미지를 사용하였고, 자전거 바퀴모양을 이용하여 6가지 식품군에 권장식사 패턴의 섭취횟수와 분량에 비례하도록 면적을 배분하고, 또 하나의 바퀴에 물잔 이미지를 삽입함으로써 수분의 중요성을 상징하였다. 이는 적절한 영양과 건강을 유지하기 위하여 권장식사 패턴을 기준으로 한 균형 잡힌 식사와 수분섭취의 중요성을 의미하며, 적절한 운동을 통해 비만을 예방하자는 메시지를 도식화한 것이다. 식사모형의 이름은 식품구성자전거(Food Balance Wheels)로 하며, 식품군의 상징색은 미국 피라미드의 식품군 색과 동일하게 하였다.

**그림 5·1**
**식품구성자전거(Food Balance Wheels)**

| 식 품 군 | 상 징 색 |
|---|---|
| 곡류 | **오렌지** |
| 고기 · 생선 · 계란 · 콩류 | **보 라** |
| 채소류 | **초 록** |
| 과일류 | **빨 강** |
| 우유 · 유제품류 | **파 랑** |
| 유지 · 당류 | **노 랑** |

〈표 5-10〉 식품군별 대표식품의 1인 1회 분량

| 식품군 | 1인 1회 분량 | | | | | |
|---|---|---|---|---|---|---|
| 곡류 | 밥 1공기<br>(210g)<br> | 백미<br>(90g)<br> | 국수 1대접<br>(건면 100g)<br> | 냉면국수 1대접<br>(건면 100g)<br> | 떡국용 떡<br>1인분(130g)<br> | 식빵 2쪽<br>(100g)<br> |
| 고기 · 생선 · 계란 · 콩류 | 육류 1접시<br>(생 60g)<br> | 닭고기 1조각<br>(생 60g)<br> | 생선 1토막<br>(생 60g)<br> | 콩<br>(20g)<br> | 두부 2조각<br>(80g)<br> | 계란 1개<br>(60g)<br> |
| 채소류 | 콩나물 1접시<br>(생 70g)<br> | 시금치나물<br>1접시(생 70g)<br> | 배추김치 1접시<br>(생 40g)<br> | 오이소박이 1접시<br>(생 60g)<br> | 버섯 1접시<br>(생 30g)<br>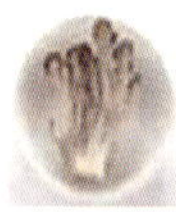 | 물미역 1접시<br>(생 30g)<br> |
| 과일류 | 사과(중) 1/2개<br>(100g)<br>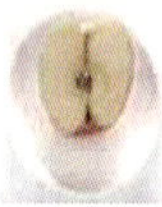 | 귤(중) 1개<br>(100g)<br> | 참외(중) 1/2개<br>(200g)<br> | 포도 1/3송이<br>(100g)<br>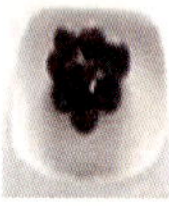 | 수박 1쪽<br>(200g)<br> | 오렌지주스 1/2컵<br>(100g)<br> |
| 우유 · 유제품류 | 우유 1컵<br>(200g)<br> | 치즈 1장<br>(20g)<br> | 호상요구르트 1/2컵<br>(100g)<br> | 액상요구르트 3/4컵<br>(150g)<br> | 아이스크림 1/2컵<br>(100g)<br> | |
| 유지 · 당류 | 식용유 1작은술<br>(5g)<br> | 버터 1작은술<br>(5g)<br> | 마요네즈 1작은술<br>(5g)<br> | 커피믹스 1회<br>(12g)<br> | 설탕 1큰술<br>(10g)<br> | 꿀 1큰술<br>(10g)<br> |

자료 : 한국영양학회, 보건복지부, 식품의약안전청, 한국인 영양섭취기준 개정판, 2010

## 2) 식사구성안을 이용한 식단작성의 실제

### (1) 일일에너지 필요량의 산출

대상자의 일일에너지 필요량과 이에 해당하는 권장식사 패턴은 〈표 5-11〉과 같다.

**〈표 5-11〉 연령별 · 성별 체위기준치, 에너지필요량 및 권장식사 패턴**

| 구분 | 연령 (세) | 신장 (cm) | 체중 (kg) | 에너지필요량 (kcal) | 권장식사 패턴 (kcal) |
|---|---|---|---|---|---|
| 유아 | 1~2 | 86.1 | 12.2 | 1,000 | 1,000 A타입 |
| | 3~5 | 107.0 | 17.2 | 1,400 | 1,400 A타입 |
| 남자 | 6~8 | 122.0 | 25.0 | 1,600 | 1,800 A타입 |
| | 9~11 | 139.6 | 35.7 | 1,900 | |
| | 12~14 | 158.8 | 50.5 | 2,400 | 2,600 A타입 |
| | 15~18 | 171.4 | 62.1 | 2,700 | |
| | 19~29 | 173.0 | 65.8 | 2,600 | 2,400 B타입 |
| | 30~49 | 170.0 | 63.6 | 2,400 | |
| | 50~64 | 166.0 | 60.6 | 2,200 | |
| | 65~74 | 164.0 | 59.2 | 2,000 | 2,000 B타입 |
| | 75 이상 | 164.0 | 59.2 | 2,000 | |
| 여자 | 6~8 | 121.0 | 24.6 | 1,500 | 1,600 A타입 |
| | 9~11 | 140.0 | 34.8 | 1,700 | |
| | 12~14 | 155.9 | 47.5 | 2,000 | 2,000 A타입 |
| | 15~18 | 160.0 | 53.4 | 2,000 | |
| | 19~29 | 160.0 | 56.3 | 2,100 | 1,900 B타입 |
| | 30~49 | 157.0 | 54.2 | 1,900 | |
| | 50~64 | 154.0 | 52.2 | 1,800 | |
| | 65~74 | 151.0 | 50.2 | 1,600 | 1,600 B타입 |
| | 75 이상 | 151.0 | 50.2 | 1,600 | |

### (2) 식품군별 권장섭취횟수에 따른 3식의 배분 결정

권장식사 패턴〈표 5-9〉의 식품군별 1일 권장섭취횟수를 3식으로 배분한다.

① 3식의 배분은 균등 분할하는 것이 일반적이나, 대상자의 특성(직업 · 노동강도 · 활동양상 · 식습관 등)을 고려하여 조정한다.

② 곡류는 주식으로, 고기 · 생선 · 계란 · 콩류와 채소류는 부식으로 하며, 과일류, 우유 · 유제품류는 간식으로 정한다.

**〈표 5-12〉 식품군별 권장식사 패턴의 3식의 섭취횟수 배분의 예(19~64세 여성, 1,900 B타입)**

| 식품군 | 1일 섭취횟수 | 아침 | 점심 | 저녁 |
|---|---|---|---|---|
| 곡류 | 3회 | 1 | 1 | 1 |
| 고기 · 생선 · 계란 · 콩류 | 4회 | 1 | 1 | 2 |
| 채소류 | 7회 | 2 | 3 | 2 |
| 과일류 | 2회 | | 1 | 1 |
| 우유 · 유제품류 | 1회 | 1 | · | · |
| 유지 · 당류 | 4회 | 1 | 1.5 | 1.5 |

### (3) 음식명과 식재료의 분량 결정

세 끼로 배분된 식품군별 1일 권장섭취횟수에 적절한 음식명과 식재료의 양을 결정한다.

① 주식 결정 : 주식인 곡류는 반드시 매끼 배분한다.

② 부식 결정 : 주식의 형태에 따라 결정되며, 고기 · 생선 · 계란 · 콩류에서 1~2가지, 채소류에서 2~3가지 정도를 선택하되, 다양한 조리법으로 구성한다.

③ 음식명과 식재료의 분량 결정 : 식품군별 권장섭취횟수에 따라 주식과 부식의 구체적인 음식명과 분량을 정한다.

### (4) 식단표의 작성

① 식단표는 밥, 국, 반찬 순으로 적는다.

② 반찬류는 고기 · 생선 · 계란 · 콩류, 채소류, 김치류의 순으로 적는다.

**〈표 5-13〉 식사구성안을 이용한 식단작성의 예(19~64세 여성, 1,900 B타입)**

| 식품군 | | 끼니별 섭취횟수 | 음식명과 식재료의 분량 | 식품별 섭취횟수 | 완성식단 |
|---|---|---|---|---|---|
| 아침 | 곡류 | 1 | 쌀밥(210g) | 1 | 쌀밥 |
| | 고기 · 생선 · 계란 · 콩류 | 1 | 계란찜(계란 60g) | 1 | 계란찜 |
| | 채소류 | 2 | 김(1g) | 0.5 | 김구이 |
| | | | 미역국(불린 미역 15g) | 0.5 | 미역국 |
| | | | 배추김치(40g) | 1 | 배추김치 |
| | 우유 · 유제품류 | 1 | 우유(200ml) | 1 | 우유 |
| | 유지 · 당류 | 1 | 참기름 4g(미역국) | 0.8 | |
| | | | 참기름 1g(김) | 0.2 | |
| 점심 | 곡류 | 1 | 쌀밥(147g) | 0.7 | 쌀밥 |
| | | | 잡채(조리 전 당면 10g) | 0.3 | 잡채 |
| | 고기 · 생선 · 계란 · 콩류 | 1 | 북어두붓국(북어 7.5g, 두부 40g) | 0.5 | 북어두붓국 |
| | | | | 0.5 | |
| | 채소류 | 3 | 잡채용 채소(당근, 오이, 시금치, 버섯 70g) | 1 | 잡채 |
| | | | 콩나물(70g) | 1 | 콩나물무침 |
| | | | 열무김치(40g) | 1 | 열무김치 |
| | 과일류 | 1 | 귤(100g) | 1 | 귤 |
| | 우유 · 유제품류 | | | | |
| | 유지 · 당류 | 1.5 | 식용유 5g(잡채) | 1 | |
| | | | 참기름 2.5g(콩나물무침) | 1.5 | |
| 저녁 | 곡류 | 1 | 쌀밥(210g) | 1 | 쌀밥 |
| | 고기 · 생선 · 계란 · 콩류 | 2 | 동태찌개(동태 30g) | 0.5 | 동태찌개 |
| | | | 낙지볶음(낙지 40g) | 0.5 | 낙지볶음 |
| | | | 멸치볶음(멸치 7.5g) | 0.5 | 멸치볶음 |
| | 채소류 | 2 | 시금치나물(시금치 70g) | 1 | 시금치나물 |
| | | | 깍두기(40g) | 1 | 깍두기 |
| | 과일류 | 1 | 딸기(200g) | 1 | 딸기 |
| | 우유 · 유제품류 | | | | |
| | 유지 · 당류 | 1.5 | 참기름 2.5g(시금치나물) | 0.5 | |
| | | | 식용유 2.5g(멸치볶음) | 0.5 | |
| | | | 식용유 2.5g(낙지볶음) | 0.5 | |
| 식단 | 아침 | 쌀밥, 미역국, 계란찜, 김구이, 배추김치, 우유 | | | |
| | 점심 | 쌀밥, 북어두붓국, 잡채, 콩나물무침, 열무김치 | | | |
| | 저녁 | 쌀밥, 동태찌개, 낙지볶음, 멸치볶음, 시금치나물, 깍두기, 딸기 | | | |

### (5) 생애주기별 식단작성의 예

생애주기별 권장식사 패턴에 따른 구체적인 식단작성의 예는 다음과 같다.

〈표 5-14〉 생애주기별 권장식사 패턴

| 생애주기 | 성 별 | 권장식사 패턴 |
|---|---|---|
| 유아기(3~5세) | 전체 | 1,400kcal, A타입 |
| 아동기(6~11세) | 남 | 1,800kcal, A타입 |
| | 여 | 1,600kcal, A타입 |
| 청소년기(12~18세) | 남 | 2,600kcal, A타입 |
| | 여 | 2,000kcal, A타입 |
| 성인기(19~64세) | 남 | 2,400kcal, B타입 |
| | 여 | 1,900kcal, B타입 |
| 노인기(65세 이상) | 남 | 2,000kcal, B타입 |
| | 여 | 1,600kcal, B타입 |

## 1) 유아기 3~5세(1,400kcal, A타입)

| | | 아침 | 점심 | 저녁 | 간식 |
|---|---|---|---|---|---|
| 식품군별 권장횟수 \ 식단 | | 팥밥<br>쇠고기무국<br>메추리알장조림<br>오이생채 | 검은콩밥<br>버섯된장국<br>치즈생선가스<br>과일채소샐러드 | 쌀밥<br>콩나물국<br>돼지불고기<br>호박나물<br>백김치 | 팬케이크<br>우유<br>귤 |
| **곡류** | 2회 | 팥밥 105g **0.5** | 검은콩밥 105g **0.5** | 쌀밥 105g **0.5** | 팬케이크 50g **0.5** |
| **고기 · 생선<br>계란 · 콩류** | 3회 | 쇠고기 30g **0.5**<br>메추리알 30g **0.5** | 생선(동태) 60g ❶ | 돼지고기 60g ❶ | |
| **채소류** | 5회 | 무 35g **0.5**<br>오이생채 35g **0.5** | 버섯 30g ❶<br>양상추, 오이 35g **0.5** | 콩나물 35g **0.5**<br>양파, 파 35g **0.5**<br>호박 35g **0.5**<br>백김치 40g ❶ | |
| **과일류** | 1회 | | 과일샐러드 50g **0.5** | | 귤 1/2개(50g) **0.5** |
| **우유 · 유제품류** | 2회 | | 치즈 1장(20g) **0.5**<br>요구르트드레싱 1/2개 (50g) **0.5** | | 우유 1컵(200ml) ❶ |
| 식사 | |  |  |  | |
| 간식 | | | <br>팬케이크 우유 | <br>귤 | |

유지 · 당류(2회) : 조리 시 소량씩 사용됨

## 2) 아동기 남자 6~11세(1,800kcal, A타입)

| 식단 / 식품군별 권장횟수 | | 아침 | 점심 | 저녁 | 간식 |
|---|---|---|---|---|---|
| | | 오곡밥<br>계란국<br>쇠고기두부볶음<br>오이소박이 | 김치볶음밥<br>버섯미소국<br>닭강정<br>양상추샐러드 | 찹쌀밥<br>대구탕<br>돈사태찜<br>청경채버섯무침<br>깍두기 | 치즈떡볶이<br>우유<br>포도 |
| **곡류** | 3회 | 오곡밥 105g **0.5** | 김치볶음밥 210g **❶** | 찹쌀밥 210g **❶** | 치즈떡볶이 65g **0.5** |
| **고기 · 생선 · 계란 · 콩류** | 3회 | 계란국 30g **0.5**<br>쇠고기, 두부 40g **0.5** | 닭강정 60g **❶** | 대구 30g **0.5**<br>돈사태 30g **0.5** | |
| **채소류** | 5회 | 오이소박이 60g **❶** | 김치 20g **0.5**<br>버섯 15g **0.5**<br>양상치, 오이 70g **❶** | 무, 파 35g **0.5**<br>청경채, 버섯 70g **❶**<br>깍두기 20g **0.5** | |
| **과일류** | 1회 | | | | 포도 1/3송이(100g) **❶** |
| **우유 · 유제품류** | 2회 | | | | 치즈 2장(40g) **❶**<br>우유 1컵(200ml) **❶** |
| 식사 | |  |  |  | |
| 간식 | | | <br>치즈떡볶이 우유 | <br>포도 | |

유지 · 당류(3회) : 조리 시 소량씩 사용됨

### 3) 아동기 여자 6~11세(1,600kcal, A타입)

| | | 아침 | 점심 | 저녁 | 간식 |
|---|---|---|---|---|---|
| 식단 / 식품군별 권장횟수 | | 햄에그샌드위치<br>채소샐러드<br>우유 | 차조밥<br>오징어국<br>닭채소조림<br>김구이<br>상추겉절이 | 현미밥<br>시금칫국<br>고등어조림<br>도토리묵무침<br>배추김치 | 고구마그라탕<br>포도주스 |
| **곡류** | 2.5회 | 식빵 100g ❶ | 차조밥 105g **0.5** | 현미밥 105g **0.5**<br>도토리묵 40g **0.1** | 고구마 104g **0.4** |
| **고기 · 생선<br>계란 · 콩류** | 3회 | 햄, 계란 60g ❶ | 오징어 40g **0.5**<br>닭 30g **0.5** | 고등어 60g ❶ | |
| **채소류** | 5회 | 채소샐러드 ❶ | 당근, 양파 70g ❶<br>김구이 1g **0.5**<br>상추겉절이 35g **0.5** | 시금치 70g ❶<br>배추김치 40g ❶ | |
| **과일류** | 1회 | | | | 포도주스 1/2잔<br>(100ml) ❶ |
| **우유 · 유제품류** | 2회 | 우유 1컵(200ml) ❶ | | | 치즈 2장(40g) ❶ |
| 식사 | |  |  | 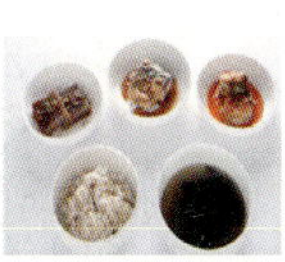 | |
| 간식 | | | <br>고구마그라탕(좌)<br>포도주스(우) | | |

유지 · 당류(3회) : 조리 시 소량씩 사용됨

### 4) 청소년기 남자 12~18세(2,600kcal, A타입)

| | | 아침 | 점심 | 저녁 | 간식 |
|---|---|---|---|---|---|
| 식단 / 식품군별 권장횟수 | | 잡곡밥<br>두부된장국<br>어묵야채볶음<br>양배추샐러드<br>오이생채 | 쌀밥<br>콩나물국<br>갈치구이<br>김구이<br>배추김치 | 현미밥<br>미역국<br>제육볶음<br>호박나물<br>무생채 | 에그샌드위치<br>호상요구르트<br>우유<br>사과<br>오렌지 |
| **곡류** | 4회 | 잡곡밥 210g ❶ | 쌀밥 210g ❶ | 현미밥 210g ❶ | 식빵 100g ❶ |
| **고기 · 생선<br>계란 · 콩류** | 6회 | 두부 40g **0.5**<br>어묵 60g ❶ | 갈치 120g ❷ | 돼지고기 120g ❷ | 계란 30g **0.5** |
| **채소류** | 7회 | 양배추 70g ❶<br>양파 35g **0.5**<br>오이 70g ❶ | 콩나물 35g **0.5**<br>김 1g **0.5**<br>배추김치 40g ❶ | 미역 15g **0.5**<br>양파 35g **0.5**<br>호박 70g ❶<br>무 35g **0.5** | |
| **과일류** | 2회 | | | | 사과 1/2개(100g) ❶<br>오렌지 1/2개<br>(100g) ❶ |
| **우유 · 유제품류** | 2회 | | | | 우유 1컵(200ml) ❶<br>호상요구르트 1개<br>(100g) ❶ |
| 식사 | |  |  |  | |
| 간식 | |  <br>우유 사과 | <br>에그샌드위치(좌)<br>호상요구르트(우) | <br>오렌지 | |

유지 · 당류(6회) : 조리 시 소량씩 사용됨

## 5) 청소년기 여자 12~18세(2,000kcal, A타입)

| 식단 / 식품군별 권장횟수 | | 아침 | 점심 | 저녁 | 간식 |
|---|---|---|---|---|---|
| 식단 | | 쌀밥<br>미역국<br>궁중떡볶이<br>계란찜<br>열무김치 | 검은콩밥<br>어묵국<br>돼지고기볶음<br>시금치나물<br>깍두기 | 보리밥<br>참치김치찌개<br>닭조림<br>양배추샐러드<br>겉절이 | 호상요구르트<br>우유<br>사과<br>귤 |
| **곡류** | 3회 | 쌀밥 105g **0.5**<br>흰떡 65g **0.5** | 검은콩밥 210g ❶ | 보리밥 210g ❶ | |
| **고기 · 생선<br>계란 · 콩류** | 4회 | 쇠고기 30g **0.5**<br>계란 30g **0.5** | 어묵 30g **0.5**<br>돼지고기 60g ❶ | 참치 30g **0.5**<br>닭 60g ❶ | |
| **채소류** | 7회 | 미역 15g **0.5**<br>당근, 표고, 양파 70g ❶<br>열무김치 20g **0.5** | 무 35g **0.5**<br>양파 35g **0.5**<br>시금치 70g ❶<br>깍두기 20g **0.5** | 김치 40g ❶<br>양배추, 오이, 토마토 70g ❶<br>겉절이 35g **0.5** | |
| **과일류** | 2회 | | | | 사과 1/2개(100g) ❶<br>귤 1개(100g) ❶ |
| **우유 · 유제품류** | 2회 | | | | 호상요쿠르트 1개 (100g) ❶<br>우유 1컵(200ml) ❶ |
| 식사 | |  |  |  | |
| 간식 | | <br>호상요구르트 |  <br>우유 사과 | <br>귤 | |

유지 · 당류(4회) : 조리 시 소량씩 사용됨

## 6) 성인기 남자 19~64세(2,400kcal, B타입)

| | | 아침 | 점심 | 저녁 | 간식 |
|---|---|---|---|---|---|
| 식단 / 식품군별 권장횟수 | | 쌀밥<br>계란국<br>호두멸치볶음<br>시금치나물<br>배추김치 | 흑미밥<br>콩나물김칫국<br>고등어구이<br>가지나물<br>깍두기 | 잡곡밥<br>버섯된장국<br>돼지고기편육<br>채소쌈<br>미나리무침<br>김치볶음 | 백설기<br>우유<br>사과<br>바나나<br>오렌지주스 |
| **곡류** | 4회 | 쌀밥 210g ❶ | 흑미밥 210g ❶ | 잡곡밥 210g ❶ | 백설기 130g ❶ |
| **고기 · 생선 계란 · 콩류** | 5회 | 계란 30g **0.5**<br>호두 10g **0.5**<br>멸치 7.5g **0.5** | 고등어 90g **1.5** | 돼지고기 120g ❷ | |
| **채소류** | 7회 | 시금치 70g ❶<br>배추김치 40g ❶ | 콩나물 35g **0.5**<br>배추김치 20g **0.5**<br>가지 35g **0.5**<br>깍두기 20g **0.5** | 느타리버섯 15g **0.5**<br>미나리 35g **0.5**<br>배추김치 40g ❶<br>채소쌈 70g ❶ | |
| **과일류** | 3회 | | | | 사과 1/2개(100g) ❶<br>바나나 1개(100g) ❶<br>오렌지주스1/2컵 (100ml) ❶ |
| **우유 · 유제품류** | 1회 | | | | 우유 1컵(200ml) ❶ |
| 식사 | |  |  |  | |
| 간식 | | <br>사과우유 | <br>백설기 오렌지주스 | <br>바나나 | |

유지 · 당류(5회) : 조리 시 소량씩 사용됨
견과류 1회 분량은 식단작성 시 1/2회로 간주됨

## 7) 성인기 여자 19~64세(1,900kcal, B타입)

| 식단 / 식품군별 권장횟수 | | 아침 | 점심 | 저녁 | 간식 |
|---|---|---|---|---|---|
| 식단 | | 쌀밥<br>동태국<br>두부부침<br>깻잎나물<br>배추김치 | 보리밥<br>청국장찌개<br>고등어조림<br>미역오이초무침<br>열무김치 | 잡곡밥<br>시금치된장국<br>불고기<br>풋고추조림<br>상추겉절이 | 우유<br>사과<br>포도 |
| **곡류** | 3회 | 쌀밥 210g ❶ | 보리밥 210g ❶ | 쌀밥 210g ❶ | |
| **고기 · 생선<br>계란 · 콩류** | 4회 | 동태 60g ❶<br>두부 40g **0.5** | 청국장 15g **0.5**<br>고등어 60g ❶ | 쇠고기 60g ❶ | |
| **채소류** | 7회 | 동태국채소 35g **0.5**<br>깻잎 70g ❶<br>배추김치 20g **0.5** | 찌개채소 70g ❶<br>미역, 오이 70g ❶<br>열무김치 20g **0.5** | 시금치 35g **0.5**<br>양파 35g **0.5**<br>풋고추 35g **0.5**<br>상추겉절이 70g ❶ | |
| **과일류** | 2회 | | | | 사과 1/2개(100g) ❶<br>포도 1/3송이(100g) ❶ |
| **우유 · 유제품류** | 1회 | | | | 우유 1컵(200ml) ❶ |
| 식사 | |  |  |  | |
| 간식 | | <br>사과 | <br>우유 | <br>포도 | |

유지 · 당류(4회) : 조리 시 소량씩 사용됨

## 8) 노인기 남자 65세 이상(2,000kcal, B타입)

| 식단 / 식품군별 권장횟수 | | 아침 | 점심 | 저녁 | 간식 |
|---|---|---|---|---|---|
| 식단 | | 쌀밥<br>북어무국<br>두부계란찜<br>배추겉절이<br>오이나물 | 보리밥<br>미역국<br>오징어초무침<br>버섯야채볶음<br>깍두기 | 잡곡밥<br>호박된장국<br>불고기<br>시금치나물<br>배추김치 | 팥시루떡<br>액상요구르트<br>감 |
| **곡류** | 3.5회 | 쌀밥 210g ❶ | 보리밥 210g ❶ | 잡곡밥 210g ❶ | 팥시루떡 65g **0.5** |
| **고기 · 생선<br>계란 · 콩류** | 4회 | 북어 7.5g **0.5**<br>두부 40g **0.5**<br>계란 30g **0.5** | 오징어 80g ❶ | 쇠고기 90g **1.5** | |
| **채소류** | 7회 | 무 35g **0.5**<br>배추 35g **0.5**<br>오이 70g ❶ | 미역 15g **0.5**<br>버섯 15g **0.5**<br>양파 35g **0.5**<br>깍두기 20g **0.5** | 애호박 35g **0.5**<br>양파 35g **0.5**<br>시금치 70g ❶<br>배추김치 40g ❶ | |
| **과일류** | 1회 | | | | 감 1개(100g) ❶ |
| **우유 · 유제품류** | 1회 | | | | 액상요구르트 1개<br>(150ml) ❶ |
| 식사 | |  |  |  | |
| 간식 | | | <br>팥시루떡(좌)<br>액상요구르트(우) | <br>감 | |

유지 · 당류(4회) : 조리 시 소량씩 사용됨

## 9) 노인기 여자 65세 이상(1,600kcal, B타입)

| | | 아침 | 점심 | 저녁 | 간식 |
|---|---|---|---|---|---|
| 식단 / 식품군별 권장횟수 | | 쌀밥<br>시래기된장국<br>갈치구이<br>버섯볶음<br>열무김치 | 잔치국수<br>녹두전<br>취나물<br>부추오이무침 | 잡곡밥<br>쇠고기무국<br>애호박볶음<br>미역무침<br>배추김치 | 인절미<br>액상요구르트<br>참외 |
| **곡류** | 3회 | 흰밥 210g **❶** | 국수(건면) 50g **0.5** | 잡곡밥 210g **❶** | 인절미 65g **0.5** |
| **고기 · 생선<br>계란 · 콩류** | 2.5회 | 갈치 60g **❶** | 쇠고기 30g **0.5**<br>녹두 15g **0.5** | 쇠고기 30g **0.5** | |
| **채소류** | 5회 | 시래기 35g **0.5**<br>느타리버섯 15g **0.5**<br>열무김치 20g **0.5** | 국수채소 35g **0.5**<br>취나물 35g **0.5**<br>오이, 부추 35g **0.5** | 무 35g **0.5**<br>애호박 35g **0.5**<br>물미역 15g **0.5**<br>배추김치 20g **0.5** | |
| **과일류** | 1회 | | | | 참외 1/2개(200g) **❶** |
| **우유 · 유제품류** | 1회 | | | | 액상요구르트 1개<br>(150ml)) **❶** |
| 식사 | |  |  |  | |
| 간식 | | | <br>인절미 액상요구르트 | <br>참외 | |

유지 · 당류(3회) : 조리 시 소량씩 사용됨

## 5-2 식품교환법을 이용한 식단작성

### 1) 식품교환표

식품교환표는 우리가 일상생활에서 섭취하고 있는 식품들을 영양소의 구성이 비슷한 것끼리 6가지 식품군으로 나누어 묶은 표이다. 처음에는 당뇨병 환자의 식단구성을 위하여 개발되었으나, 현재는 영양소 함량(열량 · 단백질 · 지방 · 탄수화물)을 정확히 맞추어야 하는 식단작성, 식이력 조사 등에 광범위하게 이용되고 있다.

6가지 식품군은 곡류군, 어육류군, 채소군, 지방군, 우유군, 과일군이다. 균형 잡힌 식사가 되기 위해서는 6가지 식품군을 골고루 섭취해야 한다. 곡류군은 주식, 어육류군과 채소군은 부식, 지방군은 조리용 기름, 우유군과 과일군은 간식으로 이용하면 쉽게 식사를 계획할 수 있다.

### 2) 1교환단위

같은 식품군 안에 있는 식품들의 영양소 구성이 비슷하므로 열량이 같으면 서로 바꾸어 먹을 수 있다. 이를 위하여 1회의 섭취량이나 거래단위 등을 기준으로 영양소 함량이 동일한 중량을 결정하였으며 그 양을 '1교환단위'라고 한다. 같은 식품군 내에서 같은 교환단위끼리는 서로 자유롭게 바꾸어 먹을 수 있다.

**〈표 5-15〉 교환단위와 영양소 함량**

| | | 열량(kcal) | 당질(g) | 단백질(g) | 지방(g) |
|---|---|---|---|---|---|
| 곡류군 | | 100 | 23 | 2 | – |
| 어육류군 | 저지방 | 50 | – | 8 | 2 |
| | 중지방 | 75 | – | 8 | 5 |
| | 고지방 | 100 | – | 8 | 8 |
| 채소군 | | 20 | 3 | 2 | – |
| 지방군 | | 45 | – | – | 5 |
| 우유군 | 일반우유 | 125 | 10 | 6 | 7 |
| | 저지방우유 | 80 | 10 | 6 | 2 |
| 과일군 | | 50 | 12 | – | – |

### ① 곡류군 1교환단위당 영양소 함량

당질 : 23g / 단백질 : 2g / 열량 : 100kcal

**〈표 5-16〉 식품군별 영양소 기준량**

| 식품 | 무게(g) | 눈어림치 | 식품 | 무게(g) | 눈어림치 |
|---|---|---|---|---|---|
| 쌀밥 | 70 | 1/3공기 | 감자 | 130 | 中 1개 |
| 보리밥 | 70 | 1/3공기 | 팥(붉은 것) | 30 | 3큰스푼 |
| 백미 | 30 | 3큰스푼 | 녹말가루 | 30 | 5큰스푼 |
| 현미 | 30 | 3큰스푼 | 머핀(옥수수) | 35 | 中 1/2개 |
| 찹쌀 | 30 | 3큰스푼 | 모닝빵 | 35 | 中 1개 |
| 보리(쌀보리) | 30 | 3큰스푼 | 바게트빵 | 35 | 中 2쪽 |
| 미숫가루 | 30 | 5큰스푼 | 식빵 | 35 | 1쪽 |
| 밀가루 | 30 | 5큰스푼 | 햄버거빵 | 35 | 1쪽 |
| 율무 | 30 | 3큰스푼 | 가래떡 | 50 | 썰은 것 11개 |
| 차수수 | 30 | 3큰스푼 | 시루떡 | 50 | |
| 차조 | 30 | 3큰스푼 | 인절미 | 50 | 3개(32 · 51 · 5cm) |
| 마른국수 | 30 | | 고구마 | 100 | 中 1/2개 |
| 삶은국수 | 30 | 1/2공기 | 토란 | 130 | 1컵 |
| 메밀국수 | 30 | | 옥수수 | 50 | 1/2컵 |
| 당면(마른 것) | 30 | | 밤(생것) | 60 | 中 6개 |
| 냉면(마른 것) | 30 | | 은행 | 60 | |
| 도토리묵 | 200 | 1/2모 | 오트밀 | 30 | 1/3컵 |
| 메밀묵 | 200 | | 콘푸레이크 | 30 | 3/4컵 |
| 녹두묵 | 100 | | 크래커 | 20 | 5개 |

### ② 어육류군 1교환단위당 영양소 함량

**【 저지방 】**

단백질 : 8g / 지방 : 2g / 열량 : 50kcal

| 식품 | 무게(g) | 눈어림치 |
|---|---|---|
| 닭고기(껍질과 기름 제거한 살코기) | 40 | 小 1토막(탁구공 크기) |
| 닭간* | 40 | |
| 돼지고기(기름기 전혀 없는 살코기) | 40 | 로스용 1장(탁구공 크기) |
| 쇠고기(사태, 홍두깨 등) | 40 | 로스용 1장(탁구공 크기) |
| 소간* | 40 | *96mg |
| 개고기, 토끼고기 | 40 | |
| 칠면조(껍질 제거) | 40 | |
| 육포 | 15 | |
| 가자미, 광어 | 50 | 小 1토막 |
| 대구, 동태 | 50 | 小 1토막 |
| 병어, 복어 | 50 | 小 1토막 |
| 연어, 적어 | 50 | 小 1토막 |
| 조기, 참도미 | 50 | 小 1토막 |
| 참치, 홍어 | 50 | 小 1토막 |
| 명란젓* | 40 | *136mg |
| 창란젓* | 40 | |

* 콜레스테롤이 많이 함유된 식품임(1교환단위당 함량)

**【 중지방 어육류군 1교환단위당 영양소 함량 】**

단백질 : 8g / 지방 : 5g / 열량 : 75kcal

| 식품 | 무게(g) | 눈어림치 |
|---|---|---|
| 돼지고기(안심) | 40 | |
| 쇠고기(등심, 안심) | 40 | 로스용 1장 |
| 소곱창* | 40 | |
| 햄(로스) | 40 | 1쪽(8×6×0.8cm) |
| 고등어, 꽁치 | 50 | 小 1토막 |
| 도루묵, 민어 | 50 | 小 1토막 |
| 삼치, 이면수 | 50 | 小 1토막 |
| 장어* | 50 | 小 1토막 *100mg |
| 전갱어, 준치 | 50 | 小 1토막 |
| 청어, 갈치 | 50 | 小 1토막 |
| 달걀* | 55 | 中 1개 |
| 메추리알* | 40 | 5개 *188mg |
| 검정콩 | 20 | 2큰스푼 |
| 두부 | 80 | 1/6모 |
| 순두부 | 200 | 1컵 |
| 연두부 | 150 | 1/2개 |
| 건오징어채* | 15 | *147mg |
| 굴비 | 15 | 1/2토막 |
| 멸치(잔 것) | 15 | 1/4컵 |
| 뱅어포 | 15 | 1장 |
| 북어 | 15 | 1/2토막 |
| 쥐치포 | 15 | |
| 어묵(튀긴 것) | 30 | 中 1장(68.5cm) |
| 어묵(찐 것) | 50 | |
| 물오징어* | 50 | *150mg |
| 새우(중하)* | 50 | 3마리 *75mg |
| 새우(깐 것*) | 50 | 1/4컵 *75mg |
| 꽃게 | 70 | 小 1마리 |
| 굴 | 70 | 1/3컵 |
| 낙지 | 100 | 1/2컵 |
| 멍게 | 70 | 1/3컵 |
| 미더덕 | 100 | 3/4컵 |
| 문어* | 70 | 1/3컵 *95mg |
| 전복* | 70 | 小 2개 *98mg |
| 조갯살 | 70 | 1/3컵 |
| 해삼 | 200 | 1과 1/3컵 |
| 홍합 | 70 | 1/3컵 |

* 콜레스테롤이 많이 함유된 식품임(1교환단위당 함량)

【고지방 어육류군 1교환단위당 영양소 함량】

단백질 : 8g / 지방 : 8g / 열량 : 100kcal

| 식품 | 무게(g) | 눈어림치 |
|---|---|---|
| 닭고기(껍질 포함)* | 40 | |
| 돼지족, 돼지머리* | 40 | |
| 삼겹살* | 40 | |
| 소갈비* | 30 | 小 1토막 |
| 소꼬리, 우설* | 40 | |
| 런천미트* | 40 | 5.5x1.8(cm) |
| 프랑크소시지* | 40 | 1과 1/3개 |
| 참치통조림 | 50 | 1/3컵 |
| 고등어통조림 | 50 | 1/3컵 |
| 꽁치통조림 | 50 | 1/3컵 |
| 뱀장어* | 50 | 小 1토막 *99mg |
| 치즈 | 30 | 1.5장 |
| 유부 | 30 | 유부 6장 |

* 포화지방이 많이 함유된 식품임

### 포화지방

주로 상온에서 고체인 동물성 지방(돼지기름, 소기름, 버터, 우유기름)에 함유되어 있으며 일부의 식물성 기름(팜유, 코코넛유 등)에도 포함되어 있다. 혈중 콜레스테롤을 높여 심장혈관계 질환을 일으킬 수 있으므로 총 지방섭취량의 1/3 이하로 제한한다.

### ③ 채소군 1교환단위당 영양소 함량

당질 : 3g / 단백질 : 2g / 열량 : 20kcal

| 식품 | 무게(g) | 눈어림치 | 식품 | 무게(g) | 눈어림치 |
|---|---|---|---|---|---|
| 가지 | 70 | 지름 3(cm), 길이 10(cm) | 숙주, 쑥갓 | 70 | 익혀서 1/3컵 |
| 깻잎 | 20 | 20장 | 고춧잎(생것) | 25 | 1/2컵 |
| 고구마순, 근대 | 70 | 익혀서 1/3컵 | 냉이 | 50 | |
| 고비(삶은 것) | 70 | | 단무지 | 70 | |
| 고사리(삶은 것) | 70 | 1/3컵 | 달래 | 70 | |
| 당근 | 70 | 지름 4(cm), 길이 5(cm) | 쑥, 아욱 | 50 | |
| 더덕 | 25 | 中 2개 | 시금치 | 70 | 익혀서 1/3컵 |
| 도라지(생것) | 50 | 1/2컵 | 채소주스 | 200 | 1컵 |
| 두릅 | 50 | | 양배추 | 70 | 익혀서 2/5컵 |
| 마늘쫑 | 25 | | 양파, 연근 | 50 | |
| 머위 | 70 | | 열무, 오이 | 70 | |
| 무, 미나리 | 70 | 익혀서 1/3컵 | 우엉 | 25 | |
| 무말랭이 | 10 | 불려서 1/3컵 | 죽순, 취(생것) | 70 | |
| 무청 | 50 | | 치커리, 컬리플라워 | 70 | |
| 느타리, 싸리버섯 | 70 | | 케일 | 70 | 잎넓이 30cm 1장 반 |
| 표고버섯(생것) | 50 | 大 3개 | 콩나물 | 70 | 익혀서 2/5컵 |
| 양송이 | 70 | | 풋고추 | 70 | 中 7~8개 |
| 부추 | 70 | 익혀서 1/3컵 | 풋마늘 | 50 | |
| 브로콜리 | 70 | | 피망 | 70 | 中 2개 |
| 김 | 2 | | 호박 | 70 | 지름 5(cm) x 두께 2.5(cm) |
| 물미역 | 70 | | 단호박 | 40 | |
| 상추, 양상추 | 70 | | 깍두기 | 50 | |
| 샐러리 | 70 | 6cm 길이 6개 | 포기김치 | 70 | |

채소군은 익혀서 1/3컵

### ④ 지방군 1교환단위당 영양소 함량

지방 : 5g / 열량 : 45kcal

| 식품 | 무게(g) | 눈어림치 | 식품 | 무게(g) | 눈어림치 |
|---|---|---|---|---|---|
| 들기름, 미강유 | 5 | 1작은스푼 | 마요네즈 | 7 | 1.5작은스푼 |
| 옥수수기름 | 5 | 1작은스푼 | 베이컨* | 7 | 1조각 |
| 유채기름 | 5 | 1작은스푼 | 땅콩 | 10 | 10개(1큰스푼) |
| 콩기름, 참기름 | 5 | 1작은스푼 | 아몬드 | 8 | 7개 |
| 카놀라유 | 5 | 1작은스푼 | 잣, 참깨 | 8 | 1큰스푼 |
| 라아드, 쇼트닝 | 5 | 1.5작은스푼 | 피스타치오 | 8 | 10개 |
| 마가린 | 6 | 1.5작은스푼 | 해바라기씨 | 8 | 1큰스푼 |
| 버터* | 6 | 1.5작은스푼 | 호두 | 8 | 大 1개 |
| 땅콩버터 | 7 | | | | |

* 포화지방이 많이 함유된 식품임

### ⑤ 우유군

【일반우유 1교환단위당 영양소 함량】

당질 : 10g / 단백질 : 6g / 지방 : 7g / 열량 : 125kcal

| 식품 | 무게(g) | 눈어림치 |
|---|---|---|
| 우유 | 200 | 1컵(1팩) |
| 두유(무가당) | 200 | 1컵(1팩) |
| 전지분유, 조제분유 | 25 | 5큰스푼 |

【저지방우유 1교환단위당 영양소 함량】

당질 : 10g / 단백질 : 6g / 지방 : 2g / 열량 : 80kcal

| 식품 | 무게(g) | 눈어림치 |
|---|---|---|
| 저지방우유(2%) | 200 | 1컵(1팩) |

【유제품의 열량】

| 제품명 | 포장단위 1개(g) | 열량(kcal) | 제품명 | 포장단위 1개(g) | 열량(kcal) |
|---|---|---|---|---|---|
| 요플레(딸기) | 110 | 120 | 불가리스 | 150 | 150 |
| 꼬모(딸기) | 110 | 115 | 바이오거트(딸기) | 100 | 100 |
| 한국야쿠르트 | 65 | 80 | 바이오거트(플레인) | 100 | 95 |

대부분의 유제품은 과즙, 과일시럽, 설탕 등이 함유되어 있으므로 주의를 요함

### ⑥ 과일군 1교환단위당 영양소 함량

당질 : 12g / 열량 : 50kcal

| 식품 | 무게(g) | 눈어림치 | 식품 | 무게(g) | 눈어림치 |
|---|---|---|---|---|---|
| 단감 | 80 | 中 1/2개 | 수박 | 250 | 大 1쪽 |
| 연시 | 80 | 小 1개 | 앵두 | 120 | |
| 귤 | 100 | 中 1개 | 자두 | 80 | 大 1개 |
| 금귤 | 60 | 7개 | 참외 | 120 | 小 1/2개 |
| 오렌지 | 100 | 大 1/2개 | 키위 | 100 | 大 1개 |
| 자몽 | 150 | 中 1/2개 | 토마토 | 250 | 大 1개 |
| 대추(말린 것) | 20 | 8개 | 체리토마토 | 250 | 中 20개 |
| 대추(생것) | 60 | 8개 | 파인애플 | 100 | |
| 딸기 | 150 | 10개 | 파파야 | 100 | |
| 멜론(머스크) | 120 | | 포도 | 100 | 19개 |
| 바나나 | 60 | 中 1/2개 | 포토(거봉) | 100 | 11개 |
| 배 | 100 | 中 1/4개 | 사과주스 | 100 | 1/2컵 |
| 복숭아(황도) | 150 | 中 1/2개 | 오렌지주스(무가당) | 100 | 1/2컵 |
| 복숭아(천도) | 200 | 小 2개 | 파인애플주스 | 100 | 1/2컵 |
| 살구 | 150 | | 토마토주스 | 200 | 1컵 |
| 사과(후지) | 100 | 中 1/3개 | | | |

〈표 5-17〉 열량에 따른 식품군별 교환단위수의 예

| 열량(kcal) | 곡류군 | 어육류군 | | 채소군 | 지방군 | 우유군 | 과일군 |
|---|---|---|---|---|---|---|---|
| | | 저지방 | 중지방 | | | | |
| 1,000 | 4 | 1 | 2 | 7 | 2 | 1 | 1 |
| 1,100 | 5 | 1 | 2 | 7 | 2 | 1 | 1 |
| 1,200 | 5 | 1 | 3 | 7 | 3 | 1 | 1 |
| 1,300 | 6 | 1 | 3 | 7 | 3 | 1 | 1 |
| 1,400 | 7 | 1 | 3 | 7 | 3 | 1 | 1 |
| 1,500 | 7 | 2 | 3 | 7 | 4 | 1 | 1 |
| 1,600 | 8 | 2 | 3 | 7 | 4 | 1 | 1 |
| 1,700 | 8 | 2 | 3 | 7 | 4 | 2 | 1 |
| 1,800 | 8 | 2 | 3 | 7 | 4 | 2 | 2 |
| 1,900 | 9 | 2 | 3 | 7 | 4 | 2 | 2 |
| 2,000 | 10 | 2 | 3 | 7 | 4 | 2 | 2 |
| 2,100 | 10 | 2 | 4 | 7 | 4 | 2 | 2 |
| 2,200 | 11 | 2 | 4 | 7 | 4 | 2 | 2 |
| 2,300 | 12 | 2 | 4 | 7 | 4 | 2 | 2 |
| 2,400 | 12 | 3 | 4 | 7 | 5 | 2 | 2 |
| 2,500 | 13 | 3 | 4 | 7 | 5 | 2 | 2 |

〈표 5-18〉 식품군별 1교환단위

| 식품군 | | 식품 | | | | |
|---|---|---|---|---|---|---|
| 곡류군 | | 쌀밥 70g(1/3공기) | 잡곡밥 70g(1/3공기) | 백미 30g(3큰술) | 백미 30g(1/5쌀컵) | 완두콩 70g(1/2컵) |
| | | 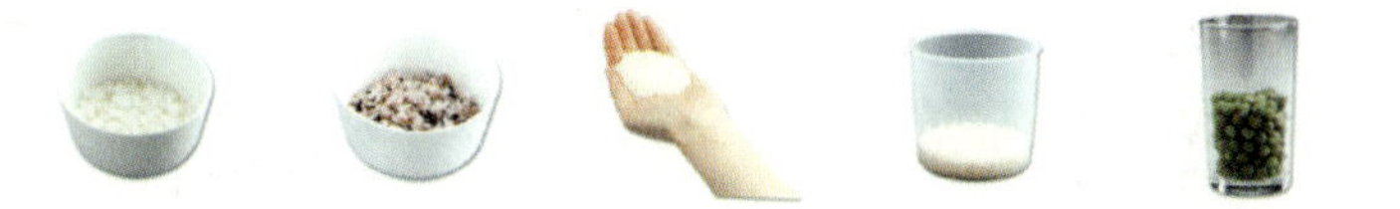 | | | | |
| | | 미숫가루 30g(1/4컵) | 마른국수 30g | 삶은국수 90g(1/2공기) | | |
| | |  | | | | |
| | | 감자 140g(중 1개) | 고구마 70g(중 1/2개) | 가래떡 50g<br>(썰은 것 11~12개) | 인절미 50g(3개) | 식빵 35g(1쪽) |
| | | 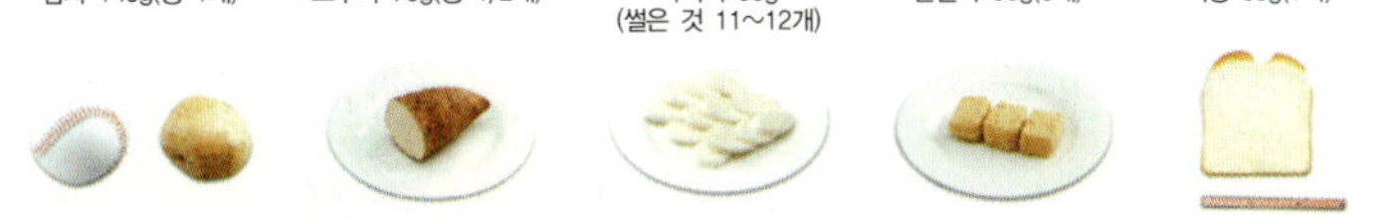 | | | | |
| | | 도토리묵 200g(1/2모) | 밤 60g(대 3개) | 크래커 20g(5개) | 강냉이(옥수수)<br>30g(1.5공기) | 콘플레이크 30g(3/4컵) |
| | |  | | | | |
| 어육류군 | 저지방 | 돼지고기 40g(로스용 1장) | 쇠고기 40g(로스용 1장) | 가자미 50g(소 1토막) | 동태 50g(소 1토막) | 건오징어채 15g |
| | |  | | | | |
| | | 멸치 15g(잔 것 1/4컵) | 북어채 15g | 물오징어 50g<br>(몸통 1/3등분) | 새우(중하) 50g(3마리) | 굴 70g(1/3컵) |
| | |  | | | | |
| | 중지방 | 돼지고기(안심) 40g | 쇠고기(등심) 40g | 햄(로스) 40g(2장) | 고등어 50g(소 1토막) | 꽁치 50g(소 1토막) |
| | |  | | | | |
| | | 갈치 50g(소 1토막) | 어묵(튀긴 것) 50g(1장) | 검정콩 20g(2큰술) | 두부 80g(1/5모) | 낫또 40g<br>(작은포장단위 1개) |
| | |  | | | | |

| 식품군 | | 식품 | | | | |
|---|---|---|---|---|---|---|
| 어육류군 | 고지방 | 닭고기(닭다리) 40g(1개) | 삼겹살 40g | 찜갈비 40g(소 1토막) | 양념갈비 40g(소 1토막) | 비엔나소시지 40g(5개) |
| | | 베이컨 40g(1 1/4개) | 참치통조림 50g(1/3컵) | 치즈 30g(1.5장) | 유부 30g(5장) | 뱀장어 50g(소 1토막) |
| 채소군 | | 연근 40g | 도라지 40g | 당근 70g(대 1/3개) | 단호박 40g(1/10개) | 시금치 70g (익혀서 1/3컵) |
| | | 애호박 70g (지름 6.5cm×두께 2.5cm) | 오이 70g(중 1/3개) | 표고버섯 50g(대 3개) | 느타리버섯 50g(7개) | 당근주스 50g(1/4컵) |
| 지방군 | | 참기름 5g(1작은스푼) | 땅콩 8g(8개) | 잣 8g(1큰스푼) | 호두 8g(중 1.5개) | 이탈리안드레싱 10g (2작은스푼) |
| 우유군 | | 우유 200cc(1컵) | 두유 200cc(1컵) | | | |
| 과일군 | | 곶감 15g(소1/2개) | 귤 120g | 바나나(생것) 50g (중 1/2개) | 배 110g(대 1/4개) | 오렌지 100g(대 1/2개) |
| | | 딸기 150g(중 7개) | 단감 50g(중 1/3개) | 사과(후지) 80g(중 1/3개) | 사과 1교환단위(1/3개) | |
| | | 수박 150g(중 1쪽) | | 키위 80g(중 1개) | 토마토 350g(소 2개) | |

출처 : 대한당뇨병학회

## ① 한식

**〈표 5-19〉 외식의 열량**

| 음식명 | 제공형태/제공량 | 주 내용물 | 교환단위수 | | | | | | | 열량 (kcal) |
|---|---|---|---|---|---|---|---|---|---|---|
| | | | 곡류군 | 어육류군 | | | 채소군 | 지방군 | 과일군 | |
| | | | | 저지방 | 중지방 | 고지방 | | | | |
| 갈비탕 | 갈비 1대 + 쇠고기 | 소갈비, 양지고기, 당면 | 0.5 | | 1 | 1.5 | | | | 280 |
| | | 밥 1공기 | 3 | | | | | | | 300 |
| 갈비구이 | 양념 포함 250g | 소갈비, 양파, 간장, 설탕, 참기름 | (5g) | | | 5 | 0.5 | 0.5 | | 550 |
| 김치찌개 | 400g | 김치, 돼지고기, 두부 | | | 1.5 | | 2 | | | 150 |
| | 밥 210g | 밥 1공기 | 3 | | | | | | | 300 |
| 물냉면 | 냉면사리 300g | 양지고기, 무, 오이 | 3.5 | | 1 | | 1 | | | 450 |
| | 육수 400cc | 달걀 1/2개 | | | | | | | | |
| 비빔냉면 | 냉면사리 300g 정도 | 젖은 냉면, 양지고기, 물엿, 무, 오이, 달걀, 설탕 | 3.5(9g) | | 1 | | 1 | 0.5 | | 500 |
| 된장찌개 | 뚝배기(小) | 감자, 호박, 두부, 바지락 | | | 1 | | 0.5 | | | 90 |
| | 밥 210g | 밥 1공기 | 3 | | | | | | | 300 |
| 불고기 | 양념 포함 250g | 쇠고기, 배, 양파, 설탕 | (5g) | | 3 | | 0.5 | 0.5 | 0.5 | 300 |
| 비빔밥 | 200g 정도 | 쇠고기, 고사리, 당근, 무, 시금치, 콩나물, 고추장, 설탕 | 0.5(2g) | | 1.5 | | 2.5 | 1.5 | | 280 |
| | 밥 210g | 밥 1공기 | 3 | | | | | | | 300 |
| 삼계탕 | 영계 1마리 | 영계, 마늘, 대추, 찹쌀, | 1.5 | | | 6.5 | | | | 800 |
| | 찹쌀 30g | 국수사리 | | | | | | | | |
| 설렁탕 | 고기 50g, 당면 15g | 양지고기, 사골, 당면 | 0.5 | | 1.5 | | | | | 160 |
| | 밥 210g | 밥 1공기 | 3 | | | | | | | 300 |
| 순두부백반 | 뚝배기(小) | 순두부, 돼지고기, 바지락, 달걀 | | | 3 | | 0.5 | 1 | | 280 |
| | 밥 210g | 밥 1공기 | 3 | | | | | 1 | | 300 |
| 육개장 | 고기 50g, 달걀 20g | 쇠고기, 고사리, 대파, 달걀 | | | 1.5 | | 1.5 | 1 | | 190 |
| | 밥 210g | 밥 1공기 | 3 | | | | | | | 300 |
| 전복죽 | | 쌀, 전복, 참기름 | 2 | 0.5 | | | | 1.5 | | 290 |

곡류군(g) : 단순당 함량 표시

## ② 일식

| 음식명 | 제공형태/제공량 | 주 내용물 | 교환단위수 | | | | | | | 열량 (kcal) |
|---|---|---|---|---|---|---|---|---|---|---|
| | | | 곡류군 | 어육류군 | | | 채소군 | 지방군 | 과일군 | |
| | | | | 저지방 | 중지방 | 고지방 | | | | |
| 메밀국수 | 삶은 면 350g, 물 250cc | 메밀국수, 양념장 | 4.5 | | | | | | | 450 |
| 생선초밥 | 1인분 250g 정도 | 전복, 장어, 문어, 새우, 참치, 새조갯살, 밥, 설탕 | 2.0 (6g) | 1.5 | 0.5 | | | | | 340 |
| 유부초밥 | 10개 300g 정도 | 김, 맛살, 오이, 우엉, 밥, 설탕 | 3(6g) | 0.5 | | | 0.5 | | | 360 |
| 회덮밥 | 200g 정도 | 참치, 상추, 양배추, 오이 | (9g) | 2.5 | | | 1 | 0.5 | | 220 |
| | 밥 210g | 밥 1공기 | 3 | | | | | | | 300 |

곡류군(g) : 단순당 함량 표시

## ③ 중식

| 음식명 | 제공형태/제공량 | 주 내용물 | 교환단위수 | | | | | | | 열량 (kcal) |
|---|---|---|---|---|---|---|---|---|---|---|
| | | | 곡류군 | 어육류군 | | | 채소군 | 지방군 | 과일군 | |
| | | | | 저지방 | 중지방 | 고지방 | | | | |
| 자장면 | 1그릇 | 국수, 양배추, 쇼트닝, 돼지고기, 양파, 오이, 호박, 설탕 | 4 (1g) | | 0.5 | | 2 | 4 | | 660 |
| 짬뽕 | 1그릇 | 국수, 양배추, 바지락 ,물오징어, 호박, 양파, 당근 | 3.5 | 1 | | | 2.5 | 2 | | 540 |
| 볶음밥 | 볶음밥량(350g)<br>자장소스(100g) | 밥, 돼지고기, 양파, 당근, 대파, 달걀, 자장소스 | 3.5 | | 1.5 | | 1.5 | 5 | | 720 |
| 탕수육 | 1접시(직경 29cm) | 돼지고기, 달걀, 녹말, 설탕, 양파, 오이, 당근, 버섯 | 3.5 (32g) | | 8.5 | | 1.4 | 14 | | 1780 |

곡류군(g) : 단순당 함량 표시

## ④ 양식

| 음식명 | 제공형태/제공량 | 주 내용물 | 교환단위수 | | | | | | | 열량 (kcal) |
|---|---|---|---|---|---|---|---|---|---|---|
| | | | 곡류군 | 어육류군 | | | 채소군 | 지방군 | 과일군 | |
| | | | | 저지방 | 중지방 | 고지방 | | | | |
| 돈가스 (포크커틀렛) | 직경 29cm 접시, 샐러드용 접시, 밥접시, 수프그릇 | 돼지고기, 달걀, 빵가루, 곁들이는 채소(튀긴 감자, 브로콜리, 당근), 채소샐러드(양배추 · 오이), 밥 또는 빵, 소스 포함, 크림수프 | 4.5 | | 2.5 | | 1.5 | 7 | | 980 |
| 안심 스테이크 | 직경 29cm 접시, 샐러드용 접시, 밥접시, 수프그릇 | 쇠고기, 곁들이는 채소, 채소샐러드, 밥 또는 빵, 소스 포함, 크림수프 | 3.5 | | 4 | | 1.5 | 4 | | 860 |
| 생선가스 (생선커틀렛) | 130g 정도 (생선 튀긴 것) | 동태살, 빵가루, 달걀, 밀가루, 곁들이는 채소, 밥, 크림수프 | 4 | 2 | 0.5 | | 1.5 | 7 | | 880 |
| 햄버그 스테이크 | 180g 정도(patty) | 쇠고기, 돼지고기, 빵가루, 달걀, 양파, 곁들이는 채소, 밥, 소스, 크림수프 | 4 | | 4 | | 2 | 3.5 | | 900 |
| 김치볶음밥 | 400g 정도 | 김치, 쇠고기, 양파, 당근, 피망, 밥 | 3.5 | | 1.5 | | 2 | 4 | | 610 |
| 오므라이스 | 20x30cm 타원형 접시 400g 정도 | 쇠고기, 당근, 피망, 케찹, 양파, 밥, 달걀 | 3.5 | | 1.5 | | 2 | 4 | | 680 |
| 카레라이스 | 20x30cm 타원형 접시 | 돼지고기, 양파, 감자, 당근, 샐러리, 카레, 밥 | 4.5 | | 1 | | 1.5 | 1 | | 600 |
| 피자 | regular, 9inch 480g 정도 | 밀가루, 토핑(피망 · 페파로니 · 쇠고기 · 양송이 등), 모차렐라치즈, 피자소스 | 5.5 | | 2 | 3.5 | 1 | 1 | | 1120 |
| 햄버거 | 40g 정도(patty) | 빵, 쇠고기, 돼지고기, 빵가루, 마요네즈 | 2 | | 1 | | 0.5 | 1 | | 330 |

## ⑤ 분식

| 음식명 | 제공형태/제공량 | 주 내용물 | 교환단위수 | | | | | | | 열량 (kcal) |
|---|---|---|---|---|---|---|---|---|---|---|
| | | | 곡류군 | 어육류군 | | | 채소군 | 지방군 | 과일군 | |
| | | | | 저지방 | 중지방 | 고지방 | | | | |
| 돌냄비우동 | 돌솥 | 국수, 흰떡, 어묵, 튀김새우, 대추, 맛살, 밤, 은행, 달걀 | 4 | 1.5 | 1 | | | | | 550 |
| 수제비 | 1그릇 | 밀가루, 감자, 바지락, 애호박 | 3.5 | 0.5 | | | 0.5 | 0.5 | | 410 |
| 칼국수 | 800g 정도 | 밀가루, 사골, 쇠고기, 애호박 | 3.5 | | 1 | | 0.5 | 0.5 | | 460 |
| 고기만두 | 1인분 10개, 300g | 밀가루, 무말랭이, 돼지고기, 대파, 간장 | 2 | | 1 | | 2.0 | 0.5 | | 340 |
| 사골만둣국 | 1그릇 | 밀가루, 숙주, 돼지고기, 양파, 두부, 쇠고기, 사골, 달걀지단 | 1.5 | | 2.5 | | 2 | 1 | | 420 |

⑥ 기타

| 식품명 | 어림치 | 중량(g) | 열량(kcal) | 식품명 | 어림치 | 중량(g) | 열량(kcal) |
|---|---|---|---|---|---|---|---|
| 라면 | 1개 | 120 | 500 | 핫케이크 | 1개 | 70 | 200 |
| 컵라면 | 1개 | 65 | 300 | 애플파이 | 1쪽 | 90 | 295 |
| 김밥 | 1개 | 30 | 40 | 피자 | 1쪽 | 100 | 250 |
| 유부초밥 | 1개 | 30 | 50 | 핫도그 | 1개 | 100 | 280 |
| 찹쌀떡 | 1개 | 70 | 160 | 햄버거(맥도날드) | 1개 | 100 | 260 |
| 개피떡 | 1개 | 30 | 80 | 햄버거(버거킹) | 1개 | 130 | 310 |
| 송편 | 1개 | 20 | 60 | 켄터키프라이드치킨 | 1쪽 | 70 | 210 |
| 소보로빵 | 1개 | 60 | 200 | 아이스크림 | 1개 | 60 | 100 |
| 링도넛 | 1개 | 30 | 125 | 밀크쉐이크 | 1컵 | 240 | 340 |
| 카스테라 | 1개 | 100 | 317 | 초콜릿 | 1개 | 30 | 150 |
| 파운드케이크 | 1쪽 | 70 | 230 | 캐러멜 | 6개 | 30 | 120 |

### 3) 식품교환군을 이용한 식단작성법

#### (1) 총 열량과 당질, 단백질, 지방의 필요량을 선정한다

① 열량의 구성비는 일반 환자식의 경우 당질 55~60%, 단백질 15~20%, 지방 20~25%의 비율에 따라 결정되며, 질병의 종류와 정도, 개인의 기호 및 적응도를 고려하여 배분한다.

② 열량배분의 비율에 따른 영양량을 중량으로 환산한다.

#### (2) 각 중량에 맞는 1일 식품교환 단위수를 결정한다

① 먼저 우유군, 채소군, 과일군의 단위수를 결정한다.

② 우유군, 채소군, 과일군의 당질, 단백질, 지방량을 계산한다.

③ 곡류의 교환단위를 결정 : 우유군, 채소군, 과일군의 당질 함량을 합한다. 이 양을 처방된 당질필요량에서 뺀다. 계산된 당질량을 곡류 1교환단위의 당질 함량인 23g으로 나눈다.

④ 육류군의 교환단위를 결정 : 우유군, 채소군, 곡류군의 단백질 함량을 합하여 처방된 단백질 함량에서 뺀 뒤 육류 1교환단위의 단백질량인 8g으로 나눈다.

⑤ 지방의 교환단위를 결정 : 우유군과 육류군의 지방 함량을 합하여 처방된 지방 함량에서 뺀 뒤, 육류 1교환단위의 지방량인 5g으로 나누어 교환단위를 결정한다.

(3) 식품군별 교환단위의 수를 3식으로 배분한다

(4) 각 끼니별 식품을 결정한다

(5) 식단을 작성한다

### 식품교환표를 이용한 식단작성의 예

#### (1) 1일 식품군별 교환단위수 결정

1일 열량 2,500kcal
당질(60%) : 375g, 단백질(20%) : 125g, 지방(20%) : 56g

〈표 5-20〉 식품군별 1일 교환단위수의 결정

<table>
<tr><th>교환군</th><th>식품군</th><th>교환단위수</th><th>당질(g)</th><th>단백질(g)</th><th>지방(g)</th><th>열량(kcal)</th></tr>
<tr><td>5</td><td>우유군</td><td>2</td><td>22</td><td>12</td><td>12</td><td>250</td></tr>
<tr><td>3</td><td>채소군</td><td>7</td><td>21</td><td>12</td><td>–</td><td>140</td></tr>
<tr><td>6</td><td>과일군</td><td>3</td><td>36</td><td>–</td><td>–</td><td>150</td></tr>
<tr><td rowspan="2"></td><td colspan="2"></td><td colspan="4">79 : 곡류를 제외한 당질 함유 식품군의 당질량</td></tr>
<tr><td colspan="6">…권장당질량(375g)에서 곡류를 제외한 식품군에서 나온 당질량(79g)을 뺀 뒤 곡류 1교환당 당질의 양인 23g으로 나누면 13</td></tr>
<tr><td>1</td><td>곡류군</td><td>13</td><td>299</td><td>26</td><td>–</td><td>1,300</td></tr>
<tr><td rowspan="2"></td><td colspan="3"></td><td colspan="3">52 : 어패류를 제외한 단백질 함유 식품군에서 나온 단백질량</td></tr>
<tr><td colspan="6">…권장단백질량(125g)에서 육류를 제외한 식품군에서 나온 단백질량(52g)을 뺀 뒤 어육류군 1교환단위당 단백질의 양인 8g으로 나누면 9</td></tr>
<tr><td rowspan="2">2</td><td>어육류군 저</td><td>6</td><td>–</td><td>48</td><td>12</td><td>300</td></tr>
<tr><td>어육류군 중</td><td>3</td><td>–</td><td>24</td><td>15</td><td>225</td></tr>
<tr><td rowspan="2"></td><td colspan="4"></td><td colspan="2">39 : 지방군을 제외한 지방 함유 식품군에서 나온 지방량</td></tr>
<tr><td colspan="6">…권장지방량(56g)에서 지방군을 제외한 식품군에서 나온 지방량(39g)을 뺀 뒤 지방군 1교환단위당 지방의 양인 5g으로 나누면 3</td></tr>
<tr><td>4</td><td>지방군</td><td>3</td><td>–</td><td>–</td><td>15</td><td>135</td></tr>
<tr><td colspan="3">총 영양량</td><td>378</td><td>124</td><td>54</td><td>2,500</td></tr>
</table>

### (2) 식품군별 교환단위수의 3식의 배분

〈표 5-21〉 1일 식사별 식단배분 구성표의 예

| 식사 | 곡류군 | 어육류군 | | 채소군 | 지방군 | 우유군 | 과일군 |
|---|---|---|---|---|---|---|---|
| | | 저 | 중 | | | | |
| 아침 | 4 | 2 | 1 | 2 | 1 | 1 | 1 |
| 점심 | 4 | 2 | 1 | 2.5 | 1 | | 2 |
| 저녁 | 4 | 2 | 1 | 2.5 | 1 | | |
| 밤참 및 간식 | 1 | | | | | 1 | |
| 계 | 13 | 6 | 3 | 7 | 3 | 2 | 3 |

### (3) 식단내용

〈표 5-22〉 식품교환표를 이용한 식단작성의 예

| 끼니별 | 조리명 | 주재료명 | 교환량 | 분량 | 소속식품군 |
|---|---|---|---|---|---|
| 아침 | 밥 | 쌀밥 | 3.5 | 245 | 곡류군 |
| | 쇠고기무국 | 참기름 | 0.5 | 2.5 | 지방군 |
| | | 쇠고기 | 1 | 40 | 어육류군 |
| | | 무 | 0.5 | 35 | 채소군 |
| | 새우튀김 | 새우 | 1 | 50 | 어육류군 |
| | | 달걀 | 1 | 50 | 어육류군 |
| | | 식용유 | 0.5 | 2.5 | 비장군 |
| | | 밀가루 | 0.5 | 15 | 곡류군 |
| | 시금치나물 | 시금치 | 1 | 70 | 채소군 |
| | 김치 | 배추김치 | 0.5 | 35 | 채소군 |
| | 과일 | 포도 | 1 | 80 | 과일군 |
| | 우유 | 우유 | 1 | 200 | 우유군 |
| 점심 | 보리밥 | 보리 | 1 | 30 | 곡류군 |
| | | 쌀밥 | 3 | 270 | 곡류군 |
| | 조개된장국 | 조개 | 1.5 | 75 | 어육류군 |
| | | 된장 | | | |
| | 달걀후라이 | 달걀 | 1 | 50 | 어육류군 |
| | | 식용유 | 0.5 | 2.5 | 지방군 |
| | 도라지무침 | 도라지 | 1 | 50 | 채소군 |
| | 애호박전 | 쇠고기 | 0.5 | 20 | 어육류군 |
| | | 애호박 | 1 | 70 | 곡류군 |
| | | 식용유 | 0.5 | 2.5 | 지방군 |
| | 김치 | 배추김치 | 0.5 | 35 | 채소군 |
| | 과일 | 귤 | 2 | 200 | 과일군 |
| 간식 | 빵 | 식빵 | 1 | 35 | 곡류군 |
| 저녁 | 밤밥 | 쌀밥 | 3 | 210 | 곡류군 |
| | | 밤 | 1 | 60 | 곡류군 |
| | 근대국 | 근대 | 1 | 70 | 채소군 |
| | 홍합초 | 홍합 | 2 | 100 | 어육류군 |
| | | 참기름 | 0.5 | 2.5 | 지방군 |
| | 햄볶음 | 햄 | 1 | 40 | 어육류군 |
| | | 식용유 | 0.5 | 2.5 | 지방군 |
| | 숙주나물 | 숙주 | 1 | 70 | 채소군 |
| | 김치 | 오이소박이 | 0.5 | 35 | 채소군 |
| 밤참 | 우유 | 우유 | 1 | 200 | 우유군 |

〈표 5-23〉 연령별 · 성별 식품군별 일일교환단위의 수

| 연령 | 성별 | 열량 (kcal) | 곡류군 | 어육류군 | | 채소군 | 과일군 | 우유군 | 지방군 |
|---|---|---|---|---|---|---|---|---|---|
| | | | | 저지방 | 중지방 | | | | |
| 1~3 | 남여 | 1,200 | 6 | 1 | 2 | 2 | 1 | 2 | 1 |
| 4~6 | 남여 | 1,600 | 8 | 1 | 3 | 3 | 1 | 2 | 3 |
| 7~9 | 남여 | 1,800 | 10 | 2 | 3 | 3 | 1 | 2 | 3 |
| 10~12 | 남 | 2,200 | 11 | 2 | 4 | 4 | 2 | 2 | 6 |
| | 여 | 2,000 | 11 | 2 | 3 | 4 | 2 | 2 | 4 |
| 13~15 | 남 | 2,500 | 13 | 3 | 5 | 4 | 2 | 2 | 6 |
| | 여 | 2,100 | 11 | 2 | 3 | 4 | 2 | 2 | 5 |
| 16~19 | 남 | 2,700 | 14 | 4 | 5 | 4 | 2 | 2 | 7 |
| | 여 | 2,100 | 12 | 2 | 3 | 4 | 2 | 2 | 4 |
| 20~29 | 남 | 2,500 | 13 | 4 | 4 | 4 | 2 | 2 | 6 |
| | 여 | 2,000 | 11 | 2 | 3 | 4 | 2 | 2 | 4 |
| 30~49 | 남 | 2,500 | 13 | 4 | 4 | 4 | 2 | 2 | 6 |
| | 여 | 2,000 | 11 | 2 | 3 | 4 | 2 | 2 | 4 |
| 50~64 | 남 | 2,300 | 12 | 4 | 3 | 4 | 2 | 2 | 5 |
| | 여 | 1,900 | 10 | 2 | 3 | 4 | 2 | 2 | 4 |
| 65~74 | 남 | 2,000 | 11 | 2 | 3 | 4 | 2 | 2 | 4 |
| | 여 | 1,700 | 9 | 1 | 3 | 3 | 2 | 2 | 3 |
| 75 이상 | 남 | 1,800 | 9 | 2 | 3 | 4 | 2 | 2 | 4 |
| | 여 | 1,600 | 9 | 1 | 3 | 3 | 2 | 1 | 3 |
| 임신 전반기 | | +150 | 11 | 3 | 3 | 4 | 3 | 2 | 5 |
| 임신 후반기 | | +350 | 12 | 4 | 3 | 4 | 3 | 2 | 6 |
| 수유기 | | +500 | 13 | 4 | 3 | 5 | 3 | 2 | 6 |

## 5-3 식비를 고려한 식단작성

식단을 실행하는 첫 단계는 식품을 구입하는 과정이다. 이를 합리적으로 하기 위해서는 식단에 요구되는 식품량을 목측량으로 환산하여 구입량을 계획하여야 하며 경제적인 측면과 식품의 질을 동시에 고려해야 한다.

### 1) 식품구입 시 유의점

① 장보기는 직접 식생활관리자가 하며, 혼자 해야 하고, 배가 고플 때는 과잉구매를 하게 되므로 피하는 것이 좋다.
② 시간, 에너지, 휘발유를 절약하기 위하여 저장장소가 허락하는 한 자주 가지 않도록 해야 한다.
③ 시간, 돈, 에너지 보존을 위하여 장보기의 계획을 세워야 한다.
④ 시장가격을 비교하고 시간과 에너지가 허용하는 범위 안에서 한 군데 이상의 시장에서 장을 보는 것이 좋다.
⑤ 쇼핑 목록을 작성할 때 광고를 이용하고 시장에서 더 좋은 구매품을 발견했을 때는 마음을 바꿔야 할 것이다.
⑥ 장보는 데 충분한 시간을 갖도록 하여 제품과 가격을 비교하고 표시를 읽는 데 여유를 갖도록 해야 한다.
⑦ 육류의 부위나 신선한 과일, 채소로부터 몇 인분의 양이 나올지 짐작할 수 있는 기술을 습득해야 한다.
⑧ 정기적으로 사는 식품들의 기격은 알아두어야 한다.
⑨ 단위가를 이용하여 다른 상표, 포장크기 종류, 다른 질의 것들을 비교해야 한다.
⑩ 다른 상표 제품을 사서 써 본다.
⑪ 계절식품을 많이 이용한다.
⑫ 인하판매가 있는 날에 장을 본다.
⑬ 새로 포장된 식품의 무게를 알아보고 인하판매 물품도 알아보아야 한다.
⑭ 저장능력과 필요에 따른 가장 큰 포장을 산다.
⑮ 용도에 따라 질의 등급을 정해 사도록 한다.
⑯ 개봉일 표시를 보아 신선도를 알도록 한다.
⑰ 식품비 예산이 풍부하지 않는 한 편이식품의 구입은 조심해야 한다.
⑱ 재료 표시를 연구하여 가격을 비교해 보아야 한다.

이상과 같은 것을 고려할 때, 식품을 구입하는 데 매우 중요한 과정은 식품표시제를 이용하는 것이다.

### 2) 단가별 음식 분류

단가를 고려한 식단작성은 영양과 기호를 고려한 식단작성 후 단가를 적용한다. 주식비와 부식비(중심이 되는 반찬류) 중 대체가 될 수 없는 식품(예 우유) 등의 순으로 단가를 적용한다.

**〈표 5-24〉 단가별 음식의 분류**

| 분류 | 단가 | 음 식 명 |
|---|---|---|
| 주식류 | 고 | 표고버섯밥, 완두콩밥, 밤밥, 고기덮밥, 장어덮밥, 닭고기덮밥, 냉면, 스파게티, 고기만두, 샌드위치 |
| | 중 | 콩나물밥, 고구마밥, 오므라이스, 잡채밥, 비빔밥, 칼국수, 영양빵, 만둣국 |
| | 저 | 보리밥, 강낭콩밥, 콩밥, 카레라이스, 채소덮밥, 자장덮밥, 달걀덮밥, 하이라이스, 볶음밥, 국수장국, 우동, 토스트 |
| 국·찌개<br>전골류 | 고 | 육개장, 설렁탕, 곰국, 조기국, 갈치두부찌개, 조기찌개, 쇠고기미역국, 도미전골 |
| | 중 | 닭국, 동태국, 만둣국, 감자탕, 오징어찌개, 된장찌개, 버섯전골 |
| | 저 | 북엇국, 감자찌개, 김치찌개, 우거지찌개, 미역국, 콩나물국, 두부전골 |
| 구이·전<br>볶음·튀김류 | 고 | 불고기, 갈치구이, 조기구이, 더덕구이, 고기볶음, 굴튀김, 새우튀김, 전유어, 장산적 |
| | 중 | 가자미구이, 고등어구이, 고구마당근튀김, 간전, 달걀부침, 지진햄, 조개전 |
| | 저 | 두부구이, 꽁치구이, 도라지구이, 김치볶음, 감자채볶음, 가지튀김, 김치전, 채소전 |
| 조림·찜<br>무침류 | 고 | 갈치조림, 장조림, 게찜, 도미찜, 겨자채, 족편채, 오징어채무침, 두릅나물 |
| | 중 | 돼지고기당근조림, 명태조림, 북어찜, 북어무침, 쑥갓나물, 애호박나물, 산나물, 고사리나물 |
| | 저 | 두부조림, 콩자반, 달걀찜, 가지찜, 양배추찜, 된장찜, 파래무침, 얼갈이무침, 짠지무침, 무나물, 양배추생채, 콩나물, 숙주나물, 오이생채 |

〈표 5-25〉 식비를 고려한 식단작성의 예

| 끼니 | 주·부식 | 음식명 | 재료명 | 100g당 가격 | 필요량 중량 | 필요량의 가격 |
|---|---|---|---|---|---|---|
| 아침 | 주식 | 찰흑미밥 | 강화미 | 245 | 90 | 220.5원 |
| | | | 찰흑미 | 600 | 30 | 180원 |
| | | 주식 합계 400.5원 | | | | |
| | 부식 | 쇠고기미역국 | 국산쇠고기 | 1009 | 10 | 200.5원 |
| | | | 건미역(청정원) | 880 | 3 | 2.원 |
| | | | 참기름(제일제당) | 129 | 2.5 | 3.2원 |
| | | 조기구이 | 백조기 | 1마리 700원 | 1마리 | 700원 |
| | | 도라지오이생채 | 통도라지(깐 것) | 303 | 45 | 148.5원 |
| | | | 오이 | 100 | 25 | 25원 |
| | | 냉이나물 | 냉이 | 206 | 70 | 144.2원 |
| | | | 참기름(제일제당) | 129 | 2.5 | 3.2원 |
| | | 배추김치 | 배추김치 | 130 | 70 | 91원 |
| | | 우유 | 우유(서울) | 1개 280원 | 200ml | 280원 |
| | | 부식 합계 1,598.6원 | | | | |
| | | 전체 합계 1,999.1원 | | | | |
| 점심 | 주식 | 찰흑미밥 | 강화미 | 245 | 90 | 220.5원 |
| | | | 찰흑미 | 600 | 30 | 180원 |
| | | 주식 합계 400.5원 | | | | |
| | 부식 | 버섯전골 | 양송이 | 492 | 25 | 123원 |
| | | | 느타리 | 700 | 25 | 175원 |
| | | | 팽이 | 333 | 20 | 66.6원 |
| | | | 콩나물 | 65 | 20 | 13원 |
| | | LA돼지갈비 | 수입돼지갈비 | 582 | 70 | 407.4원 |
| | | 떡볶이 | 떡볶이떡(쌀) | 180 | 180 | 324원 |
| | | 열무김치 | 열무김치 | 195 | 70 | 136.5원 |
| | | 토마토 1개 | 토마토 | 270 | 130 | 351원 |
| | | 부식 합계1,596.5원 | | | | |
| | | 전체 합계 1997원 | | | | |
| 저녁 | 주식 | 찰흑미밥 | 강화미 | 245 | 90 | 220.5원 |
| | | | 찰흑미 | 600 | 30 | 180원 |
| | | 주식 합계 400.5원 | | | | |
| | 부식 | 육개장 | 수입쇠고기(사태) | 651 | 50 | 358원 |
| | | | 숙주 | 79 | 15 | 11.9원 |
| | | | 고사리 | 263 | 15 | 39.4원 |
| | | | 대파 | 87 | 10 | 8.7원 |
| | | | 달걀 | 190 | 15 | 28.5원 |
| | | | 당면 | 300 | 15 | 45원 |
| | | 호박볶음 | 애호박 | 240 | 70 | 168.5원 |
| | | | 참기름(제일제당) | 129 | 5 | 6.5원 |
| | | 갈치구이 | 갈치(국산) | 1100 | 80 | 880원 |
| | | 깍두기 | 깍두기 | 110 | 50 | 55원 |
| | | 부식 합계 1,601원 | | | | |
| | | 전체 합계 2,001.5원 | | | | |

### 3) 식단작성의 활용

#### (1) 표준조리법

표준조리법은 식단작성 후 조리가 이루어지는 과정에서 누구나 동일한 식단이 될 수 있게 만들어주는 도구로 각 메뉴별로 구성된다.

#### (2) 조리계획표

표준화 · 전문화된 식단이 조리되면서 시간적인 계획이 없다면 많은 노동력의 낭비가 나타날 수 있다. 이는 곧 식비상승의 요인으로 직결된다. 이런 단점을 보완할 수 있도록 각 끼니별 식단 조리과정의 계획표를 작성해 두어야 한다.

## 5-4 급식소별 식단작성

### 1) 유아교육기관

#### (1) 기본원칙

① 합리적인 영양섭취를 통하여 전반적인 영양개선 효과를 기대할 수 있다.
② 식습관의 형성과 개선을 유도할 수 있다.
③ 통합적인 교육활동을 실시할 수 있다.
④ 경제적인 측면에서 급식의 단가를 낮출 수 있다.

#### (2) 유아를 위한 점심 및 간식의 기본계획

① 다양한 식품의 배합을 통해 개개인의 영양필요량을 만족시킬 수 있다.
② 신체발육에 필요한 칼슘과 단백질이 풍부한 식단을 구성한다.
③ 음식을 적절히 변화시킴으로써 항상 새로운 느낌을 주는 식단을 구성한다.
④ 소화하기 쉬운 방법으로 조리하며, 자극성이 강한 조미료는 되도록 사용하지 않는다.

⑤ 식품에 대한 유아의 기호를 고려하여 식단을 구성한다.

⑥ 음식의 색상, 질감, 형태, 맛에 있어서 적당한 조화를 이루도록 한다.

⑦ 음식은 여러 차례로 나누어 공급한다.

⑧ 간식은 세 끼의 식사에서 부족할 수 있는 영양소를 보충할 수 있게 구성한다.

### (3) 영유아 영양권장섭취기준

| 연령 | 신장(cm) | 체중(kg) | 에너지(kcal/일) | 단백질(g/일) | 칼슘(mg/일) | 철분(mg/일) |
|---|---|---|---|---|---|---|
| 1~2세 | 86.1 | 12.2 | 1000 | 15 | 500 | 6 |
| 3~5세 | 107.0 | 17.2 | 1400 | 20 | 600 | 7 |

### (4) 유아를 위한 식단작성의 순서

① 일일 및 한 끼 필요 영양소량을 결정한다. 유치원 아동(3~5세)에게 필요한 열량은 1일 1,400kcal이다. 1일 필요열량 및 영양량의 1/3 정도는 점심식단에서 공급하고, 1/10 정도는 간식을 통하여 공급한다. 3~5세 어린이의 경우 점심식사에서 약 480~540kcal의 열량을 공급하며 간식을 통해서 약 160kcal를 공급한다. 종일유치원의 경우에는 비슷한 영양가의 간식을 1회 정도 더 공급한다.

② 필요한 영양소를 공급하기 위한 음식 및 식품구성을 계획한다.

- 유아가 1일 섭취해야 할 식품의 종류와 양을 염두에 두고 먼저 주식을 밥과 빵, 국수, 일품음식 중에서 어떤 요일에 무엇을 급식할 것인가를 정한다.

〈표 5-26〉 유아 식사구성과 유의점

| 식사분류 | 1일 영양량에 대한 비율 | 열량 (kcal) | 식사구성 시 유의점 |
|---|---|---|---|
| 1일 열량 | 1.0 | 1,600 | |
| 아침식사 | 0.2 | 320 | 가정에서 공급한다. |
| 오전간식 | 0.1 | 160 | 아침식사를 하지 못한 유아들을 위해 배려한다. |
| 점심 | 0.3 | 480 | 고른 식품의 섭취와 다양한 맛을 즐길 수 있도록 구성하고, 국수와 일품음식은 교육활동을 고려하여 구성한다. |
| 오후간식 | 0.1 | 160 | 오후 낮잠 이후에 활동량이 증가되는 시기임을 고려하여 수분 및 필요영양소 보충을 위한 간식을 구성한다. |
| 저녁식사 | 0.3 | 480 | 가정에서 공급한다. |

- 식단의 기본형태를 고려하여 주식의 종류를 정한다.
- 주식이 정해지면 국의 종류와 조리법을 정한다. 식품에 대한 유아의 기호를 고려하여 고깃국, 생선국, 된장국, 찌개, 맑은국이 번갈아 구성되도록 한다.

〈표 5-27〉 음식별 유아의 기호도

| 음식의 종류 | 기 호 도 | | |
|---|---|---|---|
| | 높음 | 중간 | 낮음 |
| 밥류 | 쌀밥 | 범밥 | 보리밥, 콩밥 |
| 면류 | 자장면 | 칼국수 | 비빔국수, 수제비 |
| 일품요리 | 김밥, 자장밥, 볶음밥, 달걀덮밥 | 오징어덮밥, 잡채밥 | |
| 빵류 | 햄버거, 샌드위치 | 토스트 | |
| 국 · 찌개 | 미역국, 오뎅국, 곰국, 크림수프 | 감자국, 달걀국, 오징어찌개, 배추된장국 | 두부감자국 |
| 튀김 · 볶음 · 전 | 불고기, 돈까스, 닭튀김, 잡채, 달걀후라이, 오징어볶음, 감자크로켓 | 감자볶음 | 호박전 |
| 조림 · 찜 · 구이 | 김구이, 생선구이, 햄구이, 닭도리탕, 달걀찜, 달걀말이 | | 감자조림 |
| 생채 · 숙채 · 김치 | 과일샐러드, 동치미, 배추김치, 채소샐러드, 감자샐러드 | 콩나물무침, 깍두기, 단무지 | 가지나물 |

- 주요 부식이 되는 음식의 종류와 조리법을 결정한다.
- 주요 부식은 유아의 식품 기호뿐만 아니라 국과의 조화나 식사의 특성 등을 고려하여 쇠고기, 돼지고기, 닭고기, 생선, 달걀, 두부, 콩 등을 적절히 섞어가며 정한다.
- 조리방법도 구이, 조림, 볶음, 튀김 등으로 다양하게 변화시킴으로써 같은 식품재료를 사용하더라도 식단에 새로운 변화를 준다.
- 주식과 주요 부식이 정해지면 야채 반찬이 빠지지 않도록 유의한다. 야채의 조리방법은 생채, 숙채, 샐러드 등으로 다양하게 하며 반찬과 김치의 종류를 정한다.
- 점심식단의 기본 틀이 짜여지면 간식을 위한 음식 종류를 점심식단 및 교육과정을 고려하여 결정한다. 이때 식품의 종류를 열량이나 비타민, 무기질을 보충할 수 있는 식품 중심으로 분류한 후 결정한다.

〈표 5-28〉 유아식단의 예

| | 일자/요일 | 4(월) | 5(화) | 6(수) | 7(목) | 8(금) | 9(토) |
|---|---|---|---|---|---|---|---|
| 2주 | 오전간식 | 흑미연두부죽 | 표고버섯감자죽 | 완두애호박죽 | 당근콩죽 | 잔멸치김진밥 | 누룽지<br>호상요구르트 |
| | 점 심 | 현미밥<br>북어채국<br>돈육채소볶음<br>상추나물<br>석박지 | 차조밥<br>담백한 청국장<br>만두찜<br>봄동나물무침<br>깍두기 | 김가루주먹밥<br>잔치국수<br>감자호두범벅<br>아기우엉조림<br>배추김치 | 율부밥<br>콩가루배추국<br>닭갈비<br>유채나물무침<br>배추김치 | 쌀밥<br>열무된장국<br>수제돈가스/<br>브라운소스<br>쫄면채소무침<br>배추김치 | 참치김치볶음밥<br>미역국<br>브로콜리탕수육<br>달걀후라이<br>깍두기 |
| | 오후간식 | 딸기잼모닝빵<br>우유 | 양상추샐러드<br>우유 | 흑임자고구마강정<br>우유 | 치즈롤<br>우유 | 꿀떡<br>우유 | |
| | 열량(kcal) | 717.6 | 814.4 | 1034.5 | 904.5 | 906.6 | 680.2 |
| | 단백질(g) | 27.9 | 32.3 | 25.3 | 29.9 | 28.4 | 17.6 |
| | 칼슘(mg) | 241.3 | 268.8 | 338.9 | 281.5 | 293.6 | 287.1 |
| | 철분(mg) | 3.4 | 6.1 | 6.1 | 5.7 | 803.6 | 3.7 |

자료 : 전라남도 어린이급식관리지원센터

## 2) 학교급식의 식단작성

### (1) 기본원칙

① 영양량은 학교급식법 시행령 제3조에 규정된 학교급식 영양기준에 따라 산출하되, 연령과 성별 및 급식학생 수를 고려하여 영양기준에 미달되거나 지나치게 초과하지 않도록 한다.

② 성장발육에 필요한 식품구성안(식품구성탑)에 의한 5가지 식품군이 골고루 들어가도록 구성한다.

③ 열량 결정은 생활시간조사에 의하여 아침 : 점심 : 저녁 = 1 : 1.1 : 1.5로 결정한다.

④ 열량을 제외한 다른 영양소는 가정식사에서 부족되기 쉬우므로 1/3~2/5 정도로 한다.

⑤ 단백질 섭취량의 1/3 이상은 양질의 동물성 단백질로 섭취하도록 한다.

⑥ 비타민 · 무기질 급원인 채소 · 과일 등을 신선한 상태로 공급한다.

⑦ 우유는 최소한 200ml를 공급한다.

⑧ 밥은 20% 정도 혼식하여 잡곡을 많이 이용한다.
⑨ 다양한 식품을 접하여 미각의 폭을 넓히도록 한다.
⑩ 조리기구 · 조리인력 · 조리순서를 고려하여 다양한 조리법에 의한 식단을 작성한다.
⑪ 우리 전통음식의 특징을 살리고 절기에 맞추어 식단을 작성한다.
⑫ 조미료 사용은 가급적 줄이고, 음식 고유의 맛을 내도록 한다.
⑬ 계절식품을 이용하여 경제적인 식단이 되도록 한다.
⑭ 배식 시 1인분의 양과 색의 조화를 고려한다.

### 3) 산업체급식의 식단

산업체는 고도의 숙련된 기능과 함께 항상 피곤이 쌓인다. 직장 노동의 종류, 특성, 작업환경, 연령, 성별 등이 고려되어진 영양필요량을 생각하여 식단이 계획되어야 한다.

식단을 작성할 때의 주의점은
① 연령 · 성별에 따른 피급식자들의 기호를 고려한다.
② 피급식자가 항상 일정하며, 또한 cycle menu를 사용하므로 될 수 있는 한 음식의 중복이 없도록 식품의 재료 · 색 · 맛 · 모양 · 조리법을 다양하게 활용한다.
③ 조리실의 설비와 기구에 무리가 없는 식단으로 한다.
④ 계절식품을 잘 활용하면 영양면으로나 경제면으로 이점이 된다. 또한 계절의 별미는 식욕도 돋워준다.
⑤ 노동과 시간을 고려한다.
⑥ 식단을 평가해 본다(6군 식품의 배합, 계절성, 음식의 맛 · 모양 · 색 · 온도 등 같은 음식의 중복, 가격 · 시간 · 노동면 등).

**〈표 5-29〉 산업체급식식단의 예(1인분)**

| 요일 | 식단명 | 주재료 | 분량(g) |
|---|---|---|---|
| 월 | 흰밥 | 정부미 | 160 |
| | 만두김칫국 | 만두 | 3개 |
| | | 김치 | 100 |
| | 조기구이 | 조기 | 100 |
| | 고춧잎무침 | 고춧잎 | 80 |
| | | 고춧가루 | 2 |
| | | 참기름 | |
| | 깍두기 | 깍두기 | 100 |
| 화 | 흰밥 | 정부미 | 160 |
| | 추어탕 | 미꾸라지 | 80 |
| | | 닭 | 70 |
| | | 두부 | 50 |
| | | 우거지 | 100 |
| | | 토란대 | 80 |
| | | 들깨 | 8 |
| | | 갓 | 50 |
| | | 통고추 | |
| | | 고추장 | |
| | | 된장 | |
| | 쑥갓무침 | 쑥갓 | 100 |
| | | 참기름 | 1 |
| | 김치 | 김치 | 100 |
| 수 | 흰밥 | 정부미 | 160 |
| | 청국장국 | 청국장 | 50 |
| | | 우거지 | 100 |
| | | 국멸치 | 10 |
| | 쇠고기 | 쇠고기 | 70 |
| | 버섯볶음 | 버섯 | 80 |
| | | 당근 | 20 |
| | 콩나물무침 | 콩나물 | 100 |
| | | 고춧가루 | 3 |
| | 김치 | 김치 | 100 |

| 요일 | 식단명 | 주재료 | 분량(g) |
|---|---|---|---|
| 목 | 흰밥 | 정부미신곡 | 160 |
| | 닭무국 | 닭 | 130 |
| | | 무 | 100 |
| | 김구이 | 김 | 8 |
| | 배추김치 | 배추 | 120 |
| | | 된장 | 20 |
| | 갓김치 | 갓 | 100 |
| 금 | 쌀보리밥 | 정부미 | 140 |
| | | 보리쌀 | 20 |
| | 토란국 | 토란 | 100 |
| | | 들깨 | 8 |
| | 만두탕수 | 만두 | 3개 |
| | | 오이 | 40 |
| | | 당근 | 30 |
| | | 양파 | 30 |
| | | 식초 | 3 |
| | | 설탕 | 10 |
| | | 간장 | 15 |
| | 무 · 굴생채 | 무 | 100 |
| | | 굴 | 50 |
| | | 고춧가루 | 3 |
| | 김치 | 김치 | 100 |
| 토 | 흰밥 | 정부미 | 160 |
| | 쇠고기 | 쇠고기 | 30 |
| | 미역국 | 미역국 | 5 |
| | 오징어발 | 오징어발 | 80 |
| | 튀김 | 밀가루 | 20 |
| | | 식용유 | 30 |
| | 상추절임 | 상추 | 100 |
| | | 고추장 | 25 |
| | 깍두기 | 깍두기 | 100 |

## 5-5 식단평가

식사계획이 잘 되었는지 알아보기 위하여 식단이 목적에 부합되었는지를 먼저 평가해야 한다. 특히 자기 가정의 식생활면에서의 장 · 단점을 알아내어 단점을 시정하고, 가족의 건강유지와 체위향상을 위하여 영양적인 배려를 하고자 하는 것을 식단평가라고 한다. 식단을 평가하는 것은 앞으로의 식생활계획을 합리적으로 이끌어가기 위한 것이므로 가장 중요한 과정이라고 할 수 있다. 식단의 일반적 평가는 크게 영양적인 면, 경제적인 면, 기호적인 면, 능률적인 면으로 평가하면 좋다.

### 1) 식단의 영양학적 평가

식단의 영양학적 평가 시에는 섭취식품의 영양가를 알아보아야 한다. 우선적으로 열량의 과부족을 알아보아야 하며 다음으로 단백질의 질적 · 양적인 면을 검토하고 그 밖에 부족하기 쉬운 무기질 · 비타민의 영양가를 평가한다. 식품이 고르게 계획되어 있는지를 기초식품군의 권장량을 기준으로 평가하고 영양권장량과 비교하여 검토한다.

#### (1) 열량

식단의 열량은 20~29세 중등노동을 하는 남자의 것이 표준이다. 열량을 검토할 때에 각 식품량에 따르는 열량을 계산하고 아침 · 점심 · 저녁으로 나누어 매끼의 소계를 산출한다. 그 다음 1일의 총계를 산출하여 권장량과 비교해야 한다.

이때 하루 총 열량이 충분하더라도 아침 · 점심 · 저녁으로 나누어 예정했던 식사배분에 알맞은가도 알아보아야 한다. 너무 많은 열량의 차이는 좋은 것이라고 생각할 수 없다. 열량이 부족하였을 때에는 위에 부담을 주지 않을 정도의 많은 열량을 낼 수 있는 설탕이나 기름 등을 첨가하여 사용하도록 하는 반면, 열량에 있어 많은 초과가 있을 때에는 주로 주식인 당질 식품의 감량과 아울러 지방의 사용을 줄이도록 한다.

다음은 주식인 당질 식품에서 1일 필요열량의 몇 %를 취하고 있는가를 알아보아야 한다. 당질 식품에서 90% 이상의 열량을 취하게 되었다면 반드시 다른 영양소가 부족할 것이다. 우리나라에서 권장하는 당질은 1일 총 열량의 65% 내외이므로 많이 초과되지 않도록 한다. 이와 같이 열량에 있어서는 총 열량의 과부족, 열량의 배분 및 당질 식품을 통해서 섭취한 열량을 알아보아야 한다.

### (2) 단백질

인간이 건강을 유지하는 데 있어서 누구에게나 가장 필요한 영양소가 바로 단백질이며 단백질 급원식품은 비교적 값이 비싸고 양적으로 보았을 때 다른 영양소 함유 식품에 비하여 소량이므로 자칫하면 단백질 섭취가 부족되기 쉽다.

우리는 식품의 단백질을 통해 필요한 아미노산 중 필수아미노산을 얻을 수 있으며, 이러한 아미노산을 함유하고 있는 양질의 단백질은 주로 동물성 식품에 비교적 많이 함유되어 있으므로 단백질의 양적인 우열을 고려하여 취하도록 해야 한다. 그러므로 식사 때마다 동물성 단백질이 들어 있지 않으면 그에 대신할 수 있는 콩이나 콩제품을 사용해야 하므로 이 점을 주의하여 평가해야 한다.

특히 성장기 어린이, 임신부, 수유부에 있어서는 필요량의 2/3 이상을 양질의 단백질로 취하는 것이 이상적이라는 점을 참작하여 검토하여야 한다.

단백질의 질이란 식품 중의 필수아미노산 함량과 그 상호균형 및 조성에 의하여 판정된다. 필수아미노산을 다량 함유하고 있는 식품의 대부분이 동물성 식품이며 흔히 우수식품이라 불리는 달걀 · 우유 · 쇠고기 · 생선이 여기에 속한다.

필수아미노산의 함유량에 따라 단백가가 정해지며 단백가는 달걀이 100, 쇠고기 83, 우유 78, 생선 70인데 비하여, 채소류는 감자 56, 완두 58 등으로 그 값이 낮다. 따라서 2가지 식품을 혼합함으로써 단백가를 높일 수 있다.

우리는 우수한 단백질의 섭취에 중점을 두어야 할 것이며 식단평가에서 단백질의 질적인 면에서 부족됨이 없는가를 검토하여야 한다.

### (3) 무기질

무기질 중에서 특히 중요한 것은 철과 칼슘이다. 우유를 상용하지 않고 육어류를 많이 먹지 않는 우리나라와 같은 식생활에서는 철과 칼슘이 결핍되기 쉽다.

철의 공급을 위하여 미국에서는 반드시 주 1회 간요리를 식단에 넣고 있다. 철을 섭취하기 위해서 내장고기(특히 간 · 염통)를 많이 이용하는 것이 좋으며, EH한 녹색 채소를 하루 한 번 이상 취하도록 해야 한다.

칼슘 급원으로 우유가 가장 우수한 식품이나 우유를 상용하지 못할 때에는 칼슘섭취를 위하여 뼈째 먹는 생선인 멸치 · 뱅어 · 잔새우 등을 이용하도록 하고, 사골뼈를 이용한 국을 식단에 넣도록 한다. 우리나라의 식습관에서 가장 주의해야 할 점은 칼슘 함유식품을 식사 때마다 넣도록 해야 한다는 점이다.

### (4) 비타민

비타민의 급원식품으로는 녹황색 채소와 과실류가 있다. 식단에 반드시 녹황색 채소가 들어 있는가를 검토해 보아야 하며, 또한 조리법에 따라 비타민 손실량이 달라지므로 조리법 선택도 잘해야 한다.

우리나라에서는 봄과 겨울철에 비타민 A와 C가 부족되기 쉬우므로 특히 식단을 작성할 때 유의하여야 하며 식단을 평가할 때 검토해 보아야 한다.

또한 혼식을 함으로써 티아민의 결핍을 사전에 예방하도록 하며, 통곡빵은 흰빵보다 티아민과 리보플라빈 함량이 많으므로 빵도 통곡빵을 많이 이용하도록 한다.

### (5) 지방

우리나라의 식습관을 통해 보면 지방의 섭취량이 비교적 적으며 1일 1인당 50~60g을 취해야 하는 데 비하여 우리들의 식생활은 1일 30~40g에 불과하다. 이러한 점에서 지방을 다량 함유하고 있는 식품을 선택할 것과 조리법에 있어서도 기름을 다량 사용하는 튀김 · 볶음 · 전류 등을 많이 이용하도록 하는 것이 좋다.

그러나 과량의 지방 사용은 건강에 장애를 일으킬 우려가 있으므로 주의하여야 하며, 특히 중년 이후의 사람들에게는 동물성 지방을 사용하는 것보다는 식물성유를 사용하는 것이 좋다.

지방섭취에 있어서는 양적 · 질적인 면을 고려한 식품선택과 조리법을 검토해야 한다. 그리하여 육체노동을 많이 하는 사람에게는 다량의 지방을 취할 수 있는 방법을 연구하여 식단에 반영시키도록 한다.

### 2) 식단의 경제적 평가

식비예산 금액이 초과되었는지를 검토하고, 초과되었을 때는 그 원인을 검토한다. 즉, 충동구매에 의한 불필요한 식품, 구입식품의 가격, 식품저장 방법의 잘못에 의한 폐기, 구입시장의 잘못된 선택, 식품의 질 등을 검토해 보고, 대치식품과 계절식품의 활용을 시도해 본다. 식생활비는 수입의 많고 적음과 가족 수에 따라 달라지나 주로 주부가 가족의 건강을 위한 식생활에 얼마만큼의 비중을 두느냐에 따라 결정된다. 그러나 가족의 건강을 위해서는 수입에 무리가 되지 않는 한도 내에서 적정한 영양량을 공급할 수 있도록 식생활비를 결정해야 한다. 특히 저소득가정에는 자기 가정의 수입에 알맞은 식단을 작성하도록 해야 한다.

가격이 싼 식품 중에도 영양가가 높은 식품이 많으며 고가 식품이 반드시 영양면에서도 높은 평가를 받게 되는 것은 아니다.

주부의 영양지식과 아울러 물가에 대한 관심이 클수록 가족의 영양식을 위하여 양적 · 질적으로 우수한 식단을 계획할 수 있다고 본다.

보통 가정의 수입이 증가하면 당질 식품의 섭취가 감소되고 이에 따라 동물성 식품의 섭취가 증가된다. 고소득층은 비교적 영양 위주보다는 기호식품에 치우치기 쉬우며 육어류의 과잉섭취 경향이 높다.

위와 같이 가정의 소득증감에 따라 식단이 점차적으로 변화되고 있다. 그러므로 물가수준에 따라 가족의 식생활비를 최대한으로 활용하려면 주부는 식품에 대한 지식과 아울러 항상 물가를 알아보고 수입에 맞는 영양량을 제공하도록 해야 한다. 여기에서 주의해야 할 점은 가족의 식생활을 일정한 비용에 맞추는 것이 중요한 것이 아니고 가족에게 필요한 영양량을 제공하는 데 알맞은 식생활비를 물가에 따라 조정하여 결정하도록 해야 한다는 점이다.

### 3) 식단의 능률적인 면 평가

#### (1) 식단구성의 단위

좋은 영양상태를 유지하려면 면밀히 계획된 식단에 의한 식생활 실천이 있어야 한다. 면밀히 계획된 식단은 먼저 식단의 구성단위가 적절하여야 하므로 이 점을 살펴보아야 한다. 보통 가정에서 식단구성의 단위는 3일, 5일, 7일로 되어 있고, 단체급식의 경우는 7일 또는 10일 단위로 계획된다.

1주일을 단위로 식단을 작성하면 한 달 동안에 같은 식단을 4회 정도 반복하게 되는 이점이 있을 뿐만 아니라 식품구입 면에서도 여러 가지 간편한 점이 있다. 그러나 자칫하면 주 단위식 식단은 같은 식단의 반복임을 알 수 있게 되어 가족들이 식단에 대한 기대와 관심이 적어지기 쉽다.

10일 주기로 되어 있는 식단은 한 달 동안에 3회 중복하게 되므로 편리한 점은 있으나 역시 주 단위식 단위와 같이 중복됨을 알았을 때는 싫증을 가져오기 쉽다. 또한 가정마다 특별식단을 마련하게 되는 주말식단이 주중으로 오게 되어 여러 가지 불편을 가져오기도 한다.

식단구성의 단위는 가정형편에 따라서, 또는 주부의 생활양식에 따라 정해야 하며 되도록 가족이 식단의 중복을 느끼지 않도록 하여야 한다.

식단은 지역적 조건과 수입, 생활양식에 따라 달라지게 되므로 어떤 일정한 형식이 가장 좋다고는 말할 수 없다. 만일 주부가 가계부를 쓰고 있을 경우에는 주 단위식 식단을 사용하는 것이 편리하다. 일반가정에서는 주말에 특별히 공들여 만들 수 있는 음식이나 가족의 기호를 중요시한 음식들을 접대하게 되므로 주 단위식 식단을 사용하는 가정이 많다.

#### (2) 가족구성과 식단

가정에 따라 가족구성이 각각 다르며 각 개인의 연령, 노동량 또는 근육활동량에 따라 영양필요량에 차이가 많으므로 식단을 작성할 때는 가족구성을 미리 검토하여 알맞은 식단을 작성하도록 한다. 어린이들과 어른, 청년층과 노인층의 식성 · 식용 · 소화력 · 기호가 제각기 다르므로 식단내용에 있어 모든 가족에게 적합하게 하는 것을 원칙으로 한다.

노인들은 식욕이 적고 많은 양의 식사를 한꺼번에 취하기 어려우므로 섬유질이 많은 채소나 질긴 고기 등은 되도록 삼가고 포만감을 주지 않으며 영양가 높은 식품을 택하도록 하는 것이 좋다. 흔히 노인들의 식욕을 돋우기 위하여 자극성이 많은 조미료를 사용한 짜고 매운 젓갈류를 섭취하고 있으나 이러한 음식은 여러 가지 병을 유발하는 원인이 되므로 삼가도록 한다.

이에 반해 어린이는 식욕은 왕성하나 소화능력이 완전하지 못하므로 소화되기 쉽고 위에 부담을 주지 않는 식품을 구입하도록 한다. 성장기 어린이는 성장에 필요한 단백질과 열량을 충분히 공급하도록 하고, 생리작용을 조절하는 데 필요한 무기질과 비타민 등을 충분히 섭취해야 한다.

임신부나 수유부의 경우에는 특별히 주의해야 할 영양소가 무엇인지 알아보고 양적·질적인 면에서 우수한 식품을 선택하도록 한다. 가족 중 건강에 장애가 있는 사람은 의사의 지시에 따라 그에게 필요한 식단을 작성하여야 한다. 운동을 많이 하는 젊은 학생에게는 식품의 섭취량을 증가시킴으로써 그에게 필요한 영양량을 충당할 수도 있다. 가족 수에 따라서 복잡한 조리를 피해야 할 때도 있고 또한 인스턴트식품을 사용해야 할 때도 있다.

이와 같이 식품이나 조리법 선택에 있어 각 가정에게 알맞은 영양량을 충족시키기 위하여 식단을 작성할 때 가족구성과 주부가 식생활 준비에 충당할 수 있는 시간적인 여유를 생각하여야 한다. 대가족일수록 식단은 간단한 것이어야 하며 조리법도 간소한 것을 택하는 것이 좋다.

### 4) 식단의 기호적 평가 및 일반적 평가

가족구성원이나 식사대상의 기호가 잘 반영되었는지, 식단의 변화가 있는지, 음식의 맛·색의 배합·음식의 질감·음식온도·담은 모양 등과 식탁 분위기도 검토해 본다.

(1) 식품의 배합

여러 영양소가 고루 배합되어 있는 이상적인 단위식품은 극히 드물다. 만일 모든 영양소가 1가지 식품에 이상적으로 배합되어 있다면 다른 식품을 곁들여 먹을 필요가 없을 것이다.

하나하나의 식품은 제각기 특징을 가지고 있고 영양소별로 그 함유량이 다르므로 식품을 배합할 때에는 그 식품이 가지고 있는 특성을 잘 살려서 배합하도록 해야 한다. 예를 들면, 우유는 우수한 식품에 속하나 철의 함량이 적기 때문에 철이 다량 함유되어 있는 난황으로 보충시켜 조리하는 커스터드푸딩 또는 스크램블드에그 등의 음식으로 만들어 먹도록 하는 것이 좋다.

쌀에는 리신과 트립토판 등의 아미노산이 부족하므로 이러한 아미노산이 많이 함유되어 있는 콩류를 섞어서 콩밥을 지어 먹도록 하는 것 등이 식품을 배합할 때 주로 생각해야 할 점들이다.

하나하나의 식품은 영양량에 있어서나 맛, 텍스처가 각기 다르므로 식품배합 시 영양면뿐만 아니라 맛과 텍스처, 색의 배합까지도 생각해야 한다.

먼저 누구나 손쉽게 식단을 평가할 수 있는 방법으로 식사구성에 따라 5가지 식품군이 골고루 포함되어 있는가를 검토하는 것이다.

두 번째로 생각할 것은 하루 총 열량의 60~65% 정도를 당질 식품에서 취해야 한다는 것이다. 많은 양의 당질을 섭취하면 열량공급은 충분하나 다른 영양소의 섭취가 부족되기 쉽기 때문이다.

다음으로 생각할 것은 국민영양조사 결과 부족된 영양소 섭취를 강조하도록 해야 한다는 점이다. 2000년 국민영양조사 결과에서 보면 에너지, 칼슘, 비타민 A, 리보플라빈이 영양권장량에 대한 섭취비율이 낮게 나타나 이들의 영양소 함유식품을 고려하여 식단에 적극 활용해야 한다.

그러므로 식단을 작성할 때에는 이러한 점에 주의하여야 하며 나아가 가정마다 특수한 식습관과 가족의 기호에 따라 식품선택이나 조리법에 있어 다양하게 구성한다.

식단을 작성한 다음에는 음식명과 식품명을 쓰고 반드시 이것을 식품구성상에 의한 5가지 식품군으로 나누어 평가하도록 해야 한다.

균형 잡힌 식생활은 다양한 식품배합과 편식하지 않는 식습관에서 이루어질 수 있다. 그러므로 식단을 작성할 때에는 기초식품군의 배합을 적절히 하여 가족에게 균형 잡힌 음식을 제공하도록 한다.

(2) 계절식품과 향토식품의 이용

우리나라는 사계절의 기온차이로 인하여 생산되는 식품의 종류가 계절에 따라 다르다. 계절식품은 영양가도 높고 식품의 향기와 맛이 좋을 뿐만 아니라 가격 면에서도 비교적 싸므로 계절식품을 많이 이용하는 식단이 더 좋다고 본다. 특히 환절기에는 누구나 새롭고 신선한 식품을 좋아하게 된다.

봄이 오면 봄의 향기를 풍기는 산나물, 여름이 되면 풍성한 과일(수박 · 복숭아 · 참외 등)과 채소(오이 · 호박 · 상추), 가을이 오면 구수한 맛을 내는 버섯찌개와 배춧국이, 겨울이면 기름진 곰국과 김구이 등은 계절에 따라 계절식품을 사용하는 좋은 식단의 예이다. 특히 생선에 있어서 봄에는 조기, 여름에는 민어, 가을과 겨울에는 대구 · 동태 등 계절에 따라 새로이 나오는 생선을 택하는 것이 좋으며 나아가 계절에 따라 생산되는 식품을 가정에서 여러 형태로 정하였다가 적절히 식단에 사용하는 것도 좋다. 즉, 봄에 생산되는 조기로 조기젓을 담그는 것, 여름에 흔한 오이로 오이지를 담그는 것, 가을에 호박을 말려 호박고지를 만들어 두는 것 등은 계절식품을 적절히 활용하는 하나의 방법이다. 우리는 어려서부터 먹어온 향토식품을 그리워한다. 언제 어느 곳에서나 향토식품을 보면 반갑고 먹고 싶은 충동을 느낀다.

향토식품은 그 고장에서 생산되는 식품으로 조리방법에서도 고장에 따라 다양한 것을 찾아볼 수 있다. 감자를 많이 생산하는 강원도에서는 감자로 떡을 만들고, 녹말가루를 만들어 국수도 만들며, 고추장을 담그는 등 이용도가 많다. 요즈음 다량 생산되는 귤은 제주도에서 많이 생산되며 비타민 C의 급원이 된다.

자기 고장에서 생산되는 식품과 오랜 정통을 가지고 내려온 조리법은 그 지방 사람들의 식욕을 돋울 수 있으며, 또한 저렴한 가격으로 식사의 질을 높일 수 있다.

계절식품과 향토식품을 이용하는 것은 경제적인 측면과 식품의 영양적인 측면에서 유익한 것이다. 특히 연중행사의 음식준비를 위해 향토음식을 많이 이용하게 된다. 그러므로 매일의 식단에서 계절식품이나 향토식품을 이용했는지 알아보아야 한다.

〈표 5-30〉 계절별 식단작성 시 고려사항

| 계절 | 월 | 주 요 식 품 |
|---|---|---|
| 봄 | 3 | 소라 · 대합 · 조개 · 시금치 · 쑥갓 · 미나리 · 냉이 · 물쑥 등이 나오며 초맛이 나는 개운한 맛을 이용한다. |
| | 4 | 산나물 · 두릅 등 봄냄새가 가득한 채소로 나물 또는 국을 끓이고 상추 · 풋고추 등의 새로운 채소로 산뜻한 음식을 만들어 가족의 입맛을 돋워준다. |
| | 5 | 죽순 · 우엉 · 고사리 · 고비 · 취 · 도라지 · 오이 · 호박 등이 선을 보이고 식탁에는 여러 가지 묵은 음식보다는 햇채소를 이용한다. 조기 · 병어 · 숭어 등이 나오므로 조깃국 · 병어회 · 조림 등은 좋은 반찬이다. |
| 여름 | 6 | 햇감자 · 둥근파 · 완두 · 양배추 · 호박 · 오이가 흔한 계절이며, 완두콩밥 · 감자국 · 둥근파전 등이 좋은 음식이다. 상추쌈도 한창이며 딸기 · 앵두 · 토마토 등을 흔하게 볼 수 있다. 준치 · 민어가 선을 보이고 점차로 쇠고기보다는 생선을 많이 사용하게 된다. |
| | 7 | 더위로 인하여 입맛이 없어지므로 변화 있는 부식을 준비하도록 한다. 고추조림 · 마늘쫑장아찌 · 깻잎찜 · 열무김치 · 민어지지미 · 영계백숙 등을 즐기며, 돼지고기나 쇠고기보다는 닭이나 생선을 이용하는 것이 좋다. 수박 · 참외 · 복숭아 등의 과일이 한창이므로 과일을 많이 먹게 된다. |
| | 8 | 복중의 더위로 식욕이 없고 모든 음식이 잘 쉬는 때이므로 식중독에 주의하며 식품관리를 잘해야 한다. 가지 · 호박 · 오이 · 감자 · 더덕 · 부추 등의 채소가 흔하며 낙지 · 오징어 · 민어 등의 생선을 이용하는 것이 좋다. 오이냉국 · 미역냉국 · 냉면 등 찬 음식을 좋아하고 땀을 많이 흘려 부족되기 쉬운 염분을 보충하기 위해 짭짤한 반찬을 요구하게 된다. 포도가 선을 보이게 되며 햇고구마 · 버섯류가 나오므로 이러한 것을 이용하면 좋다. |
| 가을 | 9 | 선선한 바람과 함께 입맛이 돌게 된다. 고등어 · 정어리 등의 기름진 생선이 나오게 되며 밤 · 대추 · 배 · 사과 등의 과일이 흔하게 된다. 채소도 여름철과 다름없이 많은 종류가 나돌고 있고, 특히 무 · 배추의 맛이 어느 계절보다 좋은 때이다. 토란 · 연근 등이 나오며 고구마줄기로 나물을 해먹는 것도 다채로운 반찬이 된다. |
| | 10 | 1년 중 가장 좋은 수확의 계절이며 모든 식품이 풍부한 때이다. 토란 · 송이 · 당근 · 무 · 배추 등이 풍부하고 풋고추 · 호박 · 오이 등도 많이 나온다. 가지 · 호박을 말려 두고 무로도 장아찌를 준비할 때이다. 밤 · 감 · 대추 · 사과 · 배 · 귤 등 햇과일이 풍성한 때이다. 갈치 · 오징어 · 청어 · 연어 등을 볼 수 있게 되니 이러한 생선을 이용하면 좋다. |
| | 11 | 국 · 조개 · 동태가 한창이며 김장준비를 해야 할 달이다. 햇김구이 · 미역국과 내장을 넣고 끓인 배춧국, 왁저지 등이 좋은 반찬이다. 밑반찬도 준비해야 하며 명란젓 · 오징어젓 · 굴젓 등을 준비한다. 곶감 · 황밤 · 낙화생 등 건과가 흔한 때이다. 귤과 유자가 한창이므로 비타민 C를 취하도록 절여서 차로 끓여 마셔도 좋다. 특히 구수하고 뜨거운 음식을 좋아하게 되므로 조리법에 주의해야 한다. |
| 겨울 | 12 | 날씨가 추우므로 뜨거운 국이나 찌개가 꼭 있어야 하고 나물도 생채보다는 숙채가 좋다. 된장국 · 고추장찌개 등을 좋아하고 많은 열량을 낼 수 있는 조리법을 사용한 튀김음식과 전류를 좋아하게 된다. 사과와 귤이 흔한 때이며 낮보다는 밤이 긴 때이므로 밤참을 준비하는 것이 좋다. 곰국 · 북엇국 · 콩나물국 등이 좋으며 동태 · 굴 · 대구 등의 생선이 많이 나온다. |
| | 1 | 날씨가 추우므로 찜 · 전골 등을 많이 먹는다. 지방이 풍부한 식품을 택할 것이며 기름을 많이 사용하는 조리법을 사용하는 것이 좋다. 떡국 · 수정과 · 식혜 등 정월음식을 만들어 먹게 된다. 두부전골 · 김치전골 · 굴전골 · 낙지전골 등이 좋은 반찬이다. |
| | 2 | 김장김치도 떨어지고 얼갈이배추로 햇김치를 담아 먹게 된다. 당근 · 시금치 · 오이 등이 선을 보이게 된다. 정어리 · 대구 · 조개 등으로 찌개나 조림을 만들어 먹는 것도 좋다. 모든 채소가 비싸므로 비타민이 부족하지 않도록 주의한다. |

제6장

# 주방관리

Meal Management

## 6-1 식품의 보존 · 저장

식품의 보존이란 식품자원을 최대한 이용하는 것으로 식품의 가식 부분의 낭비를 없애거나 최소화하는 것을 의미한다.

1999년 우리나라의 생활폐기물은 하루에 4.6톤으로 그 중 64%가 매립되고 전체 폐기물은 해마다 증가하고 있으나, 종량제의 실시에 따라 음식물 등 생활폐기물은 감소하고 있다. 음식물쓰레기는 종량제 실시 이후 해마다 감소하고 있으나 버려지는 음식물을 화폐로 환산하였을 때 연간 15조 원이 된다. 음식물 쓰레기란 농 · 축 · 수산물 유통과정 중에서 버려지는 쓰레기(42.9%), 가정 또는 음식점에서 조리과정 중 식품을 다듬고 버리는 식품 쓰레기(42.9%), 먹고 남긴 음식물 찌꺼기, 보관했다가 그냥 버려지는 식품폐기물(28.2%) 등이다. 또한 필요 이상으로 너무 많이 차린 식단으로 인해 먹고 남은 음식, 너무 많은 식품을 구매해서 유통기한이 초과된 식품(28.2%), 부주의로 변질된 식품 등이 폐기된다. 음식물 쓰레기는 가정에서 버려지는 것이 가장 많고(69%), 음식점, 대형 유통업소, 구내식당에서 버려지는 것이 그 다음(31%)이다. 그 중 채소류(51.4%)가 가장 많고, 어육류, 곡류, 과일류(37.4%), 상해서 버려지는 음식은 10.1%로 파악되었다.

### 1) 식품낭비의 조절

식생활관리자는 식품의 낭비를 줄이고 경제적 절약을 도모하여야 한다.

(1) 필요 이상의 식품을 구매하지 않으며 다음의 조건을 갖추었을 때 구입한다.

- 위생적인 조건이 최적일 때
- 냉장고가 최적 온도일 때
- 식품이 깨끗하고 선선할 때
- 육류가 잘 포장 · 저장 · 보호되어 있을 때
- 집이 잘 정리되어 있을 때만 사야 한다.

(2) 찢어진 포장이나 잘라진 상품, 튀어나오고, 찌그러지고, 새거나 녹슨 통조림은 사지 않아야 한다.

(3) 목표에 어긋나지 않는 식품들을 조심스럽게 선택하여 구매한다. 식품이 상하거나 질적으로 손실되는 것을 피하기 위하여 장을 본 후 곧바로 부엌으로 운송해야 한다. 부엌에서는 모든 식품을 적합한 장소에 잘 보관하여 안전하게 보존한다.

- 감자, 사과, 양파 등은 주방 싱크대 밑에 넣어두면 물이 샐 때 오염되기 쉽고 개미나 바퀴벌레로부터 오염될 수 있으므로 싱크대 밑에 넣지 않는 것이 좋다.
- 가스레인지나 열원 근처에는 음식을 놓아두지 말아야 한다.
- 상하기 쉬운 식품을 잠시라도 주방 선반 위에 내놓지 말아야 한다.

### 냉장고칸의 이용방법

1. 신선실 : 영하 1도에서 영상 1도 사이로 냉장실 중 온도가 가장 낮은 곳이므로 2~3일 안에 먹을 육류·생선을 보관하거나 변질되기 쉬운 치즈·버터·햄· 소시지 보관에 이용한다.
2. 야채실 : 수분이 많은 채소는 얼 수 있는 위험이 있으므로 채소실에 보관하되 눌려 짓무르거나 수분이 날아가 시들지 않도록 하는 것이 중요하다.
3. 냉장실 : 반찬류, 음식 재료나 수박 등의 큰 과일, 김치, 장류 등을 용도에 따라 정리하는 것이 좋다.
4. 냉장실 도어포켓 : 냉장실에서 온도가 가장 높으므로 변질 위험이 적거나 온도가 너무 낮을 때 손상이 가능한 물병, 각종 음료수, 계란, 잼, 케첩, 마요네즈, 장아찌류의 보관에 적당하다.
5. 냉동실
   - 마늘, 생강, 파, 실파, 고기 다진 것을 비닐랩 등에 넣고 사용하면 편리하다.
   - 밥, 빵 등의 냉동 : 얼린 식빵을 구워 먹거나, 밥을 한 끼 분량씩 냉동보관했다가 전자레인지에 데워 사용한다.
   - 생크림케이크는 얼렸다가 상온에서 자연 해동시키면 좋다.
   - 육류의 표면에 식용유를 발라 랩으로 싸두면 신선하게 유지되며, 머리와 내장을 분리한 생선은 소금물에 씻어 물기를 뺀 후 1회 분량씩 지퍼백에 넣어 얼린다.
6. 냉동실 도어포켓 : 곰국, 멸치국물은 용기를 이용해 얼려 두거나 팥, 콩, 깨 등의 잡곡류를 보관한다.

## 식품보관 요령

식품을 안전하게 먹기 위하여, 또 낭비를 줄이기 위하여 다음과 같은 방법으로 보관하여야 한다.

1. 냉동식품은 즉시 냉동고에 넣어야 하며 냉동고는 –20℃를 유지하여야 한다. 냉동고의 온도가 –10℃가 되면 식품의 질이 빨리 나빠지기 때문에 저장기간이 짧아진다.
2. 신선한 육류, 가금류, 어류는 잘 포장하여 냉장고의 제일 찬 곳에 보관하거나 육류저장실에 넣어 둔다.
3. 달걀은 플라스틱 포장상태 그대로 냉장고에 넣는다. 몇 주일 동안은 사용 가능하나, 질이 좋을 때 쓰려면 2주일 안에 사용해야 한다.
4. 유제품은 곧 냉장고에 넣는다. 우유와 크림은 1주일 정도까지는 신선하며, 특별 살균 처리된 크림은 열지 않으면 더 오래까지 사용할 수 있으나 일단 연 후에는 빨리 상한다. 탈지분유와 깡통연유는 상온에 저장할 수 있으나 수화시킨 후에는 신선한 우유와 같이 취급해야 한다.
5. 치즈는 잘 싸서 질의 손실과 곰팡이 생성을 방지하기 위하여 냉장고에 보관한다.
6. 버터와 마가린은 식품의 냄새를 흡수하므로 잘 싸서 냉장시킨다. 냉동고에 두 달까지 저장할 수도 있으며, 라드와 기름은 냉장시키고, 쇼트닝은 대개 상온에서 보관한다.
7. 잼, 젤리, 시럽, 꿀, 피넛버터 등은 일단 개봉 후에는 냉장시켜야 곰팡이가 안 생기며, 마요네즈와 드레싱은 산패되는 것을 막기 위해 냉장시켜야 한다.
8. 모든 깡통식품은 서늘하고 건조한 장소에 보관한다. 일단 깡통을 연 후에는 유리나 플라스틱 용기에 옮겨 냉장시키는 것이 바람직하다.
9. 빵은 잘 싸서 빵상자에 보관하거나 곰팡이가 잘 생기는 기후에는 잘 싸서 냉장고나 냉동고에 보관한다. 냉장고에 보관하면 부드러움이 없어지나 냉동고에 보관하면 질의 손실이 전혀 없이 잘 보관된다. 빵껍질은 버리지 말고 말려서 빵가루로 사용한다.
10. 곡류, 크래커, 밀가루, 향신료, 설탕 등 마른 식품들은 수분이 못 들어가게 밀폐된 용기에 넣고 불 근처를 피하여 저장한다. 만일 날씨가 아주 무덥고 습기가 많으면 향신료, 밀가루는 냉장고에 보관하여 벌레가 생기지 않도록 한다. 고춧가루는 잘 싸서 냉동고에 보관하면 오래 사용할 수 있고, 고운 색도 보존된다.
11. 과일은 상하기 쉬우므로 낭비를 줄이기 위하여 빨리 먹는 것이 좋으며, 보관해야 할 경우 조심하여 냉장보관한다. 덜 익은 과일은 익을 때까지만 상온에 보관하였다가 곧 냉장시킨다.
12. 채소는 과일보다는 덜 상하나 역시 냉장시켜야 한다. 물기가 없어져서 마르는 것을 막기 위하여 뚜껑이 있는 용기나, 플라스틱 봉지, 냉장고의 채소 서랍에 보관해야 한다. 파, 피망, 오이, 시금치 등은 물기 없이 보관해야 하며 감자, 양파, 무 등은 건조하고 서늘한 곳에 저장해야 한다.

## 6-2 주방의 위생관리

식품은 시장에서부터 주방까지 운반할 때나 혹은 주방에서 잘못 취급하면 식품의 낭비일 뿐만 아니라 식품의 부패가 일어난다. 주방의 위생상태는 도마, 칼, 부엌도구, 부엌 표면 등이 좋아야 함은 물론 식생활관리자의 손이 식품에서 식품으로 전달되는 오염이 없어야 한다. 냉동식품은 냉장고 안에서 해동시키거나, 위험한 온도범위(4~60℃) 안에 있을 때는 박테리아의 성장을 억제하기 위하여 냉동상태로 조리하기도 한다. 모든 조리된 식품을 즉시 냉장시키는 것도 이러한 이유에서이다. 식중독을 일으키는 박테리아인 살모넬라, 웰치균, 포도상구균 외에 병원성 대장균 O-157과 같은 신종 식중독균의 등장으로 식품안전성 문제를 해결하기 위해 HACCP(Hazard Analysis Critical Control Point)시스템을 우리나라에서도 1995년부터 시행하고 있다.

주방에서의 위생관리를 요약하면

- 식품의 낭비를 줄이는 것이 식품을 보존하는 것이며
- 구매를 잘해야 하고
- 저장을 잘하여 식품을 보관하고
- 먹기에 안전한 식품으로 보관하고
- 조리를 적절히 하여 1인분의 양을 조절하고
- 남은 음식을 잘 이용하고
- 여분의 계절식품은 냉동하거나 통조림까지 저장하여야 한다.

## 6-3 주방의 에너지관리

주방의 에너지는 전기, 가스, 연탄, 석유 등이 사용되나 어느 것으로 조리하든 에너지 절약을 위한 노력이 필요하다.

오븐을 사용할 때는 유리, 사기, 스테인리스 용기를 쓰면 에너지가 절약되며 오븐

문을 한 번 열 때마다 20%의 열손실이 있으므로 주의한다.

전자레인지(microwave oven)는 전자에너지가 식품에 흡수되어 식품 속의 물분자를 빠르게 움직이게 함으로써 열이 발생하여 조리가 되는 것이다. 전자레인지를 안전하게 사용하기 위해서는 오븐이 비어 있을 때는 절대로 틀지 않아야 하며 오븐 안을 항상 깨끗이 하여야 한다.

주방에서 사용하는 것 중에 에너지 보존의 기회가 적은 것이 냉장고와 냉동고이다. 냉장고와 냉동고가 같이 아래위로 붙어 있고 문이 2개 따로 있는 일반 냉장고는 냉동고의 온도가 -20℃에서 -12℃ 사이를 유지하는 것이 바람직하고, -20℃가 식품의 질을 보존하는 데 적당하다. 냉장고 문이 하나가 있고 그 안에 냉동실이 있는 냉장고는 냉동실의 온도가 -9℃ 정도가 유지되나 이 온도는 얼음을 얼리는 정도의 온도이고 단기간의 냉동식품 저장은 가능하나 장기간의 저장은 하지 않는 것이 바람직하다.

### 조리 시 에너지 절약방법

- 가스 불꽃의 높이를 조절하여 필요 이상의 열손실을 막는다.
- 냄비나 팬은 열전도율이 좋고, 밑이 반듯하고, 옆이 똑바르며 옆과 밑이 만나는 데는 약간 둥근 것과 뚜껑이 잘 맞는 것을 구입하여야 한다.
- 모든 식품을 적절히 익혀 에너지를 절약한다.
- 전기기구를 사용할 때는 식품이 다 익기 전에 열원을 끄고 남은 열로 마지막을 익힌다.

**Meal** Management

# PART 3

# 식품구매

제7장

# 식품구입 및 관리

Meal Management

식생활관리자는 식단을 작성한 다음에는 필요한 식품을 구입하고 구입한 식품으로 조리를 하는 것이 식생활을 원활하게 운영하는 데 무엇보다도 중요하다. 식품구입 및 관리를 함으로써 계획된 영양섭취량을 만족할 수 있는 동시에 합리적인 식생활을 영위할 수 있다. 식단에 따라 필요한 식품을 결정한 후에 예산에 맞도록 식품구입에 대한 의사결정을 하게 된다. 식생활관리자는 필요한 식품을 구입하기 위하여 식단에 따라 구입하려는 식품을 언제, 어디서, 얼마만큼, 어떤 방법으로 구입할지를 의사결정하고 어떤 식품이 품질이 좋으며 저렴한 식품인지를 알아보고 구입품목을 작성해야 한다. 식품구입은 식단작성 만큼이나 중요한 것이며 음식의 품질에 영향을 미친다.

또한 식품구입 품목을 작성하는 요령을 알고 동시에 알맞은 식품을 구입하려면 올바른 식품지식과 정보를 모으고 형태 · 색 · 크기 · 냄새 · 신선도 등의 식품감별법에 대한 경험을 바탕으로 식품의 품질을 판단할 수 있는 능력을 갖추어야 한다.

신선하고 좋은 식품을 구입하여 식사를 준비하면 조리과정에서 버리게 되는 부분이 적을 뿐만 아니라 음식의 맛과 영양면에서도 우수하다.

식생활관리자는 합리적인 구매계획을 통하여 양적으로나 질적으로 급식대상자에게 필요한 식품을 구입하도록 해야 한다.

## 7-1 식품구입계획

식단작성이 끝나면 음식별로 필요한 재료와 양을 결정한다. 그 후 소비단위계수를 곱하여 한 끼니에 필요한 식품의 종류와 양을 적는다. 식품구입 품목을 작성할 때에도 식품군별로 나누어 1주일 분량의 총 필요량을 산출한다. 구입해야 할 식품을 단기저장식품 · 신선식품 · 냉동식품들로 분류한 후, 매일 구입해야 될 품목과 여러 날에 걸쳐 섭취할 식품 중 한꺼번에 구입해야 될 품목으로 크게 나누어 식품구입품목을 작성하도록 한다.

식품의 종류와 양이 산출되면 식품구입계획을 세워야 한다. 식품의 품질에 따라 가격비교, 포장단위, 브랜드 및 시기에 따른 가격차이, 구입장소에 따른 가격 등을 여러 정보를 통하여 꼼꼼히 조사하여 비교해야 한다.

우선 식품별로 구입하는 단위를 알아두어야 한다. 예를 들면, 쌀은 1kg, 2kg, 4kg, 10kg, 20kg, 80kg 단위로 판매하고 있으므로 쌀의 필요량은 그램(g) 또는 킬로그램(kg)을 사용한다. 육류는 과거에 한 근(600g)을 기본단위로 하여 판매되었으나 현재는 미터법에 의거하여 그램 · 킬로그램 단위로 판매한다. 달걀은 10개, 20개, 30개 등 포장단위로 사용하고 있으며 대 · 중 · 소에 따라 무게에 차이가 있다. 사과와 배 등은 낱개를 기준으로 구입하거나 상자(10kg, 15kg)로 구입하기도 한다. 한 상자의 표기로서 수량 및 크기(특 · 대 · 중 · 소)에 따른 포장단위를 반드시 알아두어야 한다.

식품구입 계획에서는 전통시장, 백화점, 슈퍼마켓이나 대형 할인점에서 식품의 분량을 정확하게 알고 구입할 수 있도록 한다. 쇠고기, 돼지고기, 설탕, 밀가루 등은 사용하지 못하고 버리게 되는 폐기율이 없으나 채소, 과일, 생선 등은 크기에 따라 또는 식품의 종류에 따라 껍질과 뼈 등을 사용하지 못하고 버리게 되는 폐기율에 차이가 있으므로 식품을 구입할 때는 반드시 폐기량을 가산하여 구입계획을 세워야 한다.

## 7-2 식품구입 및 조리방법의 합리화

### 1) 식품구입의 합리화

식생활 운영에 있어 식단을 작성한 다음에는 식품을 구입하고 구입한 식품을 분배하여 음식을 만드는 것이 중요한 과정이다. 이러한 관리를 함으로써 계획된 영양섭취량을 만족할 수 있고 동시에 합리적인 식생활을 할 수 있다.

식단작성이 완성되면 식품을 구입해야 한다. 식품을 구입하기 위하여 식단에 따라 식품의 종류와 양을 결정하여 구입품목을 작성해야 한다. 식품구입은 식단작성 만큼 중요한 것이며 양적으로나 질적으로 만족할 만한 식품을 구입하도록 해야 한다.

식품구입 품목을 작성하는 요령을 배우는 동시에 양적으로 알맞은 식품을 구입하려면 식단에서 요구되는 구입량을 계획하여 경제적인 측면과 식품의 질을 동시에 고려해야 한다. 또한 올바른 식품지식을 가지고 식품 감별을 할 수 있는 능력을 갖추어야 한다. 신선하고 좋은 식품을 구입하면 조리과정에서 버리게 되는 부분이 적을 뿐만 아니라 맛도 우수하다.

**식품구입 시 유의점**

- 장보기는 직접 식생활관리자가 혼자 하는 것이 좋으며 배가 고플 때는 많이 구입하게 되므로 피하는 것이 좋다.
- 시간, 돈, 에너지 상태에 따라 장보기의 계획을 세우고 보관할 수 있는 양만큼 구매하며 시간과 에너지가 허용하는 범위 안에서 한 군데 이상의 시장에서 장을 보는 것이 좋다.
- 단위가를 이용하여 다른 상표, 포장 크기, 종류, 다른 품질의 것들을 비교하여야 한다.
- 유통기한표시를 보아 신선도를 확인하며 식품의 영양성분 표기사항을 보아 용도에 따라 품질을 정해서 사도록 한다.

### 2) 조리방법의 합리화

식품을 구입한 후 우리가 먹을 수 있도록 만드는 과정을 조리라고 한다. 즉, 식품에 손을 가하여 음식물로 바꾸는 조작을 말하며, 날것으로 먹을 수 있는 채소와 과일도 씻어서 자르거나 껍질을 벗기거나 하는 물리적인 조리과정을 거치게 된다. 우리가 주식으로 하는 쌀은 그대로 먹는 것이 아니고 가열조리에 의하여 밥이 되어 소화·흡수되기 쉬운 음식물이 된다. 즉, 식품을 구입하여 우리의 입으로 들어가기까지의 모든 과정이 조리의 범위에 포함된다. 영양상으로 바람직하게 계획된 식단이라도 조리방법에 있어 부적합하다면 실제적으로 계획된 영양량을 섭취할 수 없다. 조리의 합리화는 조리방법에 의하여 식품이 가지고 있는 영양가를 대부분 섭취할 수 있도록 하는 것이다. 즉, 식품의 계획, 썰기와 모양내기, 씻기, 조미, 가열 등 조리의 모든 과정에 있어 합리적인 방법이 연구되고 실천되어야 비로소 가능해진다.

TIP
- 구매장소는 슈퍼마켓과 대형 마트, 편의점, 창고형 할인점, 전통시장, 유기농산물 판매장, 동네장터, 직거래장터, 온라인쇼핑몰과 인터넷 주문배달 및 도매시장 등이 있으며, 식생활관리의 영양면, 기호면, 경제면, 위생면 및 능률면의 목표달성을 위해 위치, 식품의 품질 및 가격, 물리적 환경, 거리 및 직원의 서비스에 따라 구매장소를 결정한다.
- 좋은 식품을 올바르게 선택하기 위해서는 유통기한, 원재료명, 원산지표시, 영양표시, 단위가를 통해 식품의 정보를 얻어야 하며, 친환경농산물인증제도, 농산물이력추적관리제도, 식품이력추적관리제도, 유전자재조합 표시 등의 정보도 합리적인 구매를 위해 필요하다.
- 식단의 계획에 따라 식품의 종류, 양 및 품질을 정하고 식품별 폐기율과 재고량을 파악한 후 구매결정을 해야 적절한 양의 식품을 구매할 수 있다. 식품의 품질 특성을 잘 활용하여 좋은 품질의 식품을 감별하고 구입하여야 한다.
- 식품을 구입한 후에는 식품별 적절한 방법으로 실온, 냉장 또는 냉동저장하고, 식품 간에 교차오염이 일어나지 않게 주의하며, 선입선출 방식으로 소비한다. 실온저장 시에는 온도와 습도를 잘 유지하고 환기가 잘 되도록 하며, 직사광선을 피하고 방충·방서가 잘 되게 한다.

## 7-3 식품의 올바른 선택을 위한 정보

좋은 식품을 필요한 양만큼 구입하여 적절한 방법으로 조리한 음식을 섭취함으로써 좋은 영양을 얻는 것은 올바른 식생활의 기본이다. 오늘날에는 1가지 식품을 사더라도 영양 내용이 다른 다양한 종류가 있으므로 예전보다 많은 정보와 지식이 필요하다.

### 1) 구매장소

#### (1) 식품구매장소의 종류

식품을 구입할 수 있는 장소는 산지 근처에서 형성되는 산지시장(1차 시장)이 있으며, 도매시장(2차 시장)은 일차시장에서 물품을 대량 구입한 뒤 소매시장(3차 시장)의 소매업자에게 소량씩 판매한다. 현대의 소비자들은 각 구매시점에서 각자의 중요목표에 따라 다양한 형태의 시장에서 식품을 구입하게 된다.

### ① 슈퍼마켓과 대형 마트

슈퍼마켓은 육류, 농산물, 유제품, 냉동식품, 제과 등의 식료품과 비식료품의 다양한 제품을 적은 마진을 남기며 셀프 서비스로 판매하는 소매 업태이다. 체인을 가진 슈퍼마켓은 점점 대형화되어 가며 이러한 대형 슈퍼마켓(Super Supermarket : SSM)이 빠르게 확산되고 있다. 대형 슈퍼마켓은 매장규모가 약 1,000m$^2$(300평)에서 3,300m$^2$(1,000평) 안팎으로 동네 슈퍼마켓과 대형 마트의 중간 형태이다. 대형 슈퍼마켓과 대형마트는 대규모 회사의 유명상표(National Brand : NB)에 상점상표(Private Brand : PB)를 붙여 가격을 낮춘다. 상점상표 상품은 일반적으로 개발비, 광고비, 판촉비가 덜 소요되므로 소비자에게 싼값에 공급될 수 있다.

슈퍼마켓(동네 슈퍼)과 대형 슈퍼마켓 및 대형 마트의 차이점은 〈표 7-1〉과 같다.

최근 SSM의 인기가 많아지고 있는 이유는

- 기름값을 아끼거나 환경을 생각하는 고객들이 자전거나 도보로 이용할 수 있는 가까운 슈퍼마켓을 찾기 때문이다.
- 먹을거리에 대한 불안감으로 대량 구입하여 냉장고에 보관하기보다는 매일매일 신선한 식품을 사먹으려는 사람이 늘었기 때문이다.
- 소용량 위주의 물건을 파는 경우가 많으므로 필요한 양만큼만 사는 합리적인 소비를 하려는 의식의 증가 등을 들 수 있다.

그러나 SSM의 인기는 동네 상권에 피해가 가므로 대형 마트나 SSM의 신설을 까다롭게 하겠다는 내용의 '대규모 점포 등 사업활동 조정에 관한 특별법'이 국회에 계류 중이다.

**〈표 7-1〉 대형 마트, 대형 슈퍼마켓, 동네 슈퍼의 차이점**

| | 규 모 | 주 판매품목 | 입지특성 | 주차시설 |
|---|---|---|---|---|
| 대형 마트 | 3,300m$^2$(1,000평) 이상 | 신선식품, PB, 공산품, 의류, 전자제품 등 화점식 구성 | 대단지 아파트 인근, 유동인구가 많은 곳 | 대규모 완비 |
| 대형 슈퍼마켓 | 1,000m$^2$(300평)~3,300m$^2$(1,000평) 사이 | 신선식품, 공산품, 수입식품 | 동네 골목상권 | 30~150대 규모 |
| 동네 슈퍼 | 660m$^2$(200평) 미만 | 신선식품, 공산품 | 동네 골목상권 | 없거나 10대 미만 |

자료 : GS리테일, 롯데슈퍼, 홈플러스, 2009

### ② 편의점

편의점은 제품 계열이 한정되어 있지만 재고회전이 매우 빠르고 24시간 동안 영업을 하는 소규모 상점이다. 운영비가 많이 들고 판매량이 적기 때문에 가격이 조금 높게 책정된다. 그러나 소비자들은 늦은 시간이나 시간이 부족할 때에 편리하게 이용할 수 있으므로 비싼 가격을 지불하면서도 이용한다. 식품의 종류가 제한되어 신선식품은 주로 없으며 포장단위가 작아 소량의 간단구매에 편리하다.

### ③ 창고형 할인점

창고형 할인점은 유명상표의 상품을 박리다매의 원칙 하에 일상적으로 낮은 가격에 판매하는 곳이다. 작은 포장보다 큰 포장, 가족단위 포장, 경제적 포장 등으로 몇 가지 상표만을 구비하여 종류도 몇 가지만 판매한다. 유통기한이 길거나 소비량이 많은 상품은 창고형 할인점에서 구입하면 좋으나 포장단위가 크고 회원제로 운영되는 경우가 많으므로 과소비가 되지 않도록 주의하여야 한다.

### ④ 전통시장(재래시장)

전통시장은 채소류, 과일류, 곡류 등의 농산물이 신선하고 슈퍼마켓이나 대형 할인점에 비해 가격이 저렴한 편이나 주차시설과 위생관리의 미비가 전통시장의 이용을 저해하고 있다. 이에 재래시장은 시설의 현대화 및 환경개선 사업(전통시장 활성화 사업)을 통하여 전통시장을 활성화하려는 노력을 하고 있다. 또한 재래시장 상품권을 개발하고, 신용카드 거래가 가능하도록 신용카드 가맹점으로 가입하는 점포 수를 늘리는 등 노력은 하고 있지만 실제 카드 사용은 미미한 수준이다.

> **TIP**
>
> **전통시장 상품권(온누리상품권)**
>
> 전통시장의 수요 진작과 지역경제 활성화를 목적으로 중·소기업청과 시장 경영진흥원에서 발행되었으며, 전국의 900여 가맹시장에서 현금처럼 사용이 가능한 상품권으로 5천 원과 1만 원권으로 구성되어 있다. 중·소상공인을 지원하고 전통시장을 활성화시키자는 취지로 온누리상품권을 임직원에게 상여금으로 지급하거나 공무원의 급여 일부분으로 지급한 사례도 있다.

⑤ **유기농산물 판매장**

농약과 화학비료 및 사료첨가제 등 합성 화학물질의 사용을 제한하여 생산한 농산물을 판매하는 곳으로 유기농 쌀, 잡곡, 신선 과채류, 친환경육류, 수산물, 가공식품 등을 구입할 수 있다. 슈퍼마켓이나 할인점에서도 일부 품목을 판매하며, 온라인을 통해서도 물품의 구입이 가능하다.

⑥ **동네장터 및 직거래장터**

동네장터는 대도시의 주거 밀집지역과 중 · 소도시에서 1주일에 한두 번 또는 5일장으로 열리며 과일, 채소, 생선류 및 곡류 등을 판매한다. 직거래장터는 특별행사 시에 생산자가 직접 판매하며 가격이 저렴한 편이다.

⑦ **온라인쇼핑몰 및 인터넷 주문배달**

식품전문사이트, 백화점과 대형 마트의 인터넷사이트, 온라인반찬전문점 등 인터넷상의 쇼핑몰을 통하여 식품을 구입할 수 있으며, 홈쇼핑에서 즉석식품이나 전처리된 식품을 구입할 수 있다. 농산물 전자상거래 우수농가 홈페이지를 통하여 우수농산물을 구입할 수 있다.

⑧ **도매시장**

도매시장은 산지시장에서 대량의 물품을 구입한 뒤 이를 지역시장의 소매업자들에게 소량씩 나누어 판매하는 역할을 하며 보통 소비지역에 접근해 있다. 전국적으로 소규모로 분산되어 생산되는 농수산물의 질적 · 양적 차이를 조정하고 대량 거래에 의한 유통경비를 절감할 수 있다.

### (2) 식품구매장소 결정요인

구매장소의 결정은 식생활관리의 영양면, 경제면, 위생면 및 능률면의 목표달성에 크게 기여한다. 그러나 여러 목표를 모두 만족시킬 수 있는 적합한 장소는 없으므로 중요 목표에 따라 구매장소를 결정해야 한다. 구매장소의 결정에 영향을 미치는 요인을 보면 다음과 같다.

- 위치 : 냉장 · 냉동식품 구입 후의 품질을 위하여 집에서 가까운 곳, 주차하기 좋은 곳이 좋다.
- 식품의 품질 및 가격 : 유통기한이 지난 식품이나 품질이 손상된 물품이 없어야 하며, 다양한 상품을 갖추고 있어 소비자가 한 곳에서 여러 가지 상품을 구매할 수 있고 가격이 적절한 곳이 좋다.
- 물리적 환경 : 매장의 밝기, 온도, 복도의 폭, 선반의 높이 등 구매에 편리한 곳이 좋다.
- 위생성 : 진열상태나 바닥, 냉장고 및 냉동고가 청결하고 위생직인 곳이 식품의 품질과 안전성을 유지하는 데 중요하다.
- 직원의 서비스 : 직원이 소비자가 원하는 물품을 잘 찾아주거나 손상되지 않도록 포장을 잘하고 고객불만처리제도가 잘 되어 있는 곳이 좋다.

TIP

**식품 구입시장의 종류**

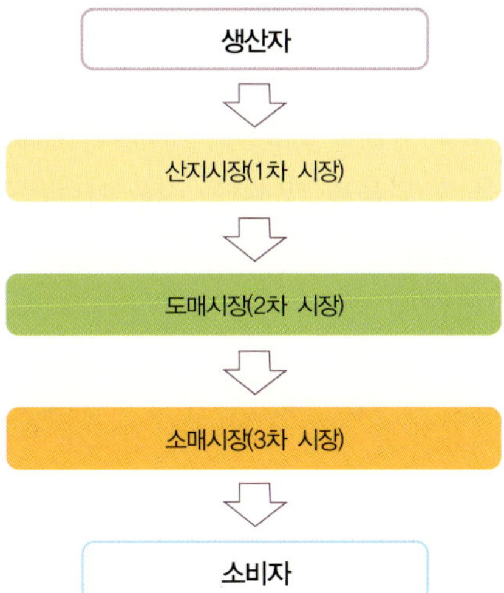

### 2) 구매표시 정보

좋은 식품을 올바르게 선택하여 저렴한 가격으로 구입하기 위하여 구매와 관련된 여러 가지 정보를 알고 있는 것이 유리하다. 식품표시의 중요내용, 영양표시, 단위가, 친환경인증제도, 농산물이력추적관리제도 등은 효율적인 식품구매를 돕는다.

#### (1) 식품표시

식품표시란 식품을 가공할 때 들어가는 원료식품, 식품첨가물, 기구 및 용기, 포장지에 기재하는 문자, 숫자 또는 도형이다. 식품표시제도는 정부가 생산자와 판매자에게 가격, 품질, 성분, 성능, 효력, 제조일자, 유통기한, 사용방법, 영양가치 등에 관한 각종 식품정보를 제품의 포장이나 용기에 문자, 숫자 및 도형을 사용하여 표기하는 제도로 식품구매에 유익한 정보를 준다.

**① 유통기한**

유통기한이란 일정수준의 품질과 안전성이 보장되는 기한을 말하며, 유통업자가 소비자에게 식품을 유통 · 판매하는 것을 허용하는 최종일로 유통기한이 지난 식품은 판매해서는 안 된다. 구입한 식품은 유통기한 내에 소비하는 것이 바람직하나, 유통기한은 그날 이후는 먹을 수 없음을 의미하는 것은 아니므로 가식판단의 여부는 식품의 저장수명에 따라 다르다.

유통기한 관련 표시방법은 식품의 종류에 따라 조금씩 다르며 유통기한, 제조일자, 포장일자, 소비기한(유효일), 품질유지기한 등이 있다〈표 7-2〉. 소비자 입장에서는 구입한 식품을 언제까지 사용할 수 있는지에 대한 정보가 가장 필요하므로 유통기한, 품질유지기한 외에 소비기한의 표시도 필요하다.

〈표 7-2〉 유통기한 관련 표시방법의 종류

| 종 류 | 의 미 | 해당식품 및 주의점 |
|---|---|---|
| 유통기한(shelf life) | • 유통업자가 제품을 유통하거나 판매할 수 있는 최종일 | • 도시락, 설탕, 빙과류, 가공소금류 등은 제조일자 또는 제조일로부터 00까지로 유통기한 표시<br>예 도시락 : 00월 00일 00시까지 |
| 제조일자<br>(manufacture date) | • 최종공정을 마친 일자<br>• 포장을 제외한 더 이상의 가공이 필요하지 않은 시점 | • 도시락, 설탕, 빙과류, 가공소금류 등 |
| 포장일자<br>(date of package) | • 식품을 포장한 일자 | |
| 소비기한(유효일)<br>(use by date) | • 정해진 보관 방법으로 보관했을 때 위생적으로 안전성이 보장되는 최종일 | • 소비기한이 지난 식품은 소비할 수 없음 |
| 품질유지기한<br>(best before date) | • 정해진 보관 방법으로 보관했을 때 최상의 품질을 유지하는 최종일 | • 김치절임식품, 간장, 된장 등 조미식품, 다류, 잼류, 벌꿀, 전분, 밀가루, 레토르트식품, 통조림식품 등<br>• 품질유지기한이 지난 식품이라도 위생적 문제가 생기기 전까지는 유통과 소비가 허용됨 |
| 최종판매일자<br>(date of last sale) | • 소비자에게 판매를 위해 제공할 수 있는 최종일<br>• 가정에서 통상적인 저장기간이 남아 있는 일자 | • 현재 우리나라가 적용하고 있는 유통기한과 가장 유사한 개념 |
| 최종권장사용일자<br>(date of last permit) | • 소비자가 기대하고 있는 품질 특성을 가지지 못할 수 있는 추정기간의 최종일을 보증하는 날짜<br>• 이후에는 식품의 시장성은 없다고 보아야 함 | • 이유식 |

자료 : 식품의약품안전처

### ② 원재료명 및 성분

'원재료'란 식품 또는 식품첨가물의 제조·가공 또는 조리에 사용되는 물질로서 최종제품 내에 들어 있는 것을 말하며, '성분'이란 제품에 따로 첨가한 영양소 또는 비영양소이거나 원재료를 구성하는 단일물질로서 최종제품에 함유되어 있는 것을 말한다. 우리나라에서는 식품의 제조·가공 시 사용된 모든 원재료를 표시해야 하며, 제품의 조건에 따라 일부 원재료는 표시가 생략될 수 있다.

식품표시에서 원재료명은 많이 사용한 순서에 따라 표시해야 하며, 중량비율로서 2% 미만인 경우에는 함량순서에 따르지 아니한다로 표시되어 있다. 그러나 한국인에게 알레르기를 유발하는 것으로 알려져 있는 12가지 식품에 해당하는 난류(가금류에 한함), 우유, 메밀, 땅콩, 대두, 밀, 고등어, 게, 새우, 돼지고기, 복숭아, 토마토를 함유하거나 이들 식품으로부터 추출 등의 방법으로 얻은 성분과 이들 식품 및 성분을 함유한 원재료를 사용했을 경우에는 함유된 양과 관계없이 원재료명을 표시해야 하므로 알레르기 영양문제가 있는 경우는 알레르기 유발성 성분명을 잘 보고 식품을 선택해야 한다.

#### ③ 원산지 표시

원산지는 농산물이 생산 또는 채취된 국가 또는 지역을 말하며, 표시대상 품목은 국산농산물 160개 품목, 가공품 211개 품목이다. 농산물에 대해 국산 또는 생산한 시 · 도명을 쓰고(예 원산지 : 국산 또는 나주시), 수입농산물은 국명, Made in 국명 등의 방법을 사용한다(그림 7-1).

휴게음식점과 단체급식소에서도 원산지 표시를 실시하고 있는데, 소비자가 알아볼 수 있도록 메뉴판 및 게시판에 표시하여야 하고, 푯말을 사용할 수도 있으며 급식소는 원산지가 기재된 주간/월간 메뉴표를 공개해야 한다. 소비자들은 원산지 표시 대상 품목에 대해서는 원산지 표시를 확인하고 구매 선택하는 습관을 들여야 한다.

#### ④ 유전자재조합식품 표시(Genetically Modified Organism : GMO)

유전자재조합식품이란 유전자재조합 기술을 이용한 새로운 농 · 축 · 수산물 중 안전성이 확인되어 식품 또는 식품첨가물로 이용할 수 있는 것을 말한다. 유전자재조합된 콩, 옥수수, 콩나물을 원료로 사용한 식품 중 제조가공 후에도 유전자재조합 DNA나 외래 단백질이 남아 있는 식품에 '유전자재조합식품' 또는 '유전자재조합○○ 포함식품'으로 표시되고 있다.

그림 7·1
**원산지 표시 읽는 방법**

## 쌀, 배추김치 및 육류의 원산지 표시방법

쌀, 배추김치 및 육류의 원산지 등은 소비자가 알아볼 수 있도록 식품표시 및 음식점의 메뉴판과 게시판에 표시하도록 규정하고 있다. 아래와 같은 원산지 표시 읽는 방법을 잘 익혀 식품선택에 활용해야 한다.

**1. 식품 등의 원산지 표시방법**

(1) 쌀(밥류) 조리음식
- 국내산 : 밥 쌀(국내산), 김밥 쌀(국내산)
- 수입산 : 밥 쌀(중국산), 김밥 쌀(미국산)
- 원산지가 다른 쌀을 혼합한 경우 : 밥 쌀(국내산과 중국산 섞음)

(2) 배추김치
- 국내산 배추를 사용하여 국내에서 조리 판매 : 배추김치(배추 국내산)
- 수입한 배추를 사용하여 국내에서 조리 판매 : 배추김치(배추 중국산)
- 외국에서 제조 · 가공된 배추김치 : 배추김치(중국산)
- 위의 3가지 방법이 섞인 배추김치 : 배추김치(국내산과 중국산을 섞음)

(3) 쇠고기(가공물 포함) 조리음식
- 국내산 쇠고기 : 원산지와 식육의 종류(한우, 육우, 젖소)를 함께 표시
- 수입산 쇠고기 : 수입국가명 표시

(4) 돼지고기 · 닭고기
- 국내산 : 삼겹살(국내산), 삼계탕(국내산)
- 수입한 돼지를 국내에서 2개월 이상, 수입한 닭을 국내에서 1개월 이상 각각 사육한 후 국내산으로 유통하는 경우 : 삼겹살 국내산(돼지 덴마크산), 삼계탕 국내산(닭 프랑스산)
- 수입산 : 삼겹살(덴마크산), 삼계탕(프랑스산)

(5) 원산지나 식육의 종류가 동일할 때 일괄표시 가능
- 예 우리 업소에서는 "국내산 한우 쇠고기"만 사용합니다.

▶배추김치 원산지

▶쌀 원산지

▶육류 원산지

2. 음식점 원산지 표시제

- 대상품목 : 쇠고기, 돼지고기, 닭고기, 오리고기, 쌀(밥류), 배추김치
- 대상음식점 : 일반음식점, 휴게음식점, 위탁급식영업 집단급식소, 집단급식소
- 표시방법 : 「우리업소에서는 "국내산 쌀"만 사용합니다」, 「우리업소에서는 "국내산 한우 쇠고기"만 사용합니다」, 「우리 업소에서는 "호주산 돼지고기"만 사용합니다」 등

메뉴판 표시 예시

일괄표시 예시

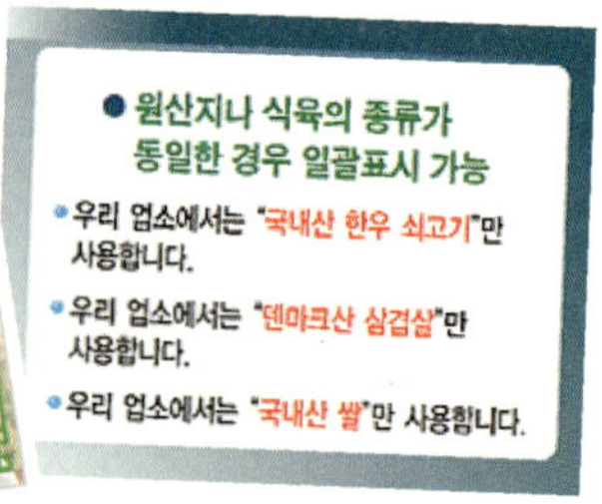

(2) 영양성분표시

식품의 영양성분표시는 식품의 일정량에 함유된 영양소의 함량에 대한 정보를 표시한 것으로, 소비자들이 식품의 영양적 가치를 근거로 합리적인 식품선택을 할 수 있도록 돕기 위한 제도이다.

식품구매자가 자신의 건강에 맞는 영양섭취를 위해 식품을 선택하거나 건강에 특정 문제가 있어 일정한 성분을 선택 또는 피하고자 할 때 영양표시는 중요한 정보원이 된다. 영양표시는 영양성분표시, 영양강조표시, 건강강조표시 등을 포함하며, 표시대상 식품은 특수영양식품, 건강보조식품, 기타 영양강조표시를 원하는 식품이다.

영양성분표시의 기준량은 100g(치즈 · 수프믹스), 1인 분량(시리얼 · 스낵류), 포장단위(레토르트식품) 등으로 식품의 종류에 따라 다르며 영양표시의 수치를 읽을 때에는 우선 표시된 함량이 제품 100g(ml)당 또는 1회 분량당인지 확인해야 한다.

**① 식품 등의 영양성분표시기준(2010.12.30 개정)의 내용**

- 의무표시대상 영양성분 : 열량, 탄수화물, 당류, 단백질, 지방, 포화지방, 트랜스지방, 콜레스테롤, 나트륨의 9가지와 기타
- 의무표시대상 영양소 함량 : 영양소의 명칭, 함량 및 영양소기준치에 대한 비율(%)을 표시
- 열량, 당, 트랜스지방 : 영양소 기준치가 설정되어 있지 않으므로 명칭과 함량만을 표시
- 임의로 표시할 수 있는 영양소 : 비타민, 무기질, 지방산류 및 아미노산류 해당
- 영양소 기준치 : 식품표시에서 사용하는 영양소의 평균적인 1일 섭취기준량(4세 이상 어린이 및 성인)을 의미. 현재 32종의 영양소에 대한 기준치가 설정됨. 영유아, 임신부, 수유부, 환자 등 특정 집단을 대상으로 하는 식품표시는 대상자의 권장섭취량 또는 충분섭취량을 영양소 기준치로 하여 계산
- 영양소기준치에 대한 비율(%) : 해당식품에 포함된 각 영양정보 함량의 영양소 기준치에 대한 비율. 표시방법은 반올림하여 정수로 표시. 2% 미만은 0으로 표시

- 단위중량(표시기준 분량) : 식품의 단위중량은 표시된 영양소 함량의 기준량으로 정함. 보통 100g당, 100ml당으로 표시. 영양성분 의무표시대상 식품의 '1회 분량 기준량'을 마련

  * 자료 : 식품의약품안전청, 영양표시가이드[2011.1.3]

### ② 영양성분표시를 통한 식품정보 읽는 방법

영양성분표시를 읽을 때에는 1회 제공량은 어느 정도인지, 한 포장 안에 몇 회 분량이 들어있는지, 실제적으로 어느 정도 먹는지를 꼭 생각하고 판단해야 한다(그림 7-2).

**그림 7•2**
**영양성분표시 예에 따른 식품정보 읽는 방법**

❶ 1회 제공량 1개(60g), 총 5회 제공량(300g)
1회 제공량은 4세 이상 소비계층이 통상적으로 1회 섭취하기에 적당한 분량

❷ 1회 제공량당 함량
영양소 함량 표시를 얼마만큼의 식품중량당 표시한 함량

❸ 열량 : 식품으로부터 얻을 수 있는 에너지량

❹ (%) 영양소 기준치 : 식품에 함유된 영양소 함량이 높은 것인지, 낮은 것인지 그리고 전체 하루 식사에서 얼마나 많이 또는 적게 기여하는지 나타냄.

❺ 제한해야 할 영양소 : 지방, 포화지방, 트랜스지방, 콜레스테롤, 나트륨
이들 영양소 섭취량이 하루 전체 식사에서 1일 영양소 기준치를 넘지 않도록 해야 함.

❻ 충분히 섭취할 영양소 : 비타민과 무기질
충분히 섭취하면 건강을 증진시키고, 질병 또는 질병상태의 위험을 감소시키는 데 도움. 그러나 너무 과잉으로 섭취하는 것은 바람직하지 않으므로 하루 전체 식사에서 1일 영양소 기준치만큼만 섭취

**영 양 성 분**

| | | | |
|---|---|---|---|
| ① | 1회 제공량 1개(60g)<br>총 5회 제공량(300g) | | |
| ② | 1회 제공량당 함량 | | % 영양소 기준치 ④ |
| ③ | 열량 | 240kcal | |
| | 탄수화물 | 13g | 4% |
| | 당류 | 2g | |
| | 단백질 | 15g | 25% |
| ⑤ | 지방 | 14g | 28% |
| ⑤ | 포화지방 | 6g | 40% |
| ⑤ | 트랜스지방 | 0g | |
| ⑤ | 콜레스테롤 | 125mg | 42% |
| ⑤ | 나트륨 | 230mg | 12% |
| ⑥ | 칼슘 | 12mg | 2% |

%영양소 기준치 : 1일 영양소 기준치에 대한 비율

자료 : 식품의약품안전청, 영양표시가이드(2011.1.3)

### (3) 단위가

식품구입을 효율적으로 하기 위해서는 포장단위에 따른 가격이 아니라 단위가로 환산하여 비교할 필요가 있다. 단위가는 물품의 가격을 물품의 부피나 무게의 단위로 나누어 g당, ml당, 100g당, 100ml당 가격으로 나타낸 것으로, 같은 종류의 물품이 상표나 포장단위에 따라 가격이 다를 때 비교할 수 있는 정보를 준다.

단위가가 낮다고 해서 포장단위가 필요 이상 큰 식품을 구매하여 변질되어 버리는 경우도 있으므로 주의한다. 특히 할인점에서 식품구매를 할 때 이러한 문제가 발생할 수 있다.

### (4) 식품인증제도

- 우수농산물관리제도

농산물의 안전성을 확보하기 위하여 농산물의 생산단계부터 수확 후 포장단계까지 토양, 수질 등의 농업환경 및 농산물에 잔류할 수 있는 농약, 중금속 또는 유해생물 등의 위해요소를 관리하는 기준으로 그 관리사항을 소비자가 알 수 있게 하는 제도이다.

- 친환경농산물인증제도

친환경농산물이란 환경 보전과 안전한 농산물 공급을 위해 농약과 화학비료 및 사료첨가제 등 화학자재를 사용하지 아니하거나 최소량만 사용하여 친환경농업으로 생산한 농산물을 말한다.

친환경농산물인증제도란 친환경농산물을 전문인증기관이 엄격한 기준으로 선별·검사하여 정부가 그 안전성을 인증해주는 제도이다.

### (5) 농산물이력추척관리 표시

농산물이력추적관리제도는 농산물을 생산부터 판매까지 각 단계별로 정보를 기록·관리하여 해당 농산물의 안전성 등에 문제가 발생할 경우 해당 농산물을 추적하여 원인규명 및 필요한 조치를 할 수 있도록 관리하는 제도이다. 안전성 등의 문제발생 시 신속한 원인 규명과 정확한 제품회수 및 소비자의 욕구충족이 목적이며, 2004년 이전부터 자율적으로 시행되던 축산물 · 농산물 생산이력제를 발전시켜 2005년부터 모든 농산물에 적용되었다. 농산물을 생산하는 데 사용한 종자와 재배방법, 원산지, 농약사용량, 유통과정이 바코드에 기록되며, 별도의 정보시스템(국립농산물품질관리원(www.naqs.go.kr) → 이력추적관리시스템)을 통해 인터넷으로 소비자가 무료로 이용할 수 있다.

**농산물이력추적 관리품 인증마크**

TRACEABILITY

**TIP** 수산물은 국립수산물품질검사(www.nfis.go.kr)에서 이력추적관리 가능

(6) 식품이력추적관리 표시

식품을 제조 · 가공단계부터 판매단계까지 각 단계별로 이력추적정보를 기록 · 관리하여 소비자에게 안전한 식품의 선택을 돕는 제도이다. 마트의 키오스크나 가정에서 인터넷 안전안심 먹을거리환경 서비스(www.tfood.go.kr)로, 핸드폰으로 식품이력조회번호를 입력하면 식품의 기본정보, 원재료정보, 품질정보 및 출하정보를 볼 수 있다.

## 7-4 식품구매절차

### 1) 가정에서의 식품구매절차

가정에서의 식품구매절차는 다음과 같다(그림 7-3).

**그림 7·3**
**가정에서의 식품구매절차**

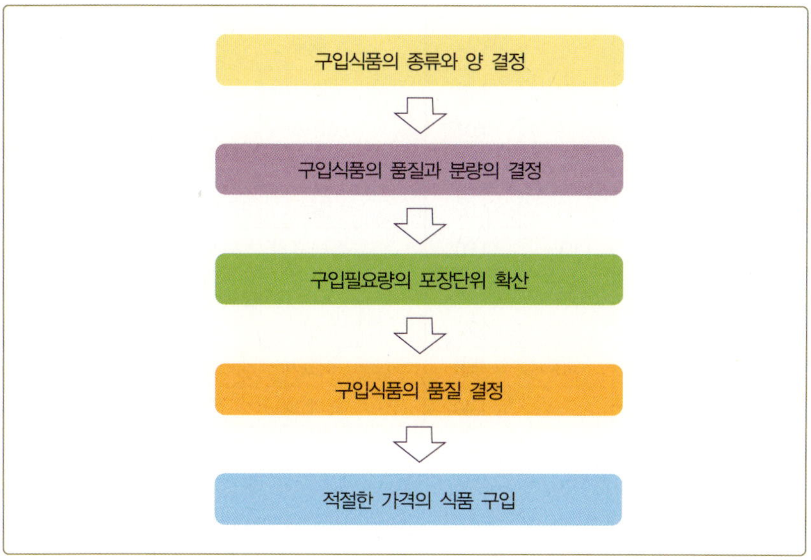


#### (1) 구입할 식품의 종류와 양의 결정

식단계획이 이루어졌다면 구매할 식품의 종류, 양 및 품질을 정하여 구매해야 한다. 작성한 식단에 따라 필요한 식품의 품목과 양을 계산한다. 즉, 식품구입량은 각 음식 레시피의 1인분량에 예상인원수를 곱하고, 폐기율을 고려한 출고계수를 곱하여 계산한다〈표 7-3〉.

〈표 7-3〉 식품별 폐기율, 가식부율 및 출고계수

| | 식품명 | 폐기율(%) | 가식부율(%) | 출고계수 | | 식품명 | 폐기율(%) | 가식부율(%) | 출고계수 |
|---|---|---|---|---|---|---|---|---|---|
| 곡류 | 고구마 | 10 | 90 | 1.11 | 과일류 | 참외 | 25 | 75 | 1.33 |
| | 감자 | 6 | 94 | 1.06 | | 귤 | 25 | 75 | 1.33 |
| 채소류 | 달래 | 36 | 64 | 1.56 | | 배 | 24 | 76 | 1.31 |
| | 미나리 | 26 | 74 | 1.35 | | 대추(건) | 19 | 81 | 1.23 |
| | 시금치 | 14 | 86 | 1.16 | | 사과 | 14 | 86 | 1.16 |
| | 양배추 | 13 | 87 | 1.14 | 고기·생선·계란 | 모시조개 | 83 | 17 | 5.88 |
| | 마늘 | 10 | 90 | 1.11 | | 쇠갈비 | 50 | 50 | 2.00 |
| | 배추 | 8 | 92 | 1.08 | | 닭고기 | 39 | 61 | 1.64 |
| | 호박 | 8 | 92 | 1.08 | | 동태 | 37 | 63 | 1.58 |
| | 오이 | 8 | 92 | 1.08 | | 조기 | 34 | 66 | 1.51 |
| | 양파 | 7 | 93 | 1.07 | | 고등어 | 31 | 69 | 1.44 |
| | 풋고추 | 6 | 94 | 1.06 | | 오징어 | 28 | 72 | 1.38 |
| | 무 | 5 | 95 | 1.05 | | 갈치 | 21 | 79 | 1.26 |
| | 콩나물 | 0 | 100 | 1.00 | | 낙지 | 15 | 85 | 1.17 |
| | 상치 | 0 | 100 | 1.00 | | 계란 | 11 | 89 | 1.12 |
| 과일류 | 수박 | 42 | 58 | 1.72 | | 굴 | 0 | 100 | 1.00 |
| | 밤 | 37 | 63 | 4.58 | | 쇠고기 | 0 | 100 | 1.00 |
| | 포도 | 29 | 71 | 1.40 | | 돼지고기 | 0 | 100 | 1.00 |

자료 : 대한영양사협회, 급식관리지침서, 2007

### (2) 구입식품의 품질과 분량의 결정

구입식품의 품질과 분량은 식단의 내용에 따라 결정되는데, 가정에서의 식품구입량, 구입시기와 종류는 식생활관리자의 시간과 노력에 따라 달라진다. 식생활관리자의 중요 관리요인이 시간이라면 편의식품을 선택하고, 식비절약이 중요하다면 가공되지 않은 식품을 구입하는 것이 좋다. 식생활관리자가 시간이 걸리더라도 정확한 식품구입량과 구입시기, 식품의 종류를 잘 계획해 두면 식품구입과 조리시간을 절약할 수 있다.

### (3) 구입필요량의 포장단위 환산

식품의 구매형태와 포장단위 규격을 파악하여야 시장에서의 실제 구매량을 결정할 수 있다. 두부 1모, 콩나물 1봉, 시금치 1단 등의 포장단위 무게를 알아두는 것이 좋다. 가정에 저장되어 있는 식품의 양을 파악하여 유효기간 내에 사용 가능한 분량인지를 확인한 후 구매 포장단위를 결정한다. 가족식단의 1일 식품구매량 산출의 예는 〈표 7-4〉와 같다.

> **TIP**
>
> **식품구입량**
>
> • 폐기 부분이 없는 식품구입량 = 1인분 사용량×예상인원수
>
> • 폐기 부분이 있는 식품구입량 = 1인분 사용량×출고계수×예상인원수
>
> • 출고계수 = 100/(100−폐기율) = 100/가식부율

### (4) 구입식품의 구매품질 결정

경제적인 면과 조리하는 음식의 종류에 따라 적절한 품질의 식품을 구입한다. 예를 들면, 쇠고깃국에 사용할 쇠고기와 불고기용 쇠고기는 다른 품질을 사용하는 것이 좋다. 따라서 준비할 음식의 조리법을 잘 파악하여 구매할 식품의 품질과 특성을 미리 기억해 두면 좋은 품질의 식품을 저렴한 비용으로 구입할 수 있다.

### (5) 적절한 가격의 식품구입

식품을 적절한 가격에 구입하기 위해서는 식품의 품질을 잘 감별할 수 있어야 한다. 계절식품 활용으로 식품비를 절약할 수 있으며 일시적 가격상승이 있을 때는 대체식품을 잘 활용하는 것이 좋다.

### (6) 구입식품의 품질유지

식품구입 시 신선한 식품의 선택뿐만 아니라 식품의 구입순서에서도 신경을 써야 한다. 무거운 식품을 먼저, 가볍거나 부서지기 쉬운 식품과 냉장·냉동식품은 계산 전 마지막 단계에 구입하도록 동선을 관리한다. 구입한 식품은 저장까지 품질유지에

신경을 써야 하며, 가격이 쌀 때 다량 구입하여 식품별 적절한 저장방법으로 보관해야 한다.

**〈표 7-4〉 가족식단의 1일 구매량 산출**

| 식품명 | | 식단상의 필요량 (g) | 폐기율 (%) | 구매필요량 (g) | 재고량 (g) | 실제구매량 (g) | 구매명세/비고 |
|---|---|---|---|---|---|---|---|
| 쌀 (백미) | 쌀밥 | 450[1]+410+410 = 1,270 | 0 | 1,270 | 300 | 8kg | |
| | 보리밥 | | | | | | |
| | 잡곡밥 | | | | | | |
| 납작보리 | | 40[2] | 0 | 40 | 500 | × | |
| 잡곡 | | 40[3] | 0 | 40 | 복합잡곡 1kg | × | 콩, 조, 수수 등 기호에 따라서 선택 |
| 팥시루떡 | | 390 | 0 | 390 | 0 | 390 | |
| 쇠고기 | | 480 | 0 | 480 | 100 | 380 | 불고기용으로 구입 |
| 북어 | | 30 | 0 | 30 | 0 | 500g 1봉지 | 북어채 구입 |
| 오징어 | | 480 | 22 | 615 (≒ 480×1.28 or 480 ≒ 0.78) | 0 | | 다듬어진 오징어는 폐기율 0 |
| 두부 | | 120 | 0 | 120 | 0 | 두부 1모 (500g) | 1/5모 사용 후 냉수 채워 밀봉 냉장보관 |
| 계란 | | 180 | 14 | 209 ≒ 210 (3.5개) | 10개 | × | 1개 60g |
| 미역(물) | | 75 | 0 | 75 | 염장미역 50g | × | 건미역은 물에서 12배 정도 팽창하므로 6~7g 사용 |
| 버섯 | | 75 | 0 | 75 | 0 | 80 | 계절 버섯을 다양하게 구입 |
| 무 | | 175 | 5 | 184≒190 | 0 | 중1개 | 中 1개 50g |
| 배추 | | 175 | 8 | 190≒200 | 1/2포기 | 0 | 1포기 1,300g |
| 애호박 | | 140 | 8 | 152≒160 | 0 | 1개 | 1개 330g |

| 식품명 | | 식단상의 필요량 (g) | 폐기율 (%) | 구매필요량 (g) | 재고량 (g) | 실제구매량 (g) | 구매명세/비고 |
|---|---|---|---|---|---|---|---|
| 양파 | 버섯 야채볶음 | 175+140=315 | 8 | 342≒350 | 中 1개 | 中 2개 | 中 1개 166g |
| | 호박 된장국 | | | | | | |
| 오이 | | 350 | 8 | 380 | 中 1개 | 中 1개 | 中 1개 200g |
| 깍두기 | | 100 | 7 | 108≒110 | 3L | 0 | |
| 배추김치 | | 140 | 0 | 140 | 2L | 0 | |
| 시금치 | | 245 | 14 | 285≒300 | 0 | 1단 | |
| 감 | | 500 | 0 | 200 | 0 | 4개 | 1개 40g |
| 사과 | | 400 | 0 | 400 | 5개 | × | 1개 200g |
| 액상요구르트 | | 450mL | 0 | 450 | 0 | 3개 | 150mL×3개 |
| 우유 | | 800mL | 0 | 800 | 0 | 800ml | 200mL×4 |
| 간장, 고춧가루, 고추장, 된장, 소금, 식초, 식용유 | | | | | | | 양념 재고 사용 |
| 파 | | 적당량 | 16 | 가족 기호에 따라 적당량 | | | 깐마늘, 깐파는 폐기율 0 |
| 마늘 | | 적당량 | 17 | | | | |

1) 밥은 쌀 무게의 2.1배 가정
2) 약 10%의 잡곡밥으로 가정
3) 쌀 10 : 콩 1
쌀 20 : 흑미 1
수수는 하루 이상 물에 담그는데, 5번 이상 물을 갈아주고, 비벼가면서 힘주어 씻는다.

자료 : 폐기율 - 대한영양사협회, 단체급식조리, 1996
목측량 - 식품연구소, 식품 및 음식의 눈대중량, 1998
대한영양사협회, 단체급식 표준조리 레시피, 2007
농촌진흥청 · 대한지역사회영양학회, 식품영양가표, 2009

## 2) 급식소에서의 식품구매절차

급식소에서의 식품구매가 효과적으로 이루어지지 않는다면 영리를 목적으로 하는 급식업체는 최대한의 이윤창출을 추구할 수 없으며, 비영리급식소에서는 지출규모가 필요 이상으로 커질 수 있다. 급식소에 따라 특징적인 구매절차를 가질 수 있으며, 기본적인 단계는 다음과 같다(그림 7-4).

그림 7·4
급식소의 식품구매절차

### (1) 구입식품의 종류, 수량 및 품질 결정

식단이 작성되면 급식생산부서에서 구매부서로 필요한 식품의 종류와 구매수량이나 품질 등을 결정하여 구매를 요청한다.

### (2) 구매요구서 작성 · 승인

구매요구서는 구매하고자 하는 제품의 품질 및 특성을 기술한 서식으로 물품의 사용부서, 구매부서, 검수부서, 창고관리부서 및 공급업체에서 고유 업무수행 시 참고하며, 급식소 전체의 품질표준을 유지하는 데 중요한 서식이다. 구매를 요청하는 부서에서 사전에 작성한 구매요구서를 제출하여 구매담당자의 승인을 받아 구매가 처리된다.

### (3) 공급업체 선정

구매담당자는 구매요구서에 근거하여 필요한 물품을 공급해줄 수 있는 업체를 선정한다. 공급업체의 위생관리능력, 운영능력 및 위생상태를 고려하여 계약을 체결한다. 계약 시 물품공급에 필요한 제반 사항 즉, 날짜, 가격, 배달조건 등에 관하여 명시하고, 예기치 않은 상황이 발생할 경우 계약조건을 재협상할 것 등의 내용을 포함한다. 계약기간은 식품의 종류, 창고의 크기와 수량, 사용시기, 대금 지불시기 등을 고려하여 설정하는데, 채소류, 육류, 과일류, 난류, 어패류, 반가공식품들은 주단위로, 설탕, 식용유, 밀가루는 월단위로, 가격변동이 적은 조미료, 고춧가루, 깨 등은 3개월 단위로 일반적으로 계약이 이루어진다.

### (4) 발주량 결정 및 발주서 작성

구매요구서의 물품필요량에 근거하여 발주량을 결정한다. 재고량이 없는 경우는 요청한 물품의 필요량을 그대로 발주량으로 하고, 재고가 있는 경우에는 재고량을 고려한다. 발주서를 작성하여 구매업체에 보내 구매를 요청한다.

### (5) 물품의 배달 및 검수

물품이 배달될 때 납품서 또는 거래명세서를 받고, 검수담당자는 배달된 물품을 철저하게 검수한다.

### (6) 저장 및 재고 관리

포장단위나 가격에 따라 필요량보다 많이 구입된 것은 적절한 방법으로 저장하여 재고로 관리한다.

### (7) 구매기록의 보관 및 대금 지불

구매과정에 사용된 모든 기록은 다음 구매활동의 자료가 되고 대금지불의 근거로 사용되므로 일정기간 동안 보관한다.

# 제8장 식품별 품질감별 및 보관관리

Meal Management

식단에 적합한 식품재료를 구입하려면 식품의 품종 및 품질을 감별할 수 있는 지식을 지니고 있어야 한다.

## 8-1 육류 및 육류가공품

### 1) 육류

축산물의 유통경로는 사육농가에서 도축장, 가공장, 판매장을 거쳐 소비자에게 공급된다(그림 8-1). 육류 특유의 색과 윤기를 가지고 있으며, 이상한 냄새가 없는 것이 좋다. 색으로 볼 때 쇠고기는 담적갈색이 좋으며 암적색은 노쇠이거나 영양불량으로 본다. 돼지고기는 엷은 선홍색을 띠면서 윤기가 나는 것이 좋으며, 닭고기는 담적백색이 좋다. 또한 양고기는 적색(벽돌색과 같은 색), 고래고기는 암적색이 좋다.

지방질의 색으로 쇠고기는 크림색이 나는 백색, 돼지고기는 흰색, 닭고기는 담황색, 양고기는 백색이 좋다. 일반적으로 신선한 육류에는 투명감이 있으나, 오래되면 불투명하게 되며, 고기의 색도 회색·황색·초록색으로 변한다. 손가락으로 눌렀을 때 자국이 생겼다가 곧 없어져야 신선한 고기이다.

그림 8·1
축산물의 유통경로

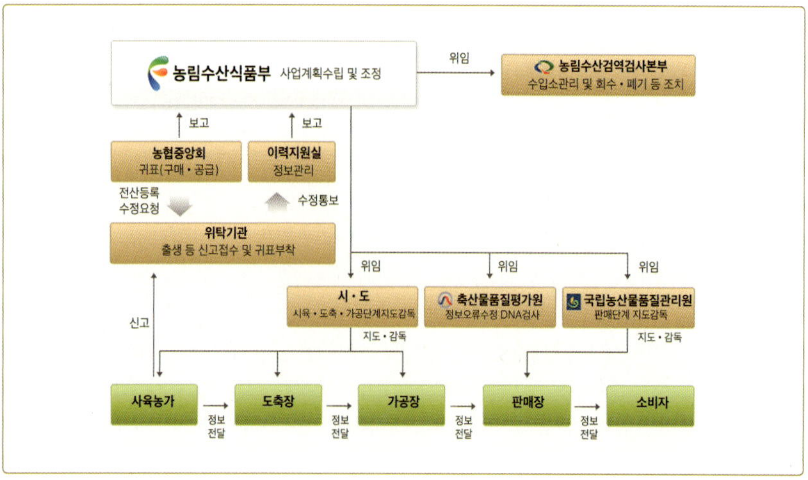

고기의 품질, 특히 단단함과 연함은 지방이나 결체조직의 분포에 의하여 지배되며, 지방이 적고 결체조직이 많은 고기는 단단하므로 용도에 따라 적당한 것을 선택하여야 한다. 특히 돼지고기의 품질은 삼겹살의 상태, 고기의 색깔, 지방의 침착 정도 등에 따라 결정되며, 육질의 등급($1^+$, 1, 2, 3등급)을 보고 선택한다. 더욱이 검사에 합격한 육류에는 적색, 청색 또는 초록색 검인이 찍혀 있다.

소비자의 여건과 기호에 따라 한우, 육우, 젖소, 수입육 등 쇠고기의 종류를 선택하여 구매할 수 있도록 모든 식육판매업소에서 의무적으로 쇠고기를 종류별로 구분·판매하고 있으며, 쇠고기의 종류는 식육판매표시판의 원산지 표시란에 표시되어 있으므로 구입하기 전에 표시판을 확인해야 한다.

좋은 쇠고기와 돼지고기를 고를 때에는 요리용도에 맞는 부위, 경제적 여건에 맞는 고기, 원산지와 등급 등 식육판매표시판에 표시된 사항을 확인하고 고기의 신선도 등을 눈으로 직접 확인하고 감별, 품질 판정 후 선택한다(표 8-1, 그림 8-2).

**〈표 8-1〉 고기류의 감별**

| 품명 | 감 별 방 법 |
|---|---|
| 쇠고기 | • 고기의 결이 촘촘하게 들어차 있는 것이 육질이 부드럽고 연하다.<br>• 고기의 풍미와 식욕을 돋우는 지방은 유백색을 띠며 적당히 부드럽고 탄력과 광택이 있는 것이 좋다.<br>• 썰어진 절단면의 결이 곱고 윤기가 있으며 선홍색을 띤 것이 신선하고 연하며 맛이 좋다.<br>• 조리목적에 적합한 고기의 부위를 선택하는 것이 가장 중요하다. |
| 돼지고기 | • 고기의 색이 분홍색을 띠는 붉은색이 좋다.<br>• 지방의 색이 희고 굳은 것이 연하고 냄새가 없다.<br>• 결이 곱고 탄력이 있는 고기가 신선한 어린 돼지의 고기로 맛이 있다. |
| 닭고기 | • 고기의 색이 선명하고 투명감이 있는 것이 신선하다.<br>• 품질이 나쁜 것은 살이 단단하지 못하여 풀어진 상태이며 날개 부분이 끈적거린다. |

TIP

**쇠고기 이력추적제**

소의 출생에서부터 도축·가공·판매에 이르기까지의 정보를 기록·관리하여 위생·안전에 문제가 발생할 경우 그 이력을 추적하여 신속하게 대처하기 위한 제도를 말한다. 쇠고기 유통의 투명성을 확보할 수 있으며, 원산지 허위표시나 둔갑판매 등이 방치되고, 판매되는 쇠고기에 대한 정보를 미리 알 수 있어 소비자가 안심하고 구매할 수 있다.

그림 8•2
쇠고기 품질판정 예

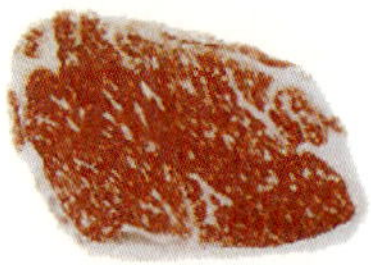

근내 지방도가 높은 등심

근내 지방도가 낮은 등심

TIP

**쇠고기의 종류**

도축된 소에 대해 검사관은 검사합격 표시를 하며 쇠고기 종류에 따라 한우는 적색, 육우는 초록색, 젖소는 청색으로 색깔을 달리한다.

- 국내산 쇠고기
  - 한우고기 : 순수한 한우에서 생산된 고기
  - 육우고기 : 육종용, 교잡용, 젖소 수소 및 송아지를 낳은 경험이 없는 젖소 암소에서 생산된 고기
  - 젖소고기 : 송아지를 낳은 경험이 있는 젖소 암소에서 생산된 고기
  - * 국내에서 6개월 이상 사육된 수입 생우에서 생산된 고기는 국내산 육우고기로 구분하여 수출국을 함께 표시한다.
- 수입 쇠고기 : 외국에서 수입된 고기

## 2) 육류가공품(훈제품)

육류가공품에는 햄 · 소시지 · 베이컨 등이 있다. 가공품의 종류는 다양하며, 각각 특징을 가지고 있고 비교적 장기적(약 8개월~1년)으로 저장할 수 있도록 만든 것도 있다. 제조일 및 유통기한을 확인하고 포장상태의 손상 유무를 확인한 뒤 될 수 있는 한 최근에 생산된 것을 선택한다.

햄은 자른(슬라이스) 면이 신선한 장미색으로 탄력 있고 살이 갈라진 곳이 없어야 하며 특유한 향기와 훈연한 냄새가 있고, 소시지는 자른 곳이 담홍색으로 향미료와 향기가 있거나 끈기가 있는데 이상한 냄새가 나는 것은 좋지 않다.

베이컨은 살과 지방의 두께가 일정하고 특유한 훈연냄새가 나며 광택이 있고 건조

하지 않은 것이 좋다. 잘랐을 때 색과 광택이 양호한 것이 좋으며, 내층과 외층의 응고상태가 다른 것은 좋지 않다. 손으로 눌러 보아서 탄력이 있는 것이 좋으며, 오래된 제품은 탄력이 없어진다.

훈제품은 그대로 사용해도 좋은 식품이지만 뜨거운 물에 잠깐 넣거나, 끓이거나, 볶아서 사용하면 더욱 안전하다. 좋은 소시지는 변형되지 않은 것, 포장상태의 손상 없이 밀봉이 완전한 것, 손상되지 않은 것, 포장용기와 내용물이 유리되어 있지 않은 것, 손으로 눌러 탄력이 있는 것, 녹말 함량이 9% 이하인 것 등이다. 포장지나 캔에 쓰인 제조일 및 유통기한을 확인하며, 착색료도 유의한다.

TIP

### 축산물 등급제도

우리 식생활에 이용되는 축산물(쇠고기·돼지고기·닭고기·계란)의 품질을 정부가 정한 일정기준에 따라 구분하여 **품질을 차별화**함으로써 **소비자에게 구매지표를 제공**하고 생산자에게는 보다 좋은 품질의 축산물을 생산하게 하여, **축산물 유통을 원활**하게 하는 **생산자·유통업자·소비자 모두를 위한 제도**이다.

**축산물의 등급화 거래**

축산물의 품질향상과 유통의 원활 및 가축개량 촉진을 위하여 축산물의 품질에 따라서 거래하는 것으로 지역, 축산물의 종류, 형태 및 시행시기 등을 농림수산식품부장관이 정하여 고시

**등급제의 필요성**

국민소득의 증가로 식생활이 변화함에 따라 육류소비 경향이 양에서 질 위주로 전환되어 고급육의 선호도가 높아졌으며 외국산 고기의 수입개방에 대응하기 위하여 품질이 우수한 국내산 고기 생산이 절실히 요구되고 있음. 한편 육류유통이 생축에서 점차 지육 및 부분육으로 거래됨에 따라 객관적이고 과학적인 거래지표가 요구됨.

**등급제의 효과**

- 소비자 : 사고자 하는 고기의 품질을 식별할 수 있어 구입선택의 폭이 넓어짐.
- 유통업자 : 고객수준에 맞는 품질의 고기를 제공할 수 있어 소비자와의 신뢰구축과 판매이익 등의 예측이 가능해 안정적 영업활동이 가능
- 생산자 : 등급결과를 이용하여 품질이 좋은 가축생산으로 소득증대 효과

※ 축산물등급제는 등급에 의한 차등거래 실시로 소비자·유통업자·생산자를 보호

TIP

### 쇠고기 등급판정

쇠고기는 육질등급과 육량등급으로 구분하며, 모든 국내산 쇠고기는 등급판정을 받은 후에 유통

육질등급판정

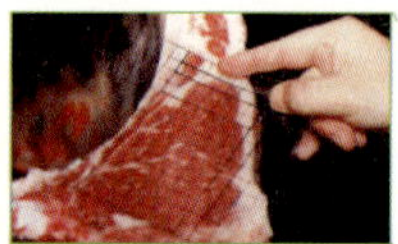
육량등급판정

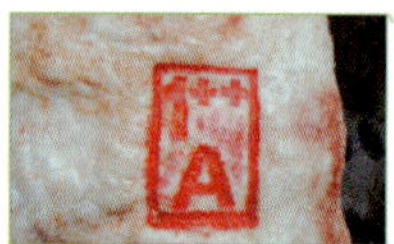
등급인 날인

### 등급의 표시방법

- 육질등급은 고기의 품질 정도를 나타내며, 소비자의 선택기준으로 $1^{++}$, $1^{+}$, 1, 2, 3등급으로 구분
- 육량등급은 소 한 마리에서 얻을 수 있는 고기의 양이 많고 적음을 나타내며, 유통과정에서의 거래지표로 A, B, C등급으로 구분

$1^{++}$등급 쇠고기

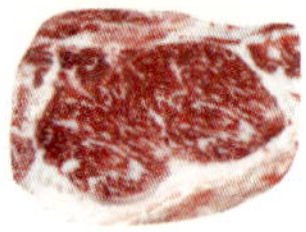

3등급 쇠고기

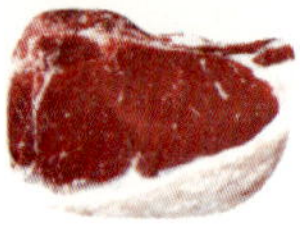

### 쇠고기 등급판정 시행성과

- 쇠고기 등급판정사업은 한우의 품질경쟁력을 세계적 수준으로 끌어올리는 견인차 역할을 함.
- 등급제도 시행으로 한우산업에서 연간 2,138억 원의 소득증대 효과

TIP

**돼지고기 등급판정**

돼지고기는 육질등급과 규격등급으로 구분하며, 모든 국내산 돼지고기는 등급판정을 받은 후에 유통

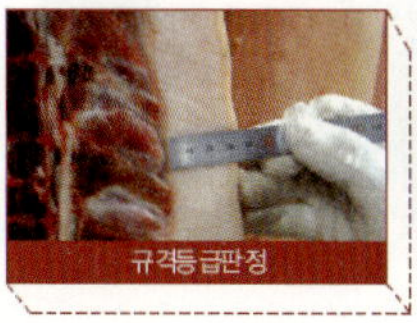


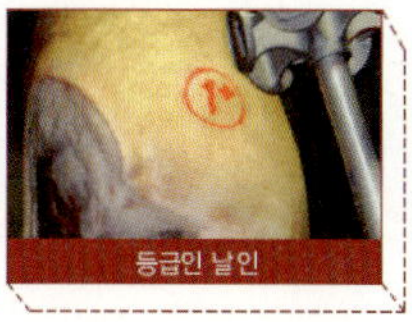


**등급의 표시방법**

- 육질등급은 고기의 품질 정도를 나타내며, 소비자 선택의 기준으로 $1^+$, 1, 2등급으로 구분
- 규격등급은 도체중과 등지방 두께 및 외관 등을 종합적으로 고려하여 A, B, C등급으로 구분

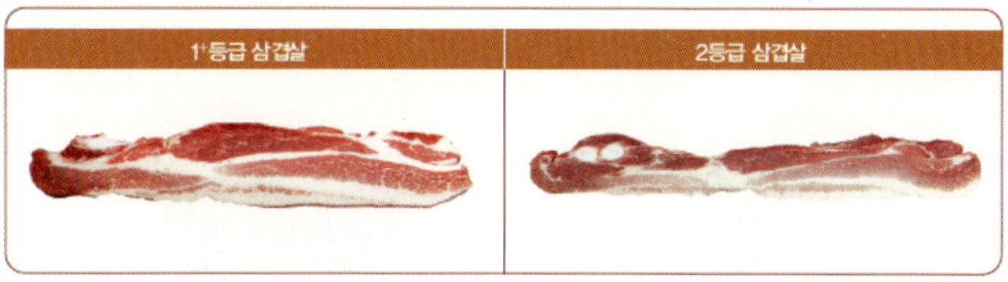


**돼지고기 등급판정 시행성과**

- 돼지 등급판정사업의 수행으로 돼지고기의 품질경쟁력을 꾸준히 확보하게 됨.
- 등급제도 시행으로 돈육산업에 연간 1,059억 원의 소득증대 효과

TIP

**닭고기 등급판정**

닭고기의 품질은 $1^{+}$, 1, 2등급으로 구분

**닭고기의 품질등급**

- 통닭의 품질은 $1^{+}$, 1, 2등급으로 구분
- 부분육의 품질은 1, 2등급으로 구분
- 닭고기 등급기준이 학교 식자재 납품기준으로 선정되면서 품질과 등급판정 불량이 대폭 증가됨.

피부색이 좋으며 광택이 있다.
탄력이 좋고 외부손상이 없다.

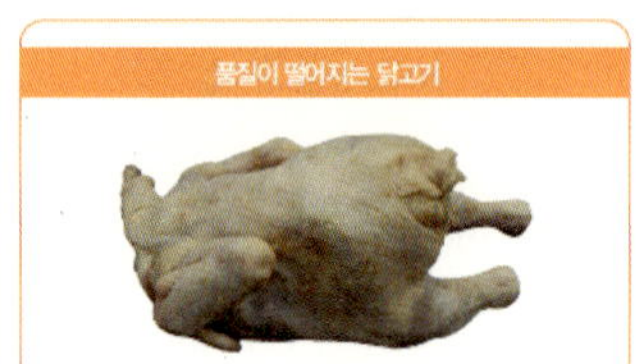


피부색이 나쁘고 광택이 떨어진다.
탄력이 낮으며 외부손상이 있다.

**등급표시**

TIP

**오리고기 등급판정**

오리고기의 품질은 $1^{+}$, 1, 2등급으로 구분

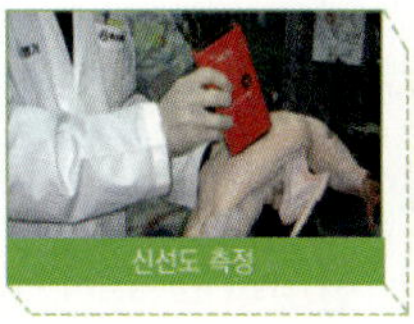

**오리고기의 품질등급**

- 외관, 비육상태, 지방부착, 잔털, 깃털, 신선도, 외상, 변색, 뼈의 상태, 이물질 부착, 냄새, 도체처리 등 품질기준에 따라 판정

**등급표시**

## 8-2 어패류

### 1) 생선류

생선류는 모양, 색, 냄새 등에 따라 관능적으로 감별할 수 있다. 외형은 선명 · 확실하고 손으로 눌렀을 때 탄력이 있어야 한다. 모든 생선은 공통적으로 껍질과 비늘이 단단히 밀착되어 있고 가지런하며, 선명하고 윤기가 있는 것이 좋다. 또한 눈알이 맑으며, 아가미는 선홍색이고, 내장이 나와 있지 않으며, 육질에 탄력이 있고 생선 특유의 냄새를 가진 것이 좋다. 생선은 신선할수록 맛이 좋기 때문에 생선을 구입할 때에는 주의하여 살이 단단하고 눈알이 싱싱한 것으로 선택해야 한다. 생선은 매우 상하기 쉬운 음식물이므로 여름철엔 특히 주의해야 한다.

### 2) 말린 생선

말린 생선은 그대로 말린 것, 소금에 절여 말린 것, 데쳐서 말린 것, 그을려서 말린 것 등으로 나누는데 생선 고유의 모양을 유지하며 손상된 부분이 없고, 건조상태가 좋은 것으로 흙 · 모래 · 먼지가 붙어 있지 않고, 냄새에 이상이 없는 것이 좋다. 건조도가 나쁜 것은 부패하기 쉬우므로 주의해야 한다.

### 3) 소금에 절인 생선

살이 단단하고 탄력이 있으며 바싹 마르지 않은 것이 좋다. 예를 들면, 소금에 절인 연어는 살이 충분히 수축해 있어 겉이 황금색을 띠는 것이 좋으며, 소금에 절인 가자미는 고기가 크고 배가 망가지지 않은 것이 좋다. 또한 자반고등어의 경우 너무 짜지 않게 간을 맞춘 것, 내장 등의 이물질이 남아 있지 않고 살이 눌렸거나 뼈에서 떨어지지 않은 것을 선택한다. 모든 수산물의 수산정보 포털사이트(http://www.fips.go.kr)를 통해 정보를 확인할 수 있다.

### 4) 패류

껍질이 두꺼운 것은 늙은 조개로 속이 적으며, 껍질이 얇을수록 어린 조개이다. 물기가 있고 입이 열린 것이나 굳게 닫힌 것은 죽은 것이므로 주의한다. 봄철은 산란기이므로 맛이 나쁘며, 겨울철의 패류가 맛이 더 좋다〈표 8-2〉.

**〈표 8-2〉 생선류와 패류의 감별**

| 품 명 | | 감 별 방 법 |
|---|---|---|
| 생선류 | 고등어, 삼치, 대구, 명태(동태) | • 생선류는 특유의 색을 가지며, 살이 단단하고 이취가 없어야 한다.<br>• 고등어는 등색이 푸르게 윤택이 나고 살이 단단한 것이 좋다.<br>• 삼치는 등 쪽이 회청색이며 윤기가 흐르는 것이 좋다.<br>• 말린 대구는 싱싱하고, 투명할 정도로 하얀 것이 좋다. |
| 조개류 | 가리비, 굴, 조개, 패주, 소라, 홍합, 바지락, 꼬막, 백합 등 | • 조개껍데기가 두꺼운 것은 늙은 조개로 속알이 적으며, 껍데기가 얇은 것이 어린 조개이다.<br>• 물기가 있고 입이 열리거나 굳게 닫힌 것은 죽은 것이다.<br>• 봄철의 조개류는 산란기이므로 맛이 나쁘며, 독성을 가질 수 있으므로 조심하고 가을, 겨울철의 것이 맛이 더 좋다. |
| 갑각류 | 게, 새우, 가재, 바닷가재 등 | • 딱딱한 껍데기가 여러 조각으로 마디마디 나뉘어져 있는 것이 특징이다.<br>• 신선류의 가격이 더 비싸고 신선류도 수입이 많이 되어 판매되므로 구입하여 바로 조리하는 경우에는 신선한 것을 사고, 냉동보관 후 사용할 것은 굳이 신선한 것을 구입하지 않아도 된다.<br>• 새우는 종류에 따라 크기와 모양이 다르며, 녹색을 띤 회색에서부터 갈색을 띤 붉은색까지 있으나 조리 후에는 모두 분홍색을 띤다. |
| 게 | 꽃게, 왕게, 닭게, 대게 등 | • 게는 살아 있거나 암컷이 수컷과 냉동게보다 더 비싸다.<br>• 크기가 클수록 가격이 비싸다. |
| 연체류 | 문어, 낙지, 꼴뚜기, 오징어, 한치, 갑오징어, 해삼 등 | • 신선한 오징어는 등쪽이 흑갈색이며 빛나고, 살이 단단하고 탄력이 있으며, 신선도가 떨어짐에 따라 흰색이 되고 더 오래되면 어두운 적갈색이 되며 탄력이 없어진다.<br>• 좋은 오징어, 문어, 낙지는 발이 절단되지 않고, 해동 시 특유의 끈적거림이 많으며 발에 붙어 있는 돌기가 달라붙을 것처럼 흡착력이 좋은 것이 신선한 것이다. |

## 8-3 난류

갓 낳은 달걀을 사용하는 것이 이상적이지만, 보통 양계장이나 농가에서 가져온 것을 판매하므로 다소 시일이 걸린다. 또한 달걀은 봄철에 많고, 여름과 가을철에는 적으므로 어느 정도 저장하였다가 출하되기도 하는데, 상자에는 보통 출하연월일이 표시되어 있으며, 낱개로 표시하기도 한다. 또한 겉포장용기에 유통기한을 표시해서 유통시키고 있다.

달걀의 중량규격은 달걀 무게에 따라 〈표 8-3〉과 같이 구분한다.

달걀의 품질등급은 $1^{+}$등급, 1등급, 2등급, 3등급으로 구분하며, 표본달걀 검사방법에 따른 품질평가기준으로 A, B, C, D등급으로 나눈다(그림 8-3).

좋은 달걀을 고르는 요령은 외견으로 볼 때 달걀껍질 전부의 결이 곱고 매끈하여 광택이 있으며 더럽지 않은 것을 고른다. 껍질에 싸여 있어 신선도를 확인하기 어려우므로 등급판정을 받은 달걀을 구입하면 등급을 통해 위생적이고 안전한 달걀을 선택할 수 있다.

달걀의 신선도를 판단하는 데는 외관, 투광, 할란과 같은 판정이 있다. 즉, 표면이 꺼칠꺼칠하고 광택이 없으며, 혀를 대보아 둥근 부분이 따뜻하고, 뾰족하게 된 부분은 찬 것이 신선한 것이다. 또한 달걀검사기, 햇빛, 전등에 비추어 보면 신선한 것은 전부 환하지만, 오래된 것은 어둡고 탁하다. 또 흔들어 보면 신선한 것은 소리가 없으나 오래된 것은 소리가 나며, 부패된 것은 물과 같은 소리를 내기도 한다. 신선란의 비중은 1.08 정도이다. 달걀은 저장하면 기공에서 수분이 증발하여 무게가 감소하고 기공은 커져 비중이 줄어든다. 비중 1.027의 식염수로 달걀의 신선도를 추정하기도 하는데, 신선한 알은 가라앉고, 부패한 달걀은 위로 뜨게 된다. 실제로 달걀을 깨보는 것이 가장 확실한 방법인데, 노른자위가 높이 솟아 있으며, 흰자위가 모아져 있는 달걀이 품질이 좋고, 노른자위나 흰자위가 퍼져 있는 것은 품질이 떨어지는 달걀이다.

달걀을 깨어 평판(平板) 위에 놓았을 때 난황계수(卵黃係數, 난황높이÷난황지름)가 큰 것, 호우단위(Haugh Units, 달걀 무게와 농후난백 높이를 측정하여 산출)가 72 이상(A등급)이거나 수양난백과 농후난백의 구별이 확실한 것이 신선한 것이다.

**〈표 8-3〉 달걀의 중량규격**

| 규격 | 왕란 | 특란 | 대란 | 중란 | 소란 |
|---|---|---|---|---|---|
| 중량 | 68g 이상 | 68g 미만 ~ 60g 이상 | 60g 미만 ~ 52g 이상 | 52g 미만 ~ 44g 이상 | 44g 미만 |

그림 8•3
**달걀의 품질판정 및 등급표시**

### 계란 등급판정

계란의 품질은 $1^+$, 1, 2, 3등급으로 구분

### 계란 품질등급

- 세척한 계란에 대해 외관검사, 투광 및 할란판정을 거쳐 $1^+$, 1, 2, 3등급으로 구분
- 계란 등급기준이 학교 식자재 납품기준으로 선정되면서 품질과 등급판정 물량이 대폭 증가됨.

노른자위가 높이 솟아 있으며, 흰자위가 모아져 있다. (좌)
노른자위와 흰자위가 넓게 퍼져 있다. (우)

### 등급표시

## 8-4 우유 및 유제품류

우유는 일반적으로 시유(시중에 판매되는 액상의 백색 우유)와 가공유로 구분되나 제조방법이나 용도, 사용원료 등에 따라 여러 가지로 분류할 수 있다. 살균방법에 따라 살균우유와 멸균유로 구분하며, 지방 함량의 정도와 유무에 따라 강화우유, 라이트우유(저열량우유 · 다이어트우유) 등으로 나뉜다. 또한 원료유의 품질이나 등급에 따라 1등급우유, 후레쉬우유, 특정 성분의 첨가 여부나 조성에 따라 DHA우유, 비피더스우유, 고칼슘우유 등으로 나뉜다. 그 외에 유당분해우유, 환원우유, 버터밀크 등이 있다.

우선 눈으로 보아 변질되지 않은 것을 선택하고 용기나 뚜껑이 손상되지 않고, 보기에도 깨끗하며, 제조일이 확실한 것이어야 한다. 색은 유백색에서 약간 형광색을 띠는 것으로 뚜껑을 열었을 때 우유의 독특한 향기 이외에는 아무런 냄새도 없는 것이 좋고, 마셨을 때 우유의 맛이나 냄새의 변화를 감지하기 어려울 때는 우유를 입에 머금고 코를 통해 공기를 내보내면 냄새를 분별하기 쉽고 맛을 감별할 수 있다.

**TIP**

**신선한 우유 선택요령**

- 포장이 깨끗하고 각종 표시가 선명하며 확실해야 한다.
- 포장 접착 부위에 우유가 새어 나오거나 포장의 형태가 일그러져 있어서는 안 된다.
- 포장의 개봉이 용이하여야 하며 바닥에 침전물이나 이물이 없어야 한다.
- 개봉 후 포장 내부에 거품이 있어서는 안 되며, 적정용량이 들어 있어야 한다.
- 개봉 후 우유의 색상이 유백색으로 미려하고 이미, 이취가 없어야 한다.
- 사용목적에 맞은 우유를 선택해야 한다.
- 적정 냉각온도로 보관되어 있어야 한다.
- 멸균우유는 포장의 균열, 파손이 없어야 하며, 공기의 흡입이나 가스의 생성이 없어야 한다.

**TIP**

**우유의 지방 함량**

- 일반우유 : 지방 3~4%
- 저지방우유(low fat milk) : 지방 1%
- 탈지우유(non fat milk) : 지방 0.5% 이하

## 8-5 채소류

채소는 그 속에 포함된 미량 성분이 불안정하고, 밭에서 수확한 후 시간이 경과함에 따라 영양소의 손실이 크므로 될 수 있는 한 신선한 것을 선택해야 한다. 또한 시들거나 벌레가 먹지 않고 반점이 없는 것으로 특유한 색과 향기를 지녔으며, 천연으로 재배된 것이 좋다〈표 8-4〉.

### 1) 당근

사계절을 통하여 생산되나 종류에 따라 생산되는 계절이 다르며 봄과 가을철에 많이 생산된다. 색은 붉은색이 나는 주홍색이 신선하고 카로틴(carotene)의 함량도 많다. 모양은 품종에 따라 다르나 긴 것보다 둥글고 살찐 것, 짧고 마디가 없는 것이 좋다. 잘랐을 때 단단한 가운데 심이 없고 전체가 같은 색을 띠고 선명한 것이 좋으며 텍스처가 곱고 단맛이 나는 것이 좋다.

### 2) 무

사계절을 통하여 재배되고 있으며 품종도 다양하다. 크게 나누어 조선무, 일본무, 가을무, 여름무, 20일무(radish) 등이 있는데 이들은 김치, 국, 찌개, 무말랭이, 단무지 등의 용도에 따라 선택된다. 여름무는 고랭지무로 가격이 비싸나, 가을무 전에 수확되어 이용가치가 크다. 20일무는 표면의 붉은색을 이용하여 샐러드, 장아찌, 초절임으로 사용하면 좋다. 이와 같이 품종, 계절, 용도에 따라 알맞은 무를 선택하도록 해야 한다. 무는 속이 꽉 차고 바람이 들지 않으며 육질이 단단하면서 치밀하고 연한 것이 좋다. 또한 색, 광택, 모양이 좋은 것이라야 한다. 바람이 든 무는 외관, 두드렸을 때의 소리, 외측의 잎을 떼었을 때의 상태, 위쪽을 잘랐을 때의 상태로 판단할 수 있다.

### 3) 우엉

길게 쭉 뻗고 살집이 좋으며 겉껍질이 부드럽고 고운 것이 좋다. 구부러진 것, 건조한 것, 바람이 든 것은 좋지 않으며 바람이 든 것은 들어보았을 때의 느낌과 자른 상태로 판단할 수 있다.

#### 4) 시금치

시금치는 재래종과 서양종으로 나누는데 10월부터 다음 3월경까지 나오는 것이 재래종으로서 잎 끝이 뾰족하고 울퉁불퉁한 것이 심하나 맛은 좋다. 봄이 지나면 줄기가 생기므로 연한 잎이 적어진다. 서양종은 줄기는 더디게 생기나 맛은 재래종보다 떨어진다. 줄기나 잎이 잘 자라서 진한 초록색을 띠는 것이 좋으며 줄기가 나오지 않고 잎이 많아 부드러운 것이 좋다.

#### 5) 양배추

전국적으로 재배되므로 연중 생산된다. 속이 잘 차 있고 무거우며 잎이 두껍고 광택이 있는 것이 좋다. 벌레가 먹었거나 줄기가 부드러워진 것은 불량품이다. 잎이 누렇게 뜬 것은 오래된 것이므로 주의해야 하며 잎의 색이 푸른색을 띠는 것이 신선한 것이다.

#### 6) 파 · 양파

파는 광택이 있고 부드러운 것이 좋으며 굵기가 고르고 건조하지 않은 것이 좋다. 뿌리에 가까운 부분의 흰색이 길고 잎이 싱싱한 것이라야 한다. 양파는 납작한 것과 둥근 것이 있는데 색과 광택이 좋고 충분히 건조하여 중심부를 누를 때 무르지 않은 것이 좋다.

#### 7) 토마토

보통 시장에서 파는 것은 착색하지 않은 것이므로 좀 무거운 느낌을 주고 꼭지 부분이 푸른색을 띤 것을 선택하면 된다. 자연적으로 익어서 붉은 것이어야 하며 너무 붉은 것은 오래된 것이므로 신선도가 떨어진다.

### 8) 오이

사계절을 통하여 생산되지만 역시 늦은 봄부터 여름철의 것이 값도 싸고 영양도 많다. 오이는 꼭지가 마르지 않고 색깔이 선명하며 고르게 같은 굵기로 표면에 가시가 있고 꼭지에 마른 꽃이 달린 것으로 무거운 느낌이 나는 것이 좋다. 또한 눌러보았을 때 단단한 것이 좋은데 푸석푸석한 것은 수분이 적고 씹히는 맛이 좋지 않다. 재래종은 껍질이 얇고 씨가 들어 있지 않은 것이라야 한다.

채소 및 과일류는 국립농산물품질관리원 홈페이지(http://www.naqs.go.kr)에서 정보를 얻을 수 있다.

〈표 8-4〉 경엽채류의 감별

| 품명 | 좋은 농산물 | 좋지 않은 농산물 |
|---|---|---|
| 배추 | • 모양이 좋고 알속이 꽉 채워져 단단하며 겉잎 버림이 적고 신선하고 수분이 적어 보이는 것<br>• 짓눌림, 상처가 없는 것 | • 속이 덜 채워져 가볍고 무른 것<br>• 줄기부분이 억세고 푸른빛이 너무 강한 것 |
| 양배추 | • 겉잎이 깨끗하고 윤기가 나며 청색이 많은 것<br>• 겉잎이 잘 벗겨지지 않고 알속이 꽉 차 단단하고 무거운 것 | • 겉잎에 상처가 있거나 시들거나 짓무른 것<br>• 알속이 덜 채워져 가벼운 것<br>• 병충해(민달팽이)의 피해가 있는 것 |
| 상추 | • 부드럽고 깨끗하며 잎이 너무 크지도 않고 작지도 않은 것<br>• 줄기 부분을 잘랐을 때 우윳빛과 같은 흰 액체가 나오는 것 | • 깨끗하지 못하며 잎의 크기가 고르지 않은 것<br>• 잎이 얇고 누렇게 뜬 잎이 섞여 있는 것 |
| 양상추 (결구상추) | • 줄기가 짧고 뿌리를 깨끗이 잘랐으며 잎의 수도 많고 주름이 고르게 잡혀 있으며 두꺼워 보이는 것 | • 초록잎이 많은 것<br>• 잎에 상처가 있어 누렇게 된 것 |
| 시금치 | • 잎 수가 많고 두껍고 싱싱하며 마른 잎이 없는 것<br>• 병충해의 피해가 없고 뿌리와 줄기의 아랫부분의 붉은색이 선명한 것 | • 잎과 줄기가 일정하지 않고 웃자랐거나 꽃대가 나온 것<br>• 줄기가 길고 뿌리를 자르지 않은 것 |
| 미나리 | • 줄기가 굵고 마디 사이가 길며 줄기에 붉은빛이 없는 것<br>• 잎은 진한 녹색으로 윤기가 나는 것 | • 잔뿌리가 많고 길이와 굵기가 고르지 않은 것<br>• 줄기가 짧거나 부러진 것이 있으며 가는 것 |

〈표 8-5〉 화채류의 감별

| 품명 | 좋은 농산물 | 좋지 않은 농산물 |
|---|---|---|
| 콜리플라워 | • 꽃덩어리가 단단하고 꽃눈이 벌어지지 않은 것 | • 꽃덩어리가 강하게 뭉쳐지지 않은 것 |
| 브로콜리 | • 꽃송이들이 많이 피지 않고 꽃송이가 진녹색으로 싱싱하며 입자가 균일하고 깨알처럼 작은 것<br>• 줄기는 단단하며 연한 것 | • 꽃송이가 노랗게 바랜 것 |
| 오이 | • 색깔이 선명하고 굵기가 일정하며 육질이 단단하면서 수분이 많고 속씨는 적으며 꽃이 붙어 있을 정도로 싱싱한 것 | • 중간 부분이 가늘고 구부러진 것<br>• 표피에 주름이 있으며 껍질이 두껍고 억세게 보이는 것 |
| 애호박 | • 껍질은 연한 녹색으로 부드러운 것<br>• 육질이 치밀하고 단단하며 모양은 균일하고 씨가 적은 것 | • 굵기가 균일하지 않고 표면에 광택이 없는 것 |
| 토마토 | • 너무 크지 않고 모양이 균일하며 꼭지가 마르지 않고 만져보아 단단하고 무거운 것<br>• 잘라보았을 때 육질이 치밀하고 분질화의 느낌이 있는 것<br>• 착색이 2/3 정도 되어 꼭지 부분은 푸른색을 띠는 것 | • 배꼽이 썩었거나 모양이 좋지 못한 것이 혼입되어 있는 것<br>• 착색 정도가 일정하지 않으며 과숙 또는 완연한 미숙과인 것<br>• 전체적으로 색깔이 퇴색된 것처럼 보이며 색깔이 선명하지 않고 중간색으로 착색된 것 |
| 가지 | • 껍질이 얇고 매끈한 흑자색의 광택이 나는 것으로 크기가 균일하고 통통하며 육질이 연하고 씨가 없는 것 | • 몸통이 날씬한 것 |
| 피망 | • 색이 고르고 윤택이 나며 두꺼운 표피를 가진 것 | • 색이 흐리며 껍질이 얇아진 것 |

〈표 8-6〉 근채류의 감별

| 품명 | 좋은 농산물 | 좋지 않은 농산물 |
|---|---|---|
| 무 | • 몸통이 곱고 모양이 바르며 흠이 없고 바람이 들지 않은 것<br>• 육질이 단단하고 연하며 먹었을 때 매운맛이 적고 단맛이 나는 것 | • 크기와 모양이 일정하지 않은 것<br>• 잔뿌리가 있거나 굴곡이 심하며 껍질이 거칠어 보이는 것<br>• 바람이 들고 속살이 경질화되어 질기고 검은 심줄이 있는 것 |
| 양파 | • 적황색 껍질로 덮여 있으며 중심부를 눌러 보아 무르지 않을 정도로 육질이 단단한 것 | • 껍질 부분이 잘 벗겨지며 흰색 부분이 드러나 있는 것<br>• 약간 회색이나 어두운 색을 띠는 것 |
| 연근 | • 몸통에 상처가 없고 무거우며 엷은 주황색으로 길이가 길고 굵은 것<br>• 모양이 균일하며 표면이 건조하지 않고 잘랐을 때 속이 희고 부드러운 것 | • 표면에 상처가 있으며 휘거나 건조한 것<br>• 길이가 짧거나 가는 것 |
| 우엉 | • 모양이 길고 직경이 3cm 정도로 굵기가 균일한 것<br>• 바람이 들지 않고 연하며 흠이 없는 것 | • 색상이 고르지 않은 것<br>• 건조하고 잘랐을 때 부드럽지 않은 것 |
| 마늘 | • 겉껍질과 속껍질이 강하게 부착된 것<br>• 표피가 담적색이고 크기와 모양이 균일한 육쪽마늘이 가장 좋다. | • 색깔이 변질되고 쭈글쭈글한 것<br>• 쪽수가 많으면서 마늘통이 작은 것<br>• 싹이 난 것 |
| 생강 | • 섬유질이 적고 연한 것<br>• 발이 6~7개로 굵고 황토흙에서 재배한 것으로 껍질이 잘 벗겨지는 것 | • 발이 가늘고 껍질이 잘 벗겨지지 않은 것<br>• 발의 개수가 많은 것 |

〈표 8-7〉 산채류의 감별

| 품명 | 좋은 농산물 | |
|---|---|---|
| 냉이 | • 잎은 녹색이 진하고 너무 피지 않은 것 | • 뿌리가 질기지 않고 향이 진한 것 |
| 두릅 | • 5월경에 어린 순을 따서 이용하는 것으로 순이 연하고 굵은 것<br>• 잎이 펴지지 않고 향기가 강한 것 | |
| 고사리 | • 잎이 너무 펴지지 않은 것 | • 대가 통통하고 연하며 부드러운 것 |
| 취 | • 연하고 부드러운 것 | • 고유의 푸른색을 띠는 것 |
| 참나물 | • 잎은 짙은 녹색을 띠는 것 | • 줄기는 가늘고 연하며 특유의 향이 나는 것 |
| 고구마줄기 | • 줄기가 연하고 굵은 것 | • 싱싱하고 잎이 제거된 것 |
| 비름나물 | • 어린잎과 줄기를 식용으로 할 것 | • 줄기는 가늘며 잎이 작고 옅은 녹색을 띠는 것 |

## 8-6 과일류

과일류는 저장성이 그다지 좋은 식품이 아니므로 되도록 신선한 것을 선택하도록 한다. 과일류의 감별법은 〈표 8-8〉과 같다.

〈표 8-8〉 과일류의 감별

| 품명 | 좋은 농산물 | 좋지 않은 농산물 |
|---|---|---|
| 사과 | • 껍질색이 고르고 밝은 느낌이며 두드렸을 때 탄력감이 있는 것 | • 덜 익어 외관상 푸른색이 많거나 너무 익어 색깔이 어둡고 광택이 없어 보이는 것 |
| 배 | • 과피가 얇고 매끄러우며 짙은 황색으로 육질이 단단하고 연한 것으로 달고 수분이 많은 것 | • 과실이 작으며 크기와 모양이 고르지 않은 것<br>• 과실 표면이 울퉁불퉁한 것 |
| 귤 | • 중간 크기의 평평한 모양으로 껍질이 얇은 것<br>• 색이 선명하며 속이 꽉 차고 쪽수가 적은 것<br>• 꼭지가 작고 싱싱한 것 | • 껍질이 두꺼우며 과육에 섬유질이 많이 붙은 것<br>• 껍질과 쪽 사이에 공간이 있으며 무르거나 썩은 것 |
| 오렌지 | • 구형 또는 타원형으로 과피는 윤기가 나고 정상부에 배꼽이 클수록 달다. | • 껍질의 수분이 부족하고 두꺼운 것 |
| 한라봉 | • 제주도에서 귤과 오렌지를 접목시킨 개량종으로 오렌지보다 신맛이 덜하고 순하며 단맛이 난다.<br>• 껍질이 두꺼우며 잘 벗겨지는 것 | • 껍질이 단단한 것 |
| 복숭아 | • 과실이 크고 모양과 향기가 좋으며 꼭지가 달려 있고, 꼭지 반대편이 쏙 들어가 있는 것<br>• 단단한 품종은 선홍색이 고르게 퍼져 있는 것이 좋고, 백도는 연둣빛이 돌지 않는 투명한 빛깔이 좋으며 천도는 검은 빛이 도는 빨간색이 꼭지까지 퍼져 있는 것이 좋다. | • 과실의 크기가 작고 모양이 고르지 않은 것<br>• 과실이 펑퍼짐하게 보이며 씨 쪼개짐이 있는 것<br>• 덜 익은 것으로 과실 표면에 푸른색이 많고 색깔이 선명하지 않은 것 |

| 품명 | 좋은 농산물 | 좋지 않은 농산물 |
|---|---|---|
| 포도 | • 포도분이 많이 묻어 있고, 꼭지와 속줄기가 싱싱하며 과피는 얇고 고유의 향기가 나고 속즙이 많은 것 | • 송이가 작고 포도알과 알 사이의 간격이 엉성한 것<br>• 송이에 청색 알과 껍질 갈아진 것이 있는 것 |
| 딸기 | • 굵고 크기와 모양이 균일하고 꼭지가 싱싱하며 외피에 손상이 없고 적색이 짙고 선명한 것<br>• 과육이 단단하고 독특한 향기가 강하며 당도가 높은 것 | • 낱알이 작고 모양이 고르지 않은 것<br>• 미숙과 또는 기형과가 혼합된 것<br>• 착색이 불량한 것<br>• 손상, 압상 등으로 부분적으로 짓물러진 것 |
| 참외 | • 육질이 단단하며 색이 진하고 골이 깊은 것 | • 육질이 무르며 껍질이 두꺼운 것 |
| 수박 | • 껍질이 얇고 탄력이 있으며 꼭지 부위의 줄기가 싱싱한 것<br>• 과육의 수분 함량이 많은 것 | • 껍질이 두꺼우며 꼭지 부위의 줄기가 마른 것 |
| 멜론 | • 꼭지 반대편을 눌러 보았을 때 살짝 들어가며 부드러운 것<br>• 선이 촘촘하고 줄이 고른 것 | • 육질이 너무 단단한 것 |
| 파인애플 | • 외피가 누르스름하며 손으로 눌렀을 때 과육이 부드러운 것<br>• 후숙이 잘된 것 | • 과육이 단단한 것 |
| 바나나 | • 껍질이 적당히 푸른빛을 띠는 것 | • 껍질에 검은 반점이 있는 것<br>• 후숙된 것 |
| 망고 | • 검은 반점이 없고 매끈한 것 | • 껍질에 검은 반점이 있는 것 |
| 자몽 | • 완전한 동그란 모양이고 무거운 것<br>• 껍질이 매끄럽고 담황색인 것 | • 무게가 가벼운 것 |

## 8-7 곡류 및 감자류

### 1) 곡류

#### (1) 쌀

좋은 쌀은 눈으로 보아서 뉘, 싸라기, 벌레 먹은 쌀, 적색 쌀, 토사 등이 섞여 있지 않으며, 알맹이가 고르고 광택이 나면서 투명하고 앞니로 씹었을 때 단단한 것이 좋은 것이다. 우리나라에서 시판되는 쌀의 종류에는 배아미, 현미, 백미, 찹쌀 등이 있는데 찹쌀은 쌀알이 비교적 잘고 백색이며 모양이 통통하여 일반 쌀과는 외관으로도 쉽게 구별이 된다. 싸라기가 없고 잡물이 들어 있지 않아야 좋은 것이다. 또한 도정한지 오래되지 않은 것, 낱알이 약간 작으면서 고른 것이 좋으며 적당히 건조된 것으로 수분 함량이 16% 정도인 것을 구입한다.

#### (2) 밀가루

잘 건조되고 덩어리가 없으며 이상한 냄새가 나지 않고 아무 맛도 없는 것이 좋다. 또한 손으로 문질러 보아 입자가 고운 것, 가루색이 희고 찰진 것이 좋은데 감촉이 빽빽한 것은 전분을 많이 함유한 것이다. 용도에 따라서 박력분 · 중력분 · 강력분으로 나뉘며, 그 구별은 대체로 판매회사의 포장용지를 참고한다. 제조일 및 유통기한을 확인하고 습기가 들어가지 않게 방습포장제에 싸인 것을 구입하도록 한다.

### 2) 감자류

#### (1) 고구마

품종에 맞는 모양을 하고 있으며 병충해 · 홈 · 부패 · 발아가 없는 것으로 표면손상이 없고 적당히 건조된 것, 모양이 유선형이며 고른 것이 좋다. 씨눈 부분의 파임이 적고 껍질을 벗겨 입에 대어 보아 달고 맛이 있는 것이 좋다.

#### (2) 감자

충분히 여물어 알이 단단하고 굵은 것이 좋다. 껍질이 얇고 표면이 매끄러우며, 색이 흰 것은 붉은 것에 비해 전분이 많고 맛이 좋다. 표면이 초록색을 띠지 않으며 검은색의 울퉁불퉁한 반점이 없는 것을 고른다. 또한 베었을 때 전분이 있으며 충실감을 주는 것이 좋고 저장감자는 상처가 없는 것, 싹이 나지 않은 것을 고르는 것이 좋다. 점토질 토양에서 생산된 것은 맛이 없고 수분이 많으며, 춥고 건조한 지방의 것이 적당하다.

## 8-8 콩류 및 콩제품

### 1) 대두 및 기타 두류

각각 특유의 색을 가지고 있으며, 살찌고 광택이 나며 알이 고르고 병충해가 없으며 잡물이 섞이지 않은 것이 좋다.

### 2) 두부

겉면이 곱게 정리되어 있으며 손실이 없고 쉬거나 이상한 냄새가 나지 않은 것이 좋다. 또한 눌러 보았을 때 탄력성이 있고 단단한 것을 선택한다. 포장두부인 경우 포장상태, 제조일 및 유통기한, 원산지 등을 확인한다.

### 3) 된장

특유한 냄새와 광택을 지니고 있으며 색은 붉은 된장에서는 밝은 갈색, 흰 된장에서는 담황색 등 특유한 것이 좋다.

## 8-9 통조림 및 병조림

### 1) 통조림

외관상 통이 녹슬거나 찌그러지지 않고 팽창되어 있지 않으며 내용물의 즙이 침출하여 나오지 않은 것이라야 한다. 상표가 부착되어 있어야 하며 상표에는 내용, 제조자명, 소재지, 연월일, 중량, 첨가물의 유무가 명시되어 있는지의 여부를 잘 살펴보아야 한다. 열었을 때 내용물이 식품 · 형태 · 조리의 표시와 일치하는지 확인하고, 색 · 맛 · 향기에 이상이 없고 통의 내면이 검은색으로 변하였거나 녹슬지 않은 것이 좋다. 통조림 뚜껑에는 보통 삼단의 도장이 찍혀 있으므로 이것을 반드시 확인한다.

### 2) 병조림

통조림과 비교하여 사용횟수는 적으나 마요네즈, 토마토케첩, 잼, 피클 등에 사용된다. 감별의 착안점은 대체로 통조림과 같으나 제조연월일이 표시된 것은 적고, 또 겉을 보기 좋게 하기 위하여 착색제 · 방부제가 첨가되어 있는 것도 있으므로 구입 시 확인하다.

## 8-10 기타 식품

### 1) 유지류

유지에는 상온에서 고체인 것과 액체인 것이 있으나 각각 특유한 상태나 색을 지니고 있는데 변색 · 착색되지 않고 액체인 것은 투명하고 점도가 낮은 것이 좋다. 참기름과 같이 특수한 것을 제외하고는 무미 · 무취한 것이 좋다. 오래된 기름에서는 찌든 냄새가 나며 밑에 찌꺼기가 많으므로 주의해야 한다.

### 2) 간장

전체적으로 붉은 기를 띠고 있으며 투명하고 광택이 있는 것이 좋다. 백색의 작은 증발접시에 간장을 조금 담아 좌우로 흔들어 색, 광택, 점성을 조사하거나 시험관에 넣어 색 · 투명도를 검사한다. 적당한 점성이 있는 것이 좋으며 황색이나 흑청색을 띤 것은 좋지 않다. 특유한 향기가 있으며 한두 방울 맛보아서 단맛이 나며 풍미가 있는 것이 좋다.

### 3) 설탕

좋은 설탕은 수분이 적고 고형물이나 다른 성분을 포함하지 않는다. 또한 착색되지 않고 결정이 고르며 맛을 보면 단맛 이외의 맛은 없어야 한다.

### 4) 다시마

여러 종류가 있으나, 잘 건조되고 육질이 두꺼우며 검은색을 띠되 착색되지 않은 것이 좋다. 다시마를 젖은 행주로 닦고 불에 쬔 후 물에 넣어서 단맛이 빠져나온 정도를 조사하는 것도 좋다.

농축산물가공식품 표시제도와 각 식품군별 구입요령은 다음과 같다(그림 8-4, 표 8-9).

**그림 8•4**
**표준(농축산물가공식품) 표시제도**

**〈표 8-9〉 각 식품군별 구입요령**

| 구분 | 구 입 요 령 |
|---|---|
| 곡류 · 전분류 | • 곡류는 벌레가 먹지 않고 쭉정이가 없는 것을 선택한다.<br>• 감자류는 알이 고르며 상처가 없고 단단한 것을 선택한다. |
| 채소류 | • 상처나 눌린 흠이 없는 것을 선택한다.<br>• 황색 채소류는 빛깔이 진한 것을 고른다.<br>• 벌레가 있을 경우에는 오히려 선도가 좋고 강한 농약을 사용하지 않은 채소라는 증거이다. |
| 과일류 | • 싱싱하고 특유의 향기가 있으며 빛깔이 선명한 것을 고른다.<br>• 알맞게 익고 상처가 나지 않은 제철 과일을 선택한다. |
| 어패류 | • 신선한 생선은 살이 단단하고 탄력이 있으며 배 부분이 탄력 있고 팽팽해야 한다.<br>• 아가미는 선홍색으로 불쾌한 냄새가 없어야 하고, 눈이 투명하고 튀어나와 있으며 껍질이나 비늘이 단단히 붙어 있어야 한다.<br>• 조개류의 경우 껍질이 얇고 매끈하며 단단하게 닫혀 있는 것이 신선하다.<br>• 갑각류와 연체류는 몸이 단단하고 빛깔이 선명하며 광택이 있는 것을 선택한다. |
| 콩류 | • 알이 굵고 형태가 온전하며 빛깔이 좋고 잘 건조된 것을 선택한다. |
| 알류 | • 달걀은 껍질이 거칠고 단단하며 흔들었을 때 내용물이 많이 흔들리지 않고 크기에 비해 무게가 있는 것이 좋다.<br>• 불빛에 비추었을 때 맑고 투명한 것이 신선한 것이다. |
| 우유 · 유제품 | • 우유는 유통기한을 확인하고 팩이 부풀었거나 포장이 손상된 것을 구입하지 않는다.<br>• 치즈나 연유는 성분 함량을 비교한 후 선택한다.<br>• 분유는 밀봉 여부와 유통기한을 확인한다. |
| 유지류 · 견과류 | • 식물성 기름은 특유의 향이 있고 침전된 것이 없으며 밀봉되어 있는 것을 구입한다.<br>• 버터나 마가린은 물기가 겉돌지 않으며 냉장된 것을 선택한다.<br>• 견과류는 오래되면 산패하므로 불쾌한 냄새가 나지 않으며 곰팡이가 없는 것을 선택한다. |
| 가공식품 | • 가공식품은 유통기한, 품질표시, 포장상태를 확인하여 구입한다.<br>• 훈제품은 냉장보관된 것을 구입한다.<br>• 통조림은 녹슬지 않고 찌그러지지 않으며 볼록하게 팽창되지 않은 것, 또 국가인증품질표시를 획득한 것을 구입한다. |
| 수입식품 | • 수입식품의 포장상태, 원산지, 수입원, 주재료를 확인한다.<br>• 한글로 번역된 것이 없으면 불법유통된 것이므로 한글상표를 반드시 확인한다.<br>• 반품이나 교환할 수 있는 연락처와 유통기한을 확인한다. |

식품을 안전하게 구매하려면 식품구매는 60분 이내, 냉각·냉동식품을 마지막에 구입한다(그림 8-5).

그림 8•5
식품안전 장보기 사례

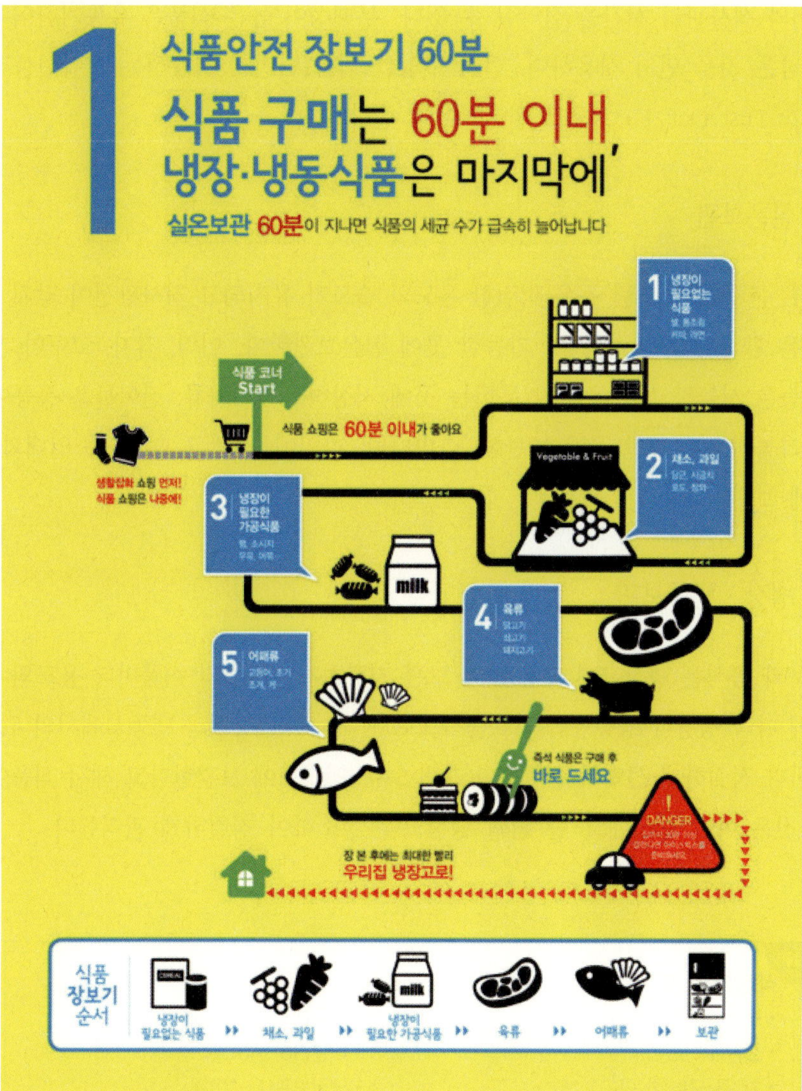


자료 : 식품의약품안전처

## 8-11 식품의 보관관리

식품은 구입하여 조리할 때까지 영양손실을 줄이고 부패가 없도록 식품별로 올바른 저장방법으로 적절한 장소에 보관해야 한다. 적절한 저장관리로 장기보관하면 식생활비와 식사관리 시간을 절약할 수 있다. 부패성이 높은 식품은 유통기한이 가장 적게 남은 것을 먼저 사용하며, 먼저 구입한 식품을 먼저 사용하는 선입선출 방식(First In First Out : FIFO)으로 관리하여야 한다.

### 1) 실온보관

곡류, 근채류, 통조림 등은 적절한 온도와 습도가 유지되고 직사광선이 닿지 않으며 좋은 환기와 방충 · 방서가 가능한 곳에 실온보관한다. 미역, 감자, 고구마, 양파, 마늘 등은 서늘하고 바람이 잘 통하는 곳에 저장하고 콩, 곡류, 건어물은 통풍이 잘 되며 그늘지고 건조한 곳에 보관한다. 바나나, 파인애플, 망고, 멜론 등 열대과일은 실온에 보관한다.

### 2) 냉장 · 냉동보관

식품과 음식은 냉장고에 가장 많이 보관 저장하게 된다. 각 식품마다 용도와 필요 시간에 따라 냉장과 냉동방법을 효율적으로 선택하고 냉장실과 냉동실에서의 위치도 식품마다 적절하게 선택하여야 한다(그림 8-6). 냉장고에 보관한다고 해서 식품이 안전한 것은 아니므로 매달 한 번씩 냉장고를 청소하여 청결하게 관리한다.

TIP

**식품 저장온도**

- 표준온도(20℃)
- 상온(15~20℃)
- 실온(1~35℃)
- 미온(30~40℃)
- 찬 곳, 건냉한 곳(0~15℃)
- 냉장보관(1~10℃)
- 냉동보관(-18℃)

그림 8•6
냉장고의 식품보관

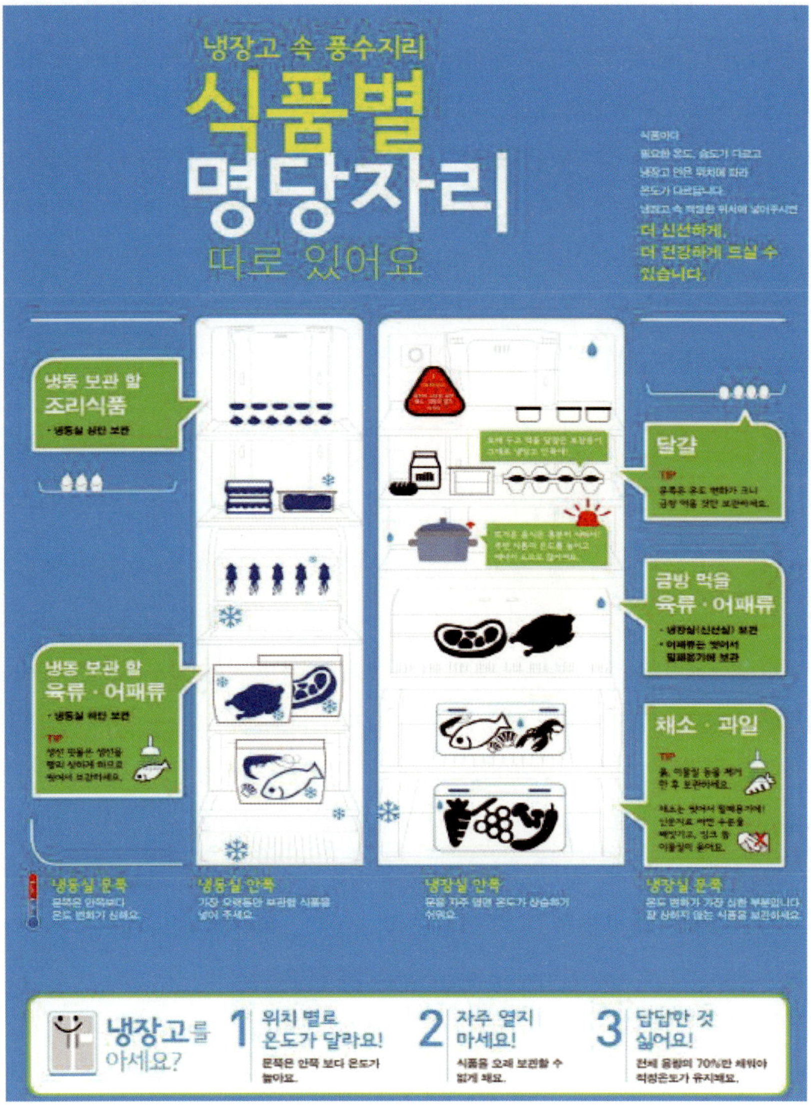


자료 : 식품의약품안전처

### (1) 냉장실

냉장실은 0~7℃(습도 75~95%)의 중간온도를 유지하는데, 냉동식품을 녹일 때, 또는 육류, 낙농제품류, 채소, 과일류를 보관하는 데 사용한다. 냉장상태는 미생물의 번식을 지연시킬 뿐 완전히 막을 수는 없다.

각 식품별로 적절한 온도와 장소에 보관하고 필요한 물품은 일시에 꺼내도록 계획하여 냉장고 여는 횟수를 줄여 온도가 잘 유지되도록 해야 한다. 조리하지 않은 식품은 냉장실 아래쪽에, 조리식품은 냉장고 위쪽에 보관하면 냉장고 안에서 식품끼리의 오염을 막을 수 있다. 냄새를 흡수하는 식품은 냄새 나는 식품과 분리 보관하며, 식품 사이와 그릇의 밑부분까지 찬 공기가 순환되고 선입선출이 가능하도록 식품을 배열한다.

### (2) 냉동실

냉동저장실은 주로 육류 등 장기간 냉동해 두었다가 사용할 수 있는 식재료를 보관하며 -24~-18℃의 온도를 유지하도록 한다. 최근 냉동저장실의 이용이 크게 확대되고 보편화되었지만, 식품을 냉동하더라도 장기보관이 되면 탈수, 오염, 부패 등으로 품질저하가 일어나게 된다. 냉동식품을 녹여서 조리해야 하는 경우는 반드시 냉장실에서 녹이도록 하고, 일단 얼었다가 녹은 식품은 재냉동하지 않도록 한다.

고기류는 비닐팩에 얇게 펴서 냉동한 후에 세워두면 공간을 절약할 수 있고, 투명한 플라스틱 용기에 식품을 넣어두면 내용물을 볼 수 있어 좋다. 유부, 어묵 등 얇은 포장 식재료는 문 선반에 세워 보관하면 좋다.

### (3) 김치냉장고

김치냉장고는 김치의 발효조건에 맞게 개발된 기기로, 일반냉장고에 비해 온도변화가 적어 김치를 장기간 저장하기에 좋다. 김치 이외에 채소나 과일을 보관하는 경우에도 냉장고보다 신선도가 오래 유지되어 활용도가 높다. 그러나 채소나 과일을 보관할 때는 김치냄새가 배지 않도록 김치와 다른 구역에 보관하고 냉해를 막기 위해 온도를 조금 높여야 한다.

TIP
**김치맛을 위한 발효조건**
- 김치가 익는 과정은 젖산발효로 0~-2℃가 적당하다.
- 온도가 너무 올라가면 발효가 너무 빨리 일어나거나 잡균이 번식하여 맛이 없어진다.
- 산소농도가 높으면 김치 안의 세균이 발효가 아닌 산소호흡을 하여 젖산이 만들어지지 않는다.

(4) 와인냉장고(wine cellar, wine chiller)

와인냉장고는 최적의 온도(8~15℃)와 습도 및 진동의 정도를 유지하면서 와인 본래의 맛과 향을 잃지 않도록 보관이 가능하다. 좋은 와인냉장고는 온도차이가 크지 않고 1℃ 단위로 미세하게 온도를 조절하여 와인의 맛을 한층 높여주고 장기간 보관할 수 있다.

보관 장소가 지나치게 건조할 경우 코르크 마개에 수축이 일어나고 바깥공기가 병 안으로 들어가 와인 맛이 변하므로 적당한 습도유지도 중요하나. 지나치게 습할 경우 라벨이 손상될 수 있다. 와인냉장고의 진동이 심할 경우 와인 바닥에 침전물이 가라앉고 이에 따라 산화가 촉진되어 고유의 맛을 떨어뜨릴 수 있으므로 전문 와인냉장고에 보관하는 것이 좋다. 직사광선은 물론 형광등 불빛도 와인의 맛과 향에 변화를 줄 수 있기 때문에 특수 유리로 빛을 차단한 와인냉장고가 좋다.

TIP
**와인보관 최적 온도 및 습도**
- 레드와인 : 13~15℃
- 화이트와인 : 8~9℃
- 습도 : 60~71%

### 3) 건조보관

건조법은 식품의 수분 함량을 15~25%로 줄여 보존성을 증가시키고 안전하게 저장하는 방법이다.

(1) 자연건조법

가장 오래되고 전통적인 식품저장 보관 방법으로 곡류, 감자류, 해산물, 고추 등 채소류에 많이 사용된다. 그러나 햇빛과 바람을 이용하는 자연건조법은 비타민 손실이 가장 많고 품질이 변하기 쉬우며 대규모 건조에는 부적당하다. 봄에는 산나물류, 김부각, 해조류 등, 여름에는 애호박, 가지, 감자부각, 고추부각, 고춧잎, 콩잎 등을 말린다. 가을에는 무말랭이, 무청, 늙은 호박오가리, 곡류, 대추, 곶감 등을, 겨울에는 메주, 과메기, 황태 등을 주로 말린다.

(2) 식품건조기 이용

시판되는 식품건조기는 원하는 대로 온도와 시간을 설정하여 식품건조나 청국장 및 요구르트 제조 등에 이용된다. 과일이나 야채, 해조류의 영양가와 맛을 보존하면서 건조시켜 직접 집에서 간식거리나 천연조미료를 만들 수 있다. 자연건조는 시간이 오래 걸리고 부패할 수 있으나 건조기를 이용하면 보다 빠른 시간 내에 방부제 없이도 위생적이고 안전하게 식품을 원하는 상태로 건조시킬 수 있다. 말린 식품은 빠른 시일 내에 먹는 것이 좋고 1년 이상 보관하지 않는다.

## 4) 식품별 보관 방법

생활이 바빠지는 현대는 식품을 매일 구입하기보다는 1주일에 1~2회 정도 구입하여 냉장고나 다용도실에 식품재료를 보관하는 추세이다. 식품은 보관하는 방법에 따라 품질이 변화하므로 식품마다 적절한 보관 방법을 선택하여 신선도와 맛을 유지하는 것이 현명한 식생활관리이다.

(1) 곡류

곡류는 온도 및 습도가 낮고 햇빛이 닿지 않는 곳에 보관한다. 전곡의 형태로 보관하는 것이 가장 적당하나 보통 가정에서는 도정한 쌀의 형태로 보관하고 있다. 도정된 쌀은 해충이나 미생물이 침범하기 쉽고 온도나 습도의 영향을 빨리 받아 변하기 쉬우며 밥맛도 나빠지므로 가족의 2주분 정도 되는 적당한 소포장으로 구입하여 가능한 한 빨리 소비하는 것이 좋다. 쌀은 상온에 보관하여 쌀벌레가 생기면 그늘에 펴서 말리고, 쌀통에 마늘, 붉은 고추나 숯을 넣어두면 쌀벌레가 잘 생기지 않는다 〈표 8-10〉.

〈표 8-10〉 곡류의 장기 보관 방법

| 식품 종류 | 보관 장소 | 보관 방법 |
|---|---|---|
| 쌀가루 | 냉동실 | • 쌀을 불려 방앗간에서 빻아 소량씩 얼림 |
| 팥 | 냉장/냉동실 | • 냉장실의 채소칸에 보관<br>• 삶은 후 소량씩 얼림 |
| 밥 | 냉동실 | • 식혀서 1인분씩 나누어 얼림 |
| 빵 | 냉동실 | • 적당한 분량으로 나누어 밀봉하여 얼림 |

(2) 육류

육류는 실온에서 쉽게 변패하므로 저장온도를 낮추는 것이 중요하다. 닭고기는 치명적인 식중독균인 살모넬라에 감염되기 쉬우므로, 사용한 도마나 칼은 다른 식품을 다루기 전에 깨끗이 닦고 살균해서 사용한다. 또한 구입 후 바로 조리해야 하며, 냉장 시에는 1~2일간, -18℃ 이하로, 냉동 시에는 더 오래 저장할 수 있으며 한 번 조리할 양만큼 나누어 보관한다. 오랫동안 보관하려면 썰지 않고 덩어리째 표면에 식용유를 살짝 발라 비닐랩에 싸서 냉동보관하면 고기의 산화를 지연시킬 수 있다.

(3) 어패류

생선은 구입한 후 바로 조리하는 것이 가장 좋으며 냉장을 하면 일시적으로 부패를 지연시킨다. 그러나 냉장온도에서도 부패를 촉진하는 효소가 활동하므로 가능한 한 냉동보관해야 한다. 생선은 세척 후 보관해야 하며 냉장고에 보관할 때에는 2~3일 이내에 조리하고 냉동저장 시라도 -18℃ 이하에서 6개월 이상은 보관하지 않는 것이 좋다. 냉장고에 넣어둘 때는 생선비린내가 다른 음식에 스며들지 않게 잘 포장해 두어야 한다.

(4) 채소류, 과일류

진흙이 묻은 채소는 표면을 깨끗하게 씻어서 냉장보관한다. 잎채소는 물을 약간 적신 후 통에 담고, 파는 적당한 크기로 잘라 통에 넣어 냉장보관하다가 조리 직전에 씻는다. 오이, 토마토, 가지 등은 비닐봉지에 담아서 야채칸에 보관한다.

과일은 열대과일을 제외하고는 냉장보관하고 사과는 에틸렌가스가 나와 다른 과일을 숙성시키므로 따로 보관한다〈표 8-11〉.

〈표 8-11〉 채소류, 과일류의 보관 방법

| 식품 종류 | 보관 장소 | 보관 방법 |
|---|---|---|
| 감자<br>고구마<br>양파 | 실온 | • 직사광선이 통하지 않는 봉지에 담아 습기가 적고 환기가 잘 되는 곳에 보관<br>• 고구마는 특히 이동보관 시 상처가 생기지 않도록 주의<br>• 망이나 바구니에 담아 습기가 차지 않도록 하여 직사광선을 피해 보관 |
| 마늘 | 냉동실 | • 찧은 후 소량씩 비닐봉지에 넓게 펴서 네모로 조각 내어 얼린 후 세워서 보관 |
| 파 | 실온/냉장/냉동실 | • 금방 사용할 것은 실온보관<br>• 다듬어서 신문지에 싸거나 통에 담아 냉장보관<br>• 씻은 후 용도에 맞게 썰어 소량씩 보관 |
| 딸기 | 냉장/냉동실 | • 냉장보관 후 먹기 전에 씻음<br>• 씻어서 물기제거 후 설탕에 굴려서 냉동보관 |
| 바나나 | 실온/냉동실 | • 실온보관<br>• 껍질째 냉동보관 |

(5) 계란류

계란은 둥근 쪽에 기실이 있으므로 뾰족한 곳이 아래를 향하도록 하고 냉장고 문 쪽의 계란보관실에 보관하는 것이 편리하게 사용할 수 있다. 계란은 냄새를 잘 흡수하므로 냄새가 강한 식품과 같이 두지 않고 계란 포장용기는 완전 소독단계가 아니므로 포장용기째 냉장고에 보관하지 않는다. 계란껍질은 완전히 세척된 것이 아니므로 만졌을 때 손을 씻는다.

(6) 우유 및 유제품

우유는 냉장보관하고 냄새를 잘 흡수하므로 개봉 후에는 밀폐하여 보관한다.

버터는 유지의 자동산화에 의한 품질저하, 오염 및 온도상승을 방지할 수 있는 곳에 보관한다. 또한 냄새를 흡수하는 성질이 있으므로 냉장고에 보관할 때는 밀폐용기에 넣거나 작은 조각으로 썰어 -18℃ 이하에서 냉동보관하면 장기간 보관이 가능하다.

연질치즈와 숙성시키지 않은 치즈는 저장기간이 짧으므로 냉장저장해야 한다. 개봉한 치즈는 진공포장이나 밀봉하여 1~3℃ 내외에서 냉장보관하며, 0℃ 이하에서 보관하면 치즈에 함유된 수분이 얼어서 치즈가 부스러지고 풍미가 저하되므로 냉동보관하지 않는다.

#### (7) 건어물 보관

멸치, 미역, 다시마, 북어, 오징어 등의 건어물은 종이에 싸서 습기가 없는 건조한 장소에 보관하거나 냉동실에 넣으면 장기 저장할 수 있다. 냉동실에 보관할 때에는 탈수되지 않도록 밀폐용기에 넣거나 포장해서 저장한다.

#### (8) 조미료 보관

조미료인 설탕, 소금, 후추, 깨, 기름 등은 매일 사용하는 것이므로 조그만 용기에 담아서 주방에서 사용하도록 하고 나머지는 습기가 없는 건조하고 서늘한 곳에 두도록 한다.

#### (9) 보관식품의 이용

집안에 보관하고 있는 식품은 언제나 손쉽게 꺼내 쓸 수 있도록 정리 · 정돈되어 있어야 하며 오래된 것부터 사용할 수 있도록 식품마다 구입일자 꼬리표(tag)를 부착하여 구입한 순서대로 정리해야 한다. 식품은 오래 묵히면 변질되기 쉬우므로 변질될 우려가 있는 식품은 한꺼번에 너무 많은 양을 구입하여 보관하는 것은 좋지 않다. 그러나 변질될 우려가 적은 식품은 계절적으로 가격이 쌀 때 대량 구입하여 보관하는 것이 좋으며 이런 경우에는 보관한 식품과 장소를 메모지에 기록하여 식단을 작성할 때 그 식품을 사용하도록 한다. 대부분의 식품은 먼저 구입한 식품을 먼저 사용하는 선입선출 방식을 적용하여 관리하여 재료의 낭비가 없도록 한다.

제9장

# 안전한 먹을거리의 선택

Meal Management

사람들은 건강하게 장수하려고 영양가 있고 안전한 먹을거리를 섭취하려 한다. 바쁜 우리의 생활은 편리하게 사는 것을 중요시할 수밖에 없기 때문에 가정에서의 식사 기회는 점점 줄어들고 가공식품 이용이 빈번하다. 핵가족화가 가속화되고 독신가정이 증가하는 생활의 변화 속에서 새롭고 맛있는 음식을 찾아 매식 및 외식을 하며 즐겁게 사는 것도 중요한 일이 되고 있다. 하지만 동물로부터 인간으로 전염되는 광우병과 조류독감, 항생제를 투여한 양식 어류, 농약이 잔류된 농산물, 생장조정제를 사용한 농 · 축산물이 우리의 건강을 위협하고 있다는 사실이 알려지면서 웰빙을 위한 식생활에 더욱 많은 관심을 나타내고 있다. 따라서 본 장에서는 식품생산과정에서 사용하는 화합물의 문제점, 친환경농산물과 새로운 식품기술로 처리되는 식품에 대한 정보를 알아보려고 한다.

## 9-1 식품생산과 식품위해요인

농 · 축산물을 생산하는 과정에 농약이나 축산의약품이 사용되고 있고 이와 같은 약품들은 섭취하기 전에 제거되어야 한다. 하지만 식품에 남아 있을 경우에는 위해요인으로 나타난다. 가공식품을 제조하는 과정에서 사용하는 식품첨가물의 경우에는 식품에 존재하는 상태로 우리가 섭취하게 되므로 허용된 품목과 허용량을 지키지 않고 식품에 첨가되었을 경우에는 건강에 해가 된다.

### 1) 농약

농약에는 살균제, 살충제, 제초제, 식물생장조정제 등이 있다.

- 살균제는 병원 미생물로부터 농작물을 보호하여 농산물의 질적 향상 및 양적 증대를 목적으로 사용한다.
- 살충제는 농작물에 해를 끼치는 해충의 방제에 사용한다.
- 제초제는 농작물의 생육을 저해하는 잡초를 제거하는 데 사용한다.

- 식물생장조정제는 식물의 생장을 촉진 또는 억제하거나 개화촉진, 낙과방지 또는 동식물의 생육을 조정하기 위하여 사용한다.

농약을 사용하지 않고 농산물을 경작한다면 우리는 환경오염을 걱정할 필요도 없이 안전한 먹을거리를 얻을 수 있다. 하지만 병해충과 잡초의 종류가 많아지고 있고 새로운 농약이 개발되면서 우리나라에서 사용되고 있는 농약은 〈표 9-1〉과 같이 10년마다 2배 가량 증가하는 추세이다. 환경을 배려하는 농약을 개발하고 있기 때문에 현재 사용되고 있는 대부분의 농약은 자외선이나 토양미생물의 분해작용에 의하여 1주일이나 1개월 내에 절반으로 감소한다.

농약은 독성의 강도에 따라서 맹독성, 고독성, 보통독성, 저독성으로 구분한다. 2005년 등록된 1,244품목의 농약을 기준으로 분류하면, 맹독성 농약은 없고(0%), 고독성 농약은 17품목(1.4%), 보통독성 농약은 198품목(15.9%), 저독성 농약이 1,029품목(82.7%)이다. 현재 사용되는 많은 농약은 독성이 약하지만 과다하게 사용할 경우에는 토양을 오염시키거나 농산물에 잔류하여 건강상의 문제를 일으킬 수 있다.

우리나라에서 사용하고 있는 농약의 독성 정도는 (그림 9-1)과 같다.

**〈표 9-1〉 연도별 농약품목 등록 수**

| 농약종류 \ 년 | 1970 | 1975 | 1980 | 1985 | 1990 | 1995 | 2000 | 2005 |
|---|---|---|---|---|---|---|---|---|
| 살균제 | 37 | 38 | 71 | 97 | 157 | 204 | 299 | 395 |
| 살충제 | 78 | 76 | 104 | 126 | 185 | 233 | 357 | 408 |
| 살균 · 살충제 | 4 | 7 | 8 | 12 | 15 | 14 | 22 | 32 |
| 제초제 | 20 | 20 | 35 | 55 | 90 | 125 | 239 | 355 |
| 살충 · 제초제 | – | – | – | – | – | – | 1 | 1 |
| 생장조정제 등 | 9 | 13 | 15 | 16 | 21 | 29 | 41 | 52 |
| 합계(품목 수) | 148 | 154 | 233 | 306 | 468 | 605 | 959 | 1,244 |

자료 : 생활과 농약. 2006년 3월호

**그림 9•1**
**우리나라 농약의 독성 정도**

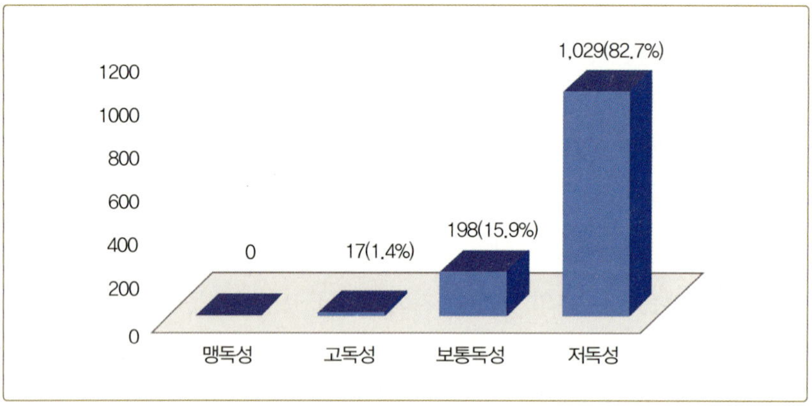


자료 : 생활과 농약, 2006년 3월호

## 2) 축산의약품

축산의약품으로는 호르몬제, 항생제, 합성항균제 등이 있다.

- 호르몬제는 가축의 비육과 생식능력 강화, 질병예방 등을 위하여 천연호르몬이나 합성호르몬을 사용하는 경우가 있다. 천연호르몬은 사용을 금하고 있으며 합성호르몬에 대해서도 사용을 금하는 국가가 많다. 우리나라에서는 쇠고기와 쇠간에 대하여 제라놀(zeranol)이라는 합성호르몬의 잔류허용한계를 정해 놓고 있다.
- 항생제는 미생물 세포를 죽이거나 더 이상 증식을 못하게 하는 작용을 한다. 가축의 질병을 예방하거나 치료하기 위하여 사용할 수 있으므로 우리나라에서는 쇠고기, 돼지고기, 닭고기, 칠면조고기, 오리고기 등에 대하여 잔류허용한계를 정해 놓고 있다.
- 합성항균제는 화학적으로 합성된 물질로서 미생물을 사멸시키거나 발육을 억제하는 작용을 한다. 우리나라에서는 쇠고기, 돼지고기, 닭고기, 칠면조고기, 오리고기 등에 대하여 잔류허용한계를 정해 놓고 있다. 특히 설파메타진(sulfamethazine)은 세계적으로 매우 광범위하게 사용되고 있고 육류에 잔류가 잘 되면서 독성이 높아 가장 문제가 되는 물질이다.

## 3) 식품첨가물

가공식품의 생산이 증가하면서 식품의 관능특성 개선, 식품의 변질방지, 식품물질 개량 및 유지, 영양가의 보강, 식품가공의 보조 등의 목적으로 많은 식품첨가물이 사용되고 있다〈표 9-2〉.

식품첨가물은 사용이 허용된 화합물, 사용 가능한 식품, 사용량 등이 정해져 있다. 착색제, 보존제 및 산화방지제는 식품 중에 오래 남아 있으면서 효력을 발휘하고 발색제는 식품성분과 반응하여 색을 나타내고 표백제는 식품 속의 물질을 분해시키는 작용을 한다. 따라서 착색제, 보존제, 산화방지제, 발색제 및 표백제 등을 사용한 식품을 장기간에 걸쳐서 다량 섭취하는 것은 바람직하지 않다.

**〈표 9-2〉 사용목적에 따른 식품첨가물의 분류**

| 사용목적 | 식품첨가물 |
|---|---|
| 관능특성 개선 | 착색제, 발색제, 착향제, 조미료, 감미료, 산미료, 표백제, 팽창제, 증점제 |
| 식품의 변질방지 | 보존제, 살균제, 산화방지제 |
| 식품품질 개량 및 유지 | 호료, 유화제, 밀가루 개량제, 피막제, 안정제 |
| 영양가의 보강 | 비타민류, 아미노산류, 칼슘제, 철분제 |
| 식품가공의 보조 | 용제, 소포제, 효소제 |

## 4) 내분비장애물질

내분비장애물질은 사람의 내분비계의 정상적인 기능을 방해하여 건강을 해치고 성호르몬의 기능에 영향을 주어 생식능력을 감소시킨다. 또한 환경으로 방출된 화학물질이 생체 내로 흡수되어 생체 내에서 호르몬처럼 작용한다고 해서 환경호르몬이라고도 한다. 내분비장애물질은 체내에 축적되어 각종 암, 발육이상, 생식이상, 면역계이상, 신경계이상 등 건강에 치명적인 영향을 준다.

내분비장애물질은 오염된 물과 토양, 농약사용 식품, 산업물질, 일반 가정물품 등에 존재한다. 우리의 의도와 상관없이 체내로 들어오는 경우가 많고 지용성이어서 소량이더라도 장기간 섭취하면 체내 지방조직에 축적되어 문제를 일으킨다. 1회용

플라스틱용기에서 내분비장애물질을 검출한 외국의 보고를 접하면서 우리나라에서도 1998년부터 본격적인 연구가 시작되었다(그림 9-2).

그림 9•2
전자레인지 사용금지표시가 있는 제품(컵라면)

**내분비장애물질로부터 안전하기 위한 식생활**

- 음식물을 보관하거나 전자레인지로 음식물을 데울 때는 플라스틱 용기나 랩을 사용하지 않는다.
- 캔에 포장된 식품과 음료를 자주 먹지 않는다.
- 컵라면을 전자레인지에 직접 넣어 조리하지 않는다.
- 농약을 많이 사용한 과일이나 채소를 먹지 않는다.
- 육류의 지방은 될 수 있으면 제거하고 먹는다.
- 염소계 표백제로 표백된 흰 종이나 휴지를 사용하지 않는다.
- 1회용 식품용기의 사용을 줄인다.

## 9-2 친환경농산물

### 1) 친환경농산물의 필요성

농산물을 재배할 때 사용한 농약은 비와 바람 또는 자연분해에 의하여 대부분 제거된다. 하지만 농약을 지나치게 사용할 경우에는 토양미생물과 천적이 감소하여 생태계 교란을 초래하고 수질오염과 농산물의 농약잔류 문제를 야기한다. 특히 농산물의 수확 직전이나 직후에 사용한 농약은 자연적인 조건에 의한 분해나 제거가 어렵기 때문에 농산물에 농약이 잔류하게 되어 독성을 나타낼 위험성이 크다. 이에 국내외적으로 환경보전과 식품안전에 대한 관심이 증가하게 되었고 친환경농산물에 대한 규범과 표시제도 등을 만들어 다음과 같이 시행하고 있다.

| 국제제도 | 농업, 환경, 무역의 관련성 강화, 유기농산물에 대한 국제규범이 제정되었다. |
|---|---|
| 국내제도 | 1993년부터 유기 · 무농약재배 농산물에 대한 품질인증제도를 실시하고 있으며, 2001년 7월 1일부터는 친환경농산물에 대한 의무인증제를 시행하고 있다. |

### 2) 친환경농산물인증의 목적

친환경농산물인증의 목적은 농업의 환경보전 기능을 증대시키고 농업으로 인한 환경오염을 줄이려는 것이다. 전문인증기관이 친환경농산물을 엄격한 기준으로 심사하고 있기 때문에 그 안전성을 믿을 수 있다. 우리나라에서는 농산물과 축산물을 다음과 같은 기준에 따라 인증한다.

| 농산물 | 경영관리, 재배포장, 용수, 종자, 재배방법, 생산물의 품질관리 등을 기준으로 인증한다. 유기농산물, 무농약 농산물로 나눈다. |
|---|---|
| 축산물 | 사육장 및 사육조건, 자급사료 기반, 가축의 출처 및 입식, 사료 및 영양 질병관리, 품질관리 등을 기준으로 인증한다. 유기축산물, 무항생제 축산물로 나눈다. |

### 3) 친환경농산물인증표시

친환경농산물이란 환경보전과 안전한 농산물공급을 위해 농약과 화학비료 및 사료첨가제 등 화학자재를 사용하지 아니하거나 최소량만 사용하여 친환경농업으로 생산한 농산물을 말한다. 친환경농산물인증의 종류 및 기준은 〈표 9-3〉과 같다.

친환경농산물인증마크의 형태는 똑같고, 친환경농산물의 종류에 따라 명칭을 쓰는 곳의 색깔이 다르다. 유기농산물은 녹색, 무농약농산물은 하늘색을 사용한다.

> **TIP**
>
> **농약잔류허용기준**
>
> 사용한 농약 중 일부가 농산물에 잔류되는 경우가 있어 농산물에 잔류된 농약에 대한 허용기준이 설정되어 있다. 농약잔류허용기준은 농산물 중에 함유되어 있는 양의 농약을 매일 섭취해도 해가 없는 기준량을 의미한다.

〈표 9-3〉 친환경농산물인증의 종류

| | 유기농산물 | 무농약농산물 |
|---|---|---|
| 유기합성농약 사용 여부 | 사용 안함 | 사용 안함 |
| 화학비료 사용 여부 | • 3년 이상 일체 사용 안함<br>• 토양, 용수, 종자도 법이 정한 규정이 준수되고, 2년 이상 영농 관련 자료가 보관되어야 인증 | • 권장시비량의 1/3 이내 사용 |
| 인증마크 | 유기농산물 | 무농약농산물 |

자료 : 친환경농산물정보시스템, www.enviagro.go.kr/[2011.1.3]

## 9-3 방사선 조사식품

식품에 대한 방사선 조사에 대한 연구는 1950년대에 본격적으로 이루어졌다. 1980년대에는 식품조사기술의 안전성에 대한 과학적인 뒷받침이 마련되었고, 세계보건기구, 국제원자력기구, 국제식량기구에서는 세계 식량문제 해결과 보건위생 증진의 차원에서 식품조사기술의 사용을 권장하고 있다.

### 1) 식품조사란

식품조사란 방사선을 식품에 조사하여 발아를 억제시키거나 숙성을 지연시켜 식품의 보존성을 증가시키고, 해충, 기생충, 병원균을 사멸시켜 식품의 위생상태를 향상시키는 처리방법을 의미한다.

그림 9·3
방사선 조사 마크

방사선 조사식품을 소비자가 스스로 선택할 수 있도록 식품표시제를 도입하였다. 방사선 조사식품에는 국제적인 방사선 조사식품의 마크를 직경 5cm 이상의 크기로 표시하고 방사선 조사한 원료를 사용한 식품은 원료명 옆에 괄호로 '방사선 조사'라는 표시를 해야 한다(그림 9-3).

## 2) 식품조사의 이용효과

방사선 식품조사의 간단한 원리(그림 9-4), 방사선 조사식품과 오염식품의 차이는 다음과 같다(그림 9-5).

### (1) 발아 억제

감자, 고구마, 양파, 마늘, 생강, 밤 등의 발아를 억제시킨다.

### (2) 해충 제거

유충, 알을 포함하여 해충을 제거시킨다. 최근 고급 채소류, 생선, 날고기 등에 실용화하기 위한 연구개발이 진행되고 있다.

**그림 9·4**
**방사선 식품조사의 간단한 원리**

자료 : 식품의약품안전처

### (3) 식품의 보존성 연장

생선, 수산가공품, 육류, 육가공품, 딸기 등에 다양하게 오염되어 있는 부패성 미생물의 수를 감소시켜 보존기간을 연장시킨다.

(4) 과일 · 채소의 숙도 지연

버섯, 바나나, 망고, 파파야, 토마토, 완두콩, 무화과류에 조사하면 숙도가 지연되어 보존성이 연장된다.

(5) 식중독의 억제

식품 내에 함유되어 있는 식중독 원인균인 살모넬라균, 캠필로박터균, 리스테리아균은 저선량을 조사하여 살균시킨다.

TIP

**방사선 조사식품**

- 방사선 조사식품은 식품의 영양이나 맛 등의 품질에 손상을 입히지 않고 인체에 해가 되지도 않는 정해진 조건하에서 필요한 만큼 방사선을 처리한 식품이다. 식품 중에는 방사능이 남아 있지 않다.
- 방사능 오염식품은 핵시설 사고 또는 핵무기 사용으로 발생한 방사능 오염물질에 의하여 우발적으로 오염된 식품이다.
- 식품조사는 공항검사대의 X선투시나 치과에서 치아에 X선을 조사하는 것처럼 식품 밖에서 조사하는 것이므로 식품에 쬐인 방사선은 식품을 통과하여 빠져나가 식품 속에 잔류되어 방사능이 나타나는 일은 절대 없다.

그림 9•5
방사선 조사식품과 방사선 오염식품의 차이

자료 : 식품의약품안전처

### (6) 건조향신료, 조미료, 분말식품 등의 위생처리

1988년 감마선 조사방법 사용이 허가되었다.

### (7) 환자용 무균식, 우주식품 등의 완전살균

장기보관용 군용식품인 햄, 베이컨 등 밀봉 포장식품과 병원환자용 무균식의 살균에 이용된다.

## 3) 방사선 조사식품의 영양학적 안전성

식품을 가공 · 저장하기 위하여 또는 식품의 위생적인 관리를 위하여 사용하는 일반적인 식품처리방법과 비교하였을 때 방사선 조사는 영양소의 손실이 적다. 비타민 B1과 비타민 C 등과 같은 경우에는 다른 식품처리방법과 마찬가지로 방사선 조사에 의한 손실이 있다. 하지만 단백질, 탄수화물, 지방과 같은 거대분자 영양소는 10kGy까지의 조사선량에서 안정하고, 무기질은 방사선 조사에 의하여 영향을 받지 않으므로 방사선 조사식품과 일반적인 가공처리 공정을 거친 식품은 영양학적으로 차이가 없다(그림 9-6).

**그림 9•6**
**방사선 조사식품의 영양학적 안전성**

자료 : 식품의약품안전처

### 4) 방사선 조사 허용식품 및 실용화 현황

2005년 세계적으로 52개국이 230여 개의 식품에 대하여 방사선 조사를 허가하고 있으며 국내에서도 일부 식품에 대한 방사선 조사가 상업적으로 실용화되어 있다.

#### (1) 국외 현황

미국은 47개 품목, 영국은 43개 품목, 프랑스는 41개 품목, 호주 및 뉴질랜드는 13개 품목 등에 대하여 방사선 조사를 허용하고 있다. 또한 일본, 러시아, 벨기에, 네덜란드, 캐나다 등도 특정 식품에 대하여 방사선 조사를 허가하고 있다. 허가식품류로는 발아 · 발근 억제대상 식품인 감자, 양파, 마늘 등이 가장 많고 향신료를 포함한 건조식품의 허가 및 실용화가 활발하다(그림 9-7). 그러나 독일, 스웨덴, 미국의 뉴욕주, 뉴저지주, 메인 주는 방사선 조사를 허가하지 않고 있다.

#### (2) 국내 현황

1980년부터 한국원자력연구소에서 방사선 조사식품에 대한 연구를 수행하고 있다. 1987년 6월 경기도 여주에 상업적 · 다목적용 방사선 조사시설을 준공하여 현재 가동중에 있다. 보건복지부는 국내 연구결과를 토대로 1987년부터 1995년에 걸쳐 13개 식품군에 대하여 식품조사를 허가하였다. 2004년 5월 24일 난분, 곡류 · 두류 및 그 분말, 조류식품, 복합조미식품, 소스류, 침출차, 분말차 등 7개 품목에 대해 추가로 식품조사를 허용하였다〈표 9-4〉.

그림 9•7
방사선 조사가 안 된 감자와 조사된 감자

조사되지 않은 감자 조사된 감자

자료 : 식품의약품안전처

〈표 9-4〉 국내 방사선 조사 허가 식품품목 및 조사선량

| 품 목 | 방사선 조사목적 | 허가선량(kGy) | 허가일자 |
|---|---|---|---|
| 감자, 양파, 마늘 | 발아 억제 | 0.15 이하 | 1987.10.16 |
| 밤 | 발아 억제 | 0.25 이하 | 1987.10.16 |
| 생버섯, 건조버섯 | 숙도 지연 | 1.0 이하 | 1987.10.16 |
| 건조식육 및 어패류 분말(가공식품용) | 살균, 살충 | 7.0 이하 | 1991.12.14 |
| 된장분말, 고추장분말, 간장분말 | 살균, 살충 | 7.0 이하 | 1991.12.14 |
| 전분(조미식품용) | 살균, 살충 | 5.0 이하 | 1991.12.14 |
| 건조 채소류(가공식품용) | 살균, 살충 | 7.0 이하 | 1995. 5.19 |
| 건조 향신료 및 이들 조제품 | 살균, 살충 | 10.0 이하 | 1995. 5.19 |
| 효모 및 효소식품 | 살균, 살충 | 7.0 이하 | 1995. 5.19 |
| 알로에 분말 | 살균, 살충 | 7.0 이하 | 1995. 5.19 |
| 인삼(홍삼 포함) 제품 | 살균 | 7.0 이하 | 1995. 5.19 |
| 2차 살균이 필요한 환자식 | 살균 | 10.0 이하 | 1995. 5.19 |
| 난분 | 살균 | 5.0 이하 | 2004. 5.24 |
| 곡류, 두류 및 그 분말(가공식품용) | 살균, 살충 | 5.0 이하 | 2004. 5.24 |
| 조류식품 | 살균, 살충 | 7.0 이하 | 2004. 5.24 |
| 복합조미식품 | 살균 | 10.0 이하 | 2004. 5.24 |
| 소스류 | 살균, 살충 | 10.0 이하 | 2004. 5.24 |
| 침출차, 분말차 | 살균, 살충 | 10.0 이하 | 2004. 5.24 |

0.05~1.0kGy : 저선량조사, 1.0~10kGy : 중선량조사, 3.0~50kGy : 고선량조사

## 9-4 유전자재조합 농산물

제한적 농토에서 많은 농산물을 수확하기 위하여 화학비료나 농약을 사용하는 농업은 토양을 황폐화시키고 농산물에 농약을 잔류시키며 환경보전과 인간의 건강유지를 위협한다. 따라서 병충해나 제초제에 강하고 품질도 우수한 농산물 재배를 위하여 유전자재조합 농산물을 개발하였다. 그러나 유전자재조합 농산물이 인간이나 동물에 해를 줄 수 있고 농약에 대한 내성이 증가하여 오히려 더 많은 양의 살충제나 제초제를 사용해야 한다는 위험성이 문제점으로 제기되고 있다.

### 1) 유전자재조합 농산물이란

유전자재조합 농산물(Genetically Modified Organism : GMO)은 유전자변환 농산물, 유전자조작 농산물, 유전자변형 식품 등으로도 표현한다. 일반적으로 기존의 식품 종자에 유능한 유전자를 인위적으로 결합시켜 제초제 저항성, 병충해 내성 및 품질 우수성을 지니도록 만든 농산물을 의미한다.

### 2) 유전자재조합 농산물의 상품화 및 재배 현황

세계적으로 안전성 검토가 완료되어 상품화한 유전자재조합 농산물로는 15개 작물에 해당하는 71개 품종이 있다. 즉, 옥수수, 콩, 감자, 유채, 토마토, 면화, 카네이션, 사탕무, 치커리, 아마, 멜론, 파파야, 호박, 밀, 벼 등이 있다. 이중에서 콩, 옥수수, 면화, 유채가 주로 재배되는 농산물이며, 미국, 아르헨티나, 캐나다, 중국, 남아프리카, 호주, 멕시코, 스페인, 프랑스, 포르투갈 등이 재배국가이다. 우리나라의 경우 재배는 하지 않고 수입만 하며, 2008년 6월 안전성 심사를 거쳐 콩, 옥수수, 면화, 카놀라, 알파파, 사탕무, 감자를 승인하고 있다.

### 3) 우리나라 유전자재조합 농산물의 수입유통 현황

**그림 9·8**
**옥수수농장**

2007년 미국에서 수입한 콩의 84%, 옥수수의 60%가 유전자재조합 농산물이고 가공식품 제조에 활용된다. 콩과 옥수수는 사료와 가공식품 제조에 사용되고 있으며 우리나라가 수입하여 가공식품 제조에 활용하는 유전자재조합 농산물과 사용 현황은 다음과 같다.

- 대두 : 간장, 된장, 두부 및 콩나물의 원료, 식용유, 두유, 마가린, 마요네즈, 조제분유, 드레싱 등의 식품원료로 이용한다.
- 옥수수 : 식용유, 전분, 당류의 원료로 이용된다.

### 4) 유전자재조합 농산물의 표시

세계적으로 유전자재조합 농산물의 잠재적 위험성에 대한 논란이 지속되고 있으므로, 유전자재조합 농산물의 표시문제는 수출국과 수입국 간에 통상마찰을 일으킬 수 있다. 외국의 경우에는 환경과 인체에 대해 안전성이 승인된 품목에 대해서 표시제를 적용하고 있다. 유전자재조합 농산물의 표시제 시행국가로는 미국, 캐나다, 유럽연합, 일본, 중국, 호주, 뉴질랜드, 브라질이 있다. 우리나라는 유전자재조합 농산물의 생산량이 많은 미국에서 콩과 옥수수를 수입하고 있으므로 우리의 의사와 관계없이 이와 같은 농산물을 섭취할 가능성이 높다. 따라서 우리나라 식품의약품안전처에서는 2001년 7월부터 수입되는 유전자재조합 농산물과 그 가공품에 표시를 하도록 하였다. 단, 제조과정에서 정제 · 가공되어 최종제품에 유전자재조합 DNA가 남아 있지 않은 품목은 표시하지 않는다.

TIP

**유전자재조합 농산물의 표시기준**

- 유전자재조합 농산물 : '유전자재조합(농산물명)'으로 표시
- 유전자재조합 농산물이 포함된 경우 : '유전자재조합(농산물명)'으로 표시
- 유전자재조합 농산물의 포함 가능성이 있는 경우 : '유전자재조합(농산물명) 포함 가능성 있음'으로 표시

### 5) 유전자재조합 농산물의 안전성 문제

일부 과학자와 환경 · 시민 소비자단체가 제기하는 문제점은 다음과 같다.

- 항생제 내성을 증가시킬 수 있다.
- 기존 유독성분이 증가할 가능성이 있다.
- 새로운 유독성분이 생성될 가능성이 있다.
- 제초제나 살충제 저항성을 가진 유전자가 다른 식물이나 미생물에 전달되어 어떤 제초제나 살충제에도 죽지 않는 생물이 생길 가능성이 있다.

- 알레르기 유발물질이 발현될 수 있다.
- 영양성분의 변화 및 새로운 품종의 유전적 안전성이 문제가 된다.

## 9-5 부정 · 불량식품 식별요령

부정 · 불량식품이란 무허가 식품, 인체에 유해한 물질 등을 사용하거나 병원성 미생물에 오염된 식품, 무신고 용기포장류 제조식품, 식품첨가물 사용기준을 위반한 제품, 유통기한이 지난 제품을 지나지 않은 것처럼 변조한 제품 등을 말한다〈표 9-5〉.

**〈표 9-5〉 부정 · 불량식품의 식별요령**

| 구 분 | 확인사항 |
|---|---|
| 무허가 식품이 의심되는 경우 | • 포장지에 주요 사항(제조원 · 소재지 · 유통기한 등)이 미표시된 경우<br>• 허가관청 이외의 기관으로부터 허가를 받았다는 내용의 표시가 있는 경우<br>• 외국기관의 승인(인증)사항을 포장지에 표시한 경우<br>• 가격이 동종의 타 제품보다 현저히 저렴하거나 고가인 경우 |
| 허가제품의 변조/위조가 의심되는 사례 | • 유통기한표시를 스티커 등을 이용하여 다시 표시한 경우<br>• 유통기한표시가 조잡하거나 글씨체가 틀린 경우<br>• 제품의 중요사항을 유성펜 등을 이용, 수기로 표시한 경우<br>• 유명제품의 명칭 또는 제조회사명과 비슷하게 표시한 경우<br>• 겉모양은 거의 비슷하거나 자세히 살펴보면 내용물이 다른 경우<br>• 맛, 냄새, 색깔 등이 원품과 다른 경우<br>• 주성분의 함량이 지나치게 적은 경우<br>• 제품의 명칭 및 제조회사명이 비슷한 경우<br>• 표시된 기호나 도안, 문자 등이 원품과 차이가 나는 경우 |
| 변질 또는 유해물질 사용이 의심되는 식품 | • 색깔이 유난히 짙거나 고운 경우<br>• 이상한 맛이나 냄새가 나는 경우<br>• 유난히 부풀어 있는 경우 |
| 불법 수입식품이 의심되는 경우 | • 한글 표시가 없는 경우<br>• 한글로 표시된 스티커 등을 이용하여 원래의 표시사항을 가렸을 경우<br>• 제품의 중요사항이 한글로 표시되어 있지 않은 경우(수입원, 소재지, 유통기한 등) |
| 허위/과대광고 행위 | • 질병의 치료에 효능이 있다거나 의약품으로 혼동할 우려가 있는 내용의 표시광고<br>• 체험사례를 이용하였거나 '주문쇄도', '단체추천' 등의 표현을 사용한 경우<br>• 다른 업소의 제품을 비방하거나 비방하는 것으로 의심되는 광고<br>• 외국어 사용 등으로 외국제품으로 혼동할 우려가 있는 표시 광고<br>• 미풍양속을 해치거나 해칠 우려의 저속한 도안, 사진을 이용한 광고 |
| 기타 | • 불결하거나 광물성 등의 이물질이 혼입된 제품<br>• 다른 회사의 표시가 있는 용기사용 제품<br>• 원료명, 미표시 제품 |
| 식품구입 시 공통 확인사항 | • 유통기한과 제조원 표시 확인<br>• 제품에 표시된 방법대로 진열, 보관되어 있는지 확인(냉장 · 냉동 등)<br>• 부패, 변질, 파손 여부를 꼼꼼히 확인 |

**Meal** Management

# PART 4

# 식생활 문화와 상차림

# 제10장 식생활문화의 배경

Meal Management

## 10-1 식생활문화

문화란 자연에 대한 인간 의지의 대립을 통하여 생겨나는 것으로 사고방식과 생활양식을 의미한다. 문화는 자연환경에 영향을 받고 이 자연환경은 민족문화 내용의 특성을 규정한다.

식생활문화는 인간의 식생활 양식과 이에 관련된 사고방식이라고 정의할 수 있다. 식생활의 양식과 사고방식은 시대와 민족, 지역에 따라 다르며, 식생활과 관련된 가치나 태도 등이 복잡하기 때문에 달라질 수밖에 없다.

식생활문화는 식량의 생산과 조리가공, 식사양식과 의례음식의 규범, 식사관리의 관행, 식사용구 및 주방용구 등 식생활에 관계되는 모든 요소를 포함한다. 그 중에서도 한 민족이 상용하는 기본식량은 그 고장의 토양과 기후조건에 따라서 결정된 것이다. 즉, 인류의 식량은 종류에 따라서 재배조건이 다른데, 일류의 생활터전도 고장에 따라서 토양과 기후의 조건이 다르다. 그러므로 각 민족은 각각 그들이 살고 있는 고장의 자연환경에 맞추어서 그 곳에서 재배 가능한 작물을 주요 작물로 선택하게 되었다. 또한 주변 강이나 바다에서 서식하는 어패류를 채취해서 식량으로 삼았다. 나아가 조리가공법도 각 식량의 특성에 맞추어서 개발되었으며, 따라서 각각 특미가 있는 것을 만들게 되었다. 세계적으로 주식작물의 분포를 볼 때 크게 쌀과 밀로 양분되는데, 이런 사실은 자연환경과 음식문화와의 관계를 설명하는 대표적인 사례이다.

그 지역 고유의 식문화를 형성하게 되기까지는 기후 · 기상 · 지질 · 지형 · 경관 등 자연의 조건, 식품의 획득, 가공 · 조리 · 보존 · 유통 등 인간의 기술, 법률 · 종교 · 윤리 등의 규범과 예의범절, 제도 · 유행 등의 풍속을 포함하는 사회의 규약 등의 조건이 영향을 미친다.

## 10-2 한국의 식생활환경

### 1) 한국의 자연환경

한반도의 지형은 유라시아대륙의 동북부 북위 33~43°에 남북으로 950km에 걸쳐 위치한 반도국으로서 북쪽은 육로로 대륙과 연결되고, 동 · 서 · 남의 삼면은 바다에 싸여 있다. 열대, 아열대의 야생벼로부터 개발된 벼농사는 강우량과 일조량이 풍부한 몬순기후 지대로 전파되었다. 한국은 사계절이 뚜렷한 온대성기후로 여름에 고온 다습하고 일조량이 많아 벼농사에 적합한 쌀이 기본식량으로 정착되었다. 논과 밭에서는 갖가지 곡식과 채소류, 산에서는 산채류와 버섯류, 바다로부터는 다양한 어패류 · 해조류 등을 얻을 수 있다. 삼면의 바다가 천혜의 수산물 보고를 이루고 있어 한류성 어족과 난류성 어족이 계절에 맞추어 회유하므로 종류가 풍부하여 농업이 정착되기 이전부터 좋은 식량구실을 하였다. 또한 계절성과 지역성이 뚜렷하여 각 지역에서 다양한 종류의 수산물을 가공하여 특산명물이 되게 했고, 계절에 따른 음식이 생겨나게 되었다. 또한 식품의 산출에 있어 계절성과 지역성이 현저한 환경에 있어 모든 생활문화 구조가 추위와 여름에 대비하고 비철을 위한 식품의 저장관리가 필요하였다. 이런 관계로 우리의 음식문화에는 발효식품의 종류가 지역별로 다양하게 발달하게 되었다.

### 2) 한국의 사회환경

조선시대의 중앙집권식 왕정과 유교의 영향으로 반상을 엄격히 구분하는 계급특징의 식문화와 통과의례에 따른 잔치나 제례음식의 격식이 정해져 있다. 또한 유교의 영향으로 남녀, 노소의 서열의식이 강해 독상, 겸상, 두레상 등의 상차림이 생겨났다. 중국이나 서구의 먹는 순서에 따라 순차적으로 음식을 제공하는 상차림과는 달리 한 번에 모든 음식을 제공하는 상차림으로 발전하게 되었다. 그러나 현대에 와서는 경제성장에 따른 산업화, 세계화, 도시화, 남녀 평등의식의 확산, 가족구조의 변화, 여성의 사회참여 등으로 식생활환경이 다양하게 변화되었다. 장류, 김치류, 젓갈 등

전통발효음식이 산업화되고, 가공식품과 외래음식의 이용이 증가하면서 식품산업이 급성장하고 있다.

## 10-3 한국의 식생활문화의 특징

### 1) 한국 식생활문화의 특징

(1) 주식인 밥에 부식인 반찬을 곁들인 반상차림이 한국 고유의 일상식 형태이다.
(2) 사계절의 영향으로 발효·저장식품의 발달을 들 수 있다.
(3) 계급 특징의 식문화이다.
(4) 의식동원의 사상으로 보양식이 발달되었다.
(5) 유교사상의 영향으로 의례음식의 발달과 계급 특징이 있다.
(6) 시식과 절식음식, 향토음식이 발달하였다.
(7) 한상에 모든 음식을 한꺼번에 차려내는 공간전개형 상차림이다.
(8) 곡식과 채소의 비율이 높은 음식문화라 특징지을 수 있다.

### 2) 한국음식의 조리법상의 특징

(1) 반상의 규범이 잘 발달되어 있다.
(2) 상차림에 따른 음식의 종류가 다양하게 개발되어 있다.
(3) 주식과 부식이 뚜렷이 구별되어, 주식에 따라 반찬을 구성하여 한 끼의 식사가 된다.
(4) 조미료, 향신료의 사용이 다양하고 섬세하다.
(5) 조리법이 다양하다.
(6) 각 지역에 따른 향토음식이 발달되었다.
(7) 의례음식이 잘 발달되어 있다.
(8) 음양오행사상에 입각하여 오색재료나 오색고명을 사용한다.

## 10-4 우리나라 식생활문화의 변천

### 1) 선사시대

수렵, 어로와 채집 등 자연식품을 채취해서 식량으로 이용했다. 잡곡의 재배로 농업이 시작되었다. 즐문토기와 맷돌 등의 유물을 통해 끓이기 형태의 조리법이 이용되었음을 알 수 있다.

### 2) 부족국가시대

벼의 재배로 쌀 공급이 증가했던 시대이다. 또한 불안한 자연식 시대를 벗어나 목축과 농경이 도입된 시대이다. 주식과 부식의 분리가 이루어졌고 조미료, 향신료 사용이 시작되었다. 계층이 생겨나고 식생활의 이중적인 구조가 생겨났다.

### 3) 삼국시대

지역에 따라 백제는 벼농사의 적지로 미곡이 주산물이었다. 신라는 벼농사에 적합한 위치가 아니어서 보리농사가 일반적이었다. 고구려는 중국의 동북부에 위치하여 벼농사, 철기문화 수용이 빨랐다. 그러나 기후가 한랭하여 안전한 수확을 얻을 수 있었던 조와 기장을 주요 작물로 생산하였다. 곡물음식과 발효식품, 저장식품이 발달하였다. 삼국시대에 오늘날의 김치 원조인 채소에 소금, 누룩과 술찌꺼기를 섞어 만든 절임 등이 있었다. 삼국시대 말에 일상식을 주식과 부식의 분리형인 상차림으로 정착하였으며 식생활의 계층화가 생기기 시작했다. 상류층에서는 음식에 얼음을 사용하였고 고승이나 화랑 사이에서는 음다의 풍습이 있었다.

### 4) 통일신라시대

한국 식생활의 정립기에 해당한다. 삼국을 통일한 신라의 백제, 고구려 문화 수용과 융합을 통하여 식생활 관련 제도 정비, 기명의 발전, 음식의 확대, 연회양식의 성

립 등 식생활 발전의 시기이고, 차문화가 성행하였다. 유물로 김칫독이 발견되었다(선덕여왕, 속리산 법주사).

### 5) 고려시대

식생활의 변천시대로 식생활문화의 전반적인 체계와 구조가 완성된 시기이다. 불교의 국교화로 사찰음식의 발달과 더불어 육식의 배제, 채식 강조의 식생활이 주류를 이루었다. 다류와 한과류가 발달하고 채소를 이용하여 나박김치가 시작되었으며, 채소를 소금과 쌀죽 등에 섞은 것 또는 장에 절인 혜(醯)형 김치와 동치미와 같은 침채(沈菜)형 김치의 체계로 한국 김치의 전통이 확립되었다. 일상식과는 다른 제례, 연회 등으로 인하여 상차림의 구조가 다원화하게 되었다. 기름에 볶거나 지지는 조리법인 유밀과 약과 등이 생겼다. 고려시대는 차를 마시는 풍습이 가장 성행했던 때이기도 하다. 떡 종류가 다양하게 발달하고 주막이 생겼다. 고려 중기 이후에는 몽고 침입의 영향으로 숭불사상이 쇠퇴하고 육식이 다시 숭상되었으며 육류 요리법이 발달하였다. 제주도에 대목장을 개발하고 도살하는 '시척'이란 천류 계급도 형성되었다.

### 6) 조선시대

유교 이념을 근본정신으로 한국 식생활문화의 전통 정비기에 해당이 되고, 상차림의 격식이 완성되었다. 차문화가 쇠퇴하고 음청류와 주류가 발달하였다. 식사의 형식을 중시하는 식생활 규범이 정착되는 한식의 완성기로 독상을 여럿 차림에서부터 한상(두렛상) 차림으로 통합하는 변화가 이루어졌다. 16세기 임진왜란 이후 고추의 전래가 이루어졌으나 즉시 김치에 고춧가루를 많이 넣어 버무리지는 않았다. 문헌상으로 볼 때 김치에 고추를 저며 넣거나 가늘게 실고추로 썰어서 넣었다. 19세기 중기경에 현재와 같은 고춧가루로 버무린 김치가 만들어졌다. 주거양식에 맞추어 계층에 상관없이 좌식으로 일원화되고, 다만 제사음식의 차림은 구습대로 탁상차림으로 남았다. 절식과 시식이 발달하였으며 호박, 고구마, 감자 등 외국에서 다양한 식품이 전래되었다. 과학의 신장으로 식생활 양식이 합리화되었고, 조리법은 다양하고 세분화되었다. 또한 『규합총서』, 『음식디미방』 등 한글 조리서의 편찬이 이루어졌다.

### 7) 일제시대~2000년 이전

(1) 일제하에서 빈곤과 식량부족으로 식생활문화의 침체기에 해당된다. 서구식 영양이론이 소개되고 서양요리가 도입되어 빵·과자문화가 유입되었다. 1890년에 최초로 궁중에 커피, 홍차가 소개되었다. 중국요리도 거의 토착화되었다.

(2) 해방 이후부터 6·25전쟁을 전후한 시기에는 흉년과 낙후된 농업기술로 인해 해외 원조식량에 의존했으며 미국의 잉여물자 도입, 정부의 보리증산 등 생존을 위한 식생활의 시기이다. 서구식 식생활이 유입되고 분식장려운동 등 쌀 절약정책을 강화하였으며, 밀가루음식이 서민을 중심으로 수요가 확대되기 시작되었다.

(3) 1970년대부터 1980년대까지의 시기로 제1차 경제개발 5개년의 성공으로 경제가 급성장한 때이다. 1970년대 말 경제발전과 더불어 국민의 소득증대에 따른 식생활 수준이 질적으로 향상되어 국민들의 영양 지향과 맛 지향의 식생활로 변화되었다. 식품소비 패턴은 다양한 서구화 음식의 출현과 조미료, 가공식품, 과자, 청량음료가 크게 증가하고 육·어류, 분식류, 가공식품류, 커피, 마가린 등의 식품소비 증가가 일어나 요리방법의 변화 및 식습관의 변화가 일어나고, 전통적 음식을 소홀히하는 시기이다.

(4) 1988년 서울올림픽 이후 2000년 이전까지의 시기로 경제성장과 산업화 추세에 따라 식생활에 대한 가치관의 변화가 나타났다. 식생활이 안정되고, 서구화된 시기로 영양소의 섭취 양상이 서구인들과 유사해지고 해외여행 자유화로 인한 해외 식생활 경험자가 많아져 다른 나라의 식품이나 음식에 대한 관심과 섭취가 높아졌다. 국민영양이 질적·양적으로 향상되고 식생활을 통한 건강과 삶의 질 향상에 관심을 갖는 시기이다. 아침결식과 밥 대신 빵 등의 대용식의 식생활이 증가하였다.

1986년 아시안게임, 1988년 서울올림픽 개최 이후 식생활의 외부화·가공식품화·레저화·세계화로 식품산업과 외식산업이 더욱 발전하였다. 소비자들은 가공식품이나 편이식품을 선택하고, 식품산업, 급식산업 등이 급성장하게 되었다.

### 8) 2000년 이후

정보산업시대에 들어서면서 인터넷을 통해 세계가 하나되고 식생활문화는 세계화 되었다. 평균수명의 연장과 경제생활의 풍요로움으로 건강한 삶에 대한 관심이 증대되고, 생명공학과 식품산업이 발달되어 개인맞춤형 식생활을 추구하고, 건강 웰빙이 식생활 전반에 걸쳐 확고한 자리매김을 하게 되었다. 웰빙, 로하스 등의 등장으로 자연식, 로컬푸드, 전통음식, 발효음식에 대한 관심이 증가하였다. 음식의 맛뿐만 아니라 모양, 색 등 감성적인 식생활에 관심이 증가하여 디자인 개념의 음식과 상차림이 관심을 끌고 있다.

**〈표 10-1〉 우리나라 식생활의 변천사**

| 구분 | 농경사회 | 산업사회(18C) | 정보사회(20C) | 창조사회(21C) |
|---|---|---|---|---|
| 경제 | • 집단사회 형성<br>• 산업기본 활동 | • 산업혁명<br>• 에너지 이용<br>– 생산능력 향상<br>– 물자풍부 | • 컴퓨터화(전산화)<br>• 전산업별 과학화<br>• 정보자료 활용의 극대화 | • 창의적 차별화를 바탕으로 '개념' 도입 및 활용 |
| 사회 | • 유물론<br>• 수확력 | • 유물론<br>• 크다, 두껍다, 길다 | • 유물론<br>• 가볍다, 짧다, 작다 | • 비유물론<br>• 기쁨, 안락, 아름다움, 사랑, 진실 |
| 생산(제품) | • 소품종 소량 생산 | • 소품종 대량 생산 | • 다품종 소량 생산 | • 단일품종의 다양한 생산 |
| 식생활 | • 결핍 → 충족의 의미<br>• 수식개념 → 부식개념 | | • 풍부 및 과소비<br>• 영양학적 기호식 | • 질과 가치 추구<br>• 특수식 |
| 외식 | • 고유화 → 대가족화 (자연화) (곡류, 서류)<br>• 생존을 위한 식사 → 내식 위주 | | • 서구화, 편의식<br>• 외식의 태동 및 활성화 | • 국제화, 전통화, 전문화, 가치화<br>• 창의적인 고감도화 |

자료 : 한민수(1994). 외식산업의 현황과 전망, 한국식생활문화학회지 춘계학술대회 초록집, pp.45-58

**〈표 10-2〉 우리나라 식문화의 변천단계**

| 연대별 | 식문화의 특징 |
|---|---|
| 고조선~삼국시대 | • 주 · 부식 분리형의 식문화<br>– 주식 : 쌀, 보리, 조 등<br>– 부식 : 장류, 무짠지, 장아찌, 생선포, 구이 등 |
| 통일신라~고려시대 | • 숭불사상에 의한 다류, 한과류, 채소음식<br>• 일상식과 다른 제례, 연회 등의 식문화<br>• 몽고침입으로 고기요리법 발달 |

| 연대별 | | 식문화의 특징 |
|---|---|---|
| 조선시대 | | • 유교사상을 근본으로 한 공동체의식<br>• 대가족제도와 식생활의 규범 정착<br>• 김치의 발달과 상용 필수 식품화 |
| 일제시대 ~ 2000 | 일제시대 ~ 해방 이전 | • 식량부족과 빈곤으로 인한 식문화 침체<br>• 식품 소비형태의 침체화 |
| | 해방 이후 ~ 1960년대 | • 기아 및 영양실조 상태의 계속<br>• 분식의 장려운동과 서구식 식생활의 유입 |
| | 1970년대 ~ 1980년대 | • 경제발전과 핵가족화로 인한 식생활 수준 향상<br>• 영양가와 맛의 추구화 |
| | 1988년 서울올림픽 이후 ~ 2000년 | • 음식에 대한 가치관 변화<br>• 식생활의 외부화, 레저화, 가공식품화, 세계화 |
| 2000년 ~ 현재 | | • 정보산업시대<br>• 식문화 융합(퓨전)<br>• 건강 웰빙의 추구화<br>• 개인 맞춤화<br>• 전통화 및 고감도화 |

원자료 : 모수미(1994), 한국 외식문화의 발달과정, 한국식생활문화 학회지 춘계학술대회 초록집, pp.3-10

## 10-5 가정 외 식생활관리

전통적으로 가정에서는 식품을 주방에서 직접 조리하고, 모든 가족구성원이 함께 식사하는 생활양식을 즐겨왔다. 그러나 소득증대, 여성의 사회참여 증가, 생활수준 향상 등 생활의 변화로 가공식품, 인스턴트식품, 편이식품 등을 사용함으로써 가사노동을 간소화시켰다. 조리를 외부 전문가에게 의존하거나, 가정 외에서 제조된 식품을 사먹는 가정이 증가하고 있다. 요리정보도 어머니로부터 배우던 것이 TV, 요리책, 요리학원 등 가정 외 정보에 의존하게 되었다. 가족 간 활동시간의 차이에 의해 가족이 함께 식사하는 시간이 점차 적어지고, 점심은 거의 가정 외에서 개별적으로 먹게 되는 경우가 일반화되고, 가정에서의 식사뿐만 아니라 가정 외에서 섭취한 식품이 개인의 영양에 그대로 영향을 준다.

가정 외에서 식품을 섭취하는 데 영향을 미치는 소비자 행태의 5가지 영향 요인(경제학자 월터스(Walters))

- 가족의 핵가족화, 자녀 수의 감소, 주부의 지위향상 등 가족의 영향
- 소득증대, 생활수준의 상승 등 소득의 영향
- 도시화, 주택조건의 변화, 여성의 직장 진출과 사회참여 증가, 주부의 시간가치 상승 등 사회적 영향
- 사회의 레저 지향화, 물질 풍요시대의 소비위주의 가치관 등 문화적 영향
- 식품과 식생활 관련 산업의 기술혁신, 광고 등의 기업 판촉활동, 국제화와 세계화에 따른 외식산업의 근대화 등 기업의 영향

### 1) 외식과 외식산업의 정의

외식은 일반적으로 집이 아닌 외부에서 음식을 만들어 상품화된 음식을 먹는 것을 말한다. 이는 음식이 만들어진 조리장소를 기준으로 하며, 식사준비의 주체가 중요하다. 가정에서 만든 음식이나 도시락을 먹을 경우는 가정식(내식), 음식점이나 슈퍼마켓에서 사온 도시락, 학교나 직장에서 제공하는 집단급식도 외식에 속한다.

### 2) 급식산업의 정의

집이 아닌 가정 밖에서 음식을 조리하는 업종 전체를 급식산업이라고 한다. 가정 외에서 만들어진 음식을 가정 밖에서 사먹을 수 있도록 제공하는 업종을 외식산업이라고 한다.

급식산업은 고객에게 식사와 이를 위한 인적 서비스, 분위기, 식사에 관련된 편의 등을 제공한다. 그러므로 급식산업은 '가정 외의 장소에서 식품을 조리 · 가공하여 상업성 또는 비상업성 목적으로 고객에게 식사와 이와 관련된 서비스를 제공하는 업종'이라고 정의할 수 있다.

### 3) 외식산업의 분류

#### (1) 한국표준산업분류

한국표준산업분류는 산업에 관련된 통계작성을 위한 표준분류로서 산업활동의 동질성을 기준으로 하여 모든 산업활동을 체계적으로 유형화한 것이다. 1963년 제정한 이래 6차 개정된 이 분류에서는 외식산업 대신 음식점업을 〈표 10-3〉과 같이 분류하고 있다.

**〈표 10-3〉 한국표준산업분류에서의 음식점업**

| 소분류 | 세분류 | 항 목 별 |
|---|---|---|
| 552 | | 음식점업(Restaurant bars and canteens) |
| | 5521 | 식당업(Restaurants) |
| | | 한식점업, 중국음식점업, 일본음식점업, 서양음식점업, 음식출장조달업(Catering of foods), 자급식 음식점업(Self-supply restaurants), 간이체인 음식점(Chain Lunch room operation), 달리 분류되지 않은 식당업 등을 포함 |
| | 5522 | 주점업(Drinking place) |
| | | 일반유흥주점업, 무도유흥주점업, 한국식 유흥주점업, 극장식주점업, 외국인전용유흥주점업, 달리 분류되지 않은 주점업 등을 포함 |
| | 5523 | 다과점업(Tearoom and bakery stores) |
| | | 제과점업, 다방업, 달리 분류되지 않은 다과점업 등을 포함 |

**「식품위생법」에서의 식품접객업**

- 휴게음식점 : 식사와 음료의 판매는 가능하나 음주행위를 할 수 없다.
  - 편의점, 다방, 제과점, 패스트푸드점, 일반 조리 · 판매업
- 일반음식점 : 식사, 음료, 주류 판매가 가능하다.
  - 대중음식점, 휴게실 영업, 이동 조리 · 판매업, 출장 조리 · 판매업
- 단란주점 : 식사, 음료, 주류의 판매가 가능하며 밴드 없이 노래가 가능하다.
  - 유흥접객업
- 유흥주점 : 유흥종사자, 웨이트리스, 반주자, 무대조명 설치가 가능하다.
  - 유흥접객업(일반유흥주점, 무도유흥주점, 외국인전용유흥주점)

### (2) 영리 또는 비영리 목적에 따른 분류

식사 및 이와 관련된 서비스를 제공하는 목적이 영리를 목적으로 하는 것인지 아닌지에 따라 급식산업을 나눌 수 있다. 상업성 급식산업은 영리를 목적으로 하는 것으로서 가정 외 장소에서 생산, 판매 및 서비스활동을 하는 다양한 음식 영업업소를 칭한다. 즉, 영리를 목적으로 일반인들에게 음식을 제공하는 업체를 외식산업이라 하며, 한식이나 중식 · 일식 · 양식 등의 일반 음식점과 패스트푸드점, 패밀리 레스토랑 등의 체인 브랜드 업체, 호텔 내 레스토랑, 제과점, 아이스크림점, 커피숍 등에서 식사나 먹을거리를 제공하는 것을 말한다.

한편 비상업성 급식산업은 비영리를 목적으로 하는 것으로서 사업체, 학교, 병원, 대학, 공공기관, 사회복지시설 등에서 급식대상자에게 식사를 제공하는 단체급식소를 말한다. 이를 통해 식생활관리와 효율적인 영양관리 및 영양교육을 할 수 있어 국민건강 증진에 기여할 수 있다.

### (3) 기타 분류

경영형태, 상품구성, 입지조건, 내점동기, 이용시간대, 소비단가 등에 따라 다양한 업태를 결정한다. 공급 측면에서 접객 서비스 형태에 따라 업태를 분류할 수 있으며 소비자 측면에서 업소를 이용하는 동기가 업태 결정요인이 된다.

접객 서비스 형태를 기준으로 외식산업을 분류하면 테이블 서비스(table service), 카운터 서비스(counter service), 셀프 서비스(self service), 테이크아웃 서비스(takeout service), 자동판매기, 델리카테슨(delicatesson) 등으로 나눌 수 있다.

테이블 서비스는 서비스를 담당하는 직원이 음식을 고객이 식사하는 테이블까지 가져다주는 것으로 비교적 소비단가가 높고 즐거움을 위한 식사를 제공한다. 카운터 서비스는 조리장을 개방해서 조리과정을 고객이 볼 수 있으며 카운터를 테이블로 하여 음식을 제공하는 형태이다. 셀프 서비스는 서비스의 일부를 손님이 스스로 하도록 하는 것으로 카페테리아나 뷔페식당이 이에 속한다. 테이크아웃 서비스는 테이블 서비스가 없으며 카운터에서 음식을 받고 돈을 지불하는 'cash and carry' 형식이며, 가지고 다니며 먹을 수 있도록 포장판매를 하는 것으로 패스트푸드(fast food)가 전형적이다. 자동판매기는 일정한 액수의 돈을 넣으면 24시간 언제나 간편하게 식사를 할 수 있는 음식판매기로 편익을 최대의 특징으로 한다. 그 밖에 델리카테슨은 식탁에 바로 낼 수 있도록 반찬과 샌드위치, 샐러드 등 간단한 요리를 판매하는 곳으로 보통 델리(deli)라고도 부른다. 동네 슈퍼마켓이라고 보면 된다.

내점 동기를 기준으로 외식산업의 주요 업태를 정리하면 패밀리 레스토랑(family restaurant)은 가족들이 함께 가서 식사하기에 좋도록 되어 있는 식당으로 주요 이용 시간대는 점심과 저녁이며, 특히 저녁이나 휴일에 비중이 높다. 내점 동기로는 가족과 함께 즐거운 식사를 하기 위해 가는 경우가 가장 많다. 패밀리 레스토랑의 기본적 개념은 풍요롭고 가벼운 기분으로 식사할 수 있고 가족들이 안심하고 이용할 수 있으며 기분을 전환할 수 있다는 점이다. 전문식당(specialty restaurant)은 패밀리 레스토랑보다 고급인 식당으로 전문적인 음식을 판매한다. 음식가격도 비싸고 서비스가 다양한 특징이 있다. 패스트푸드(fast food)점은 싸고 한정된 품목의 음식을 즉석에서 극히 짧은 시간에 제공하며 흔히 볼 수 있는 햄버거, 프라이드치킨, 김밥집 등의 프랜차이즈 상점이다. 가락국수나 만두 등을 즉석에서 사먹을 수 있는 곳도 해당된다. 패스트푸드점의 특징은 신속, 저렴한 비용, 셀프 서비스로 요약된다.

포장음식(take-out food)점은 음식을 다른 장소로 가져가도록 포장해주는 서비스를 제공하는 곳인데 김밥, 도시락 등의 우리 음식도 포장음식점에서 판매하고 있다. 패스트푸드점이 외식의 간소화에 비중을 두는 반면, 포장음식점은 내식의 간소화에 대응해서 발전한 것으로 볼 수 있다.

## 10-6 우리나라의 외식 실태

우리나라의 외식산업은 1970~1980년대 경제발달로 급격히 변화하였다. 내식보다 외식의 인구가 증가하였다. 우리 가계의 식품비 지출내용을 살펴보면 하나는 외식을 위한 소비지출의 증가이고, 다른 하나는 가공식품의 소비지출 증가이다.

지난 10년간의 도시 전 가구의 월평균 외식비 지출을 비교하면 서울올림픽 이후인 1990년부터 크게 증가하기 시작하여 2004년에는 외식비의 지출이 46.6%로 나타났다.

1997년 후반기에 국가경제 위기를 겪으면서 외식비의 지출이 일시적으로 둔화하였으나 2000년부터 외식비의 지출이 39.4%로 다시 증가하고 있다〈표 10-4〉.

〈표 10-4〉 도시가구의 월평균 식료품과 외식의 소비지출

| 연도 | 식료품비(천원) | 엥겔계수(%) | 외식비(식료품비, %) | 신선식품(%) | 가공식품(%) |
|---|---|---|---|---|---|
| 1970 | 12.1 | 40.5 | 230원(1.9) | 80.0 | 18.0 |
| 1975 | 28.5 | 43.6 | 559원(2.0) | 77.9 | 20.1 |
| 1980 | 77.5 | 43.2 | 2.8천원(3.7) | 72.6 | 23.7 |
| 1985 | 118.9 | 37.5 | 8.8천원(7.5) | 65.8 | 26.6 |
| 1990 | 219.5 | 32.0 | 44.8천원(20.4) | 52.8 | 26.6 |
| 1995 | 367.1 | 29.0 | 115.7천원(31.4) | - | - |
| 2000 | 447.0 | 27.4 | 176.0천원(39.4) | - | - |
| 2002 | 481.0 | 26.2 | 201.5천원(42.0) | - | - |
| 2004 | 544.8 | 27.0 | 253.9천원(46.6) | - | - |

주 : 식료품비 소비지출과 소비지출 합계(외식비+신선식품+가공식품)와의 차이는 식품 관련 서비스에 대한 지출임. 엥겔계수 = (식료품비/소비지출)×100
자료 : 통계청, 도시가계연보

가공식품의 개발과 산업화와 더불어 주부들의 식사에 소요되는 노력과 시간을 절약하기 위해 가공식품의 소비율이 증가하고 있는 추세이다. 가공식품의 이용은 주식으로 즉석밥, 죽, 빵, 면류의 이용에서부터 부식인 국, 김치, 장류, 밑반찬 등 다양해지고 있다.

### 4) 외식업체의 현황

여가시간의 증가, 주5일 근무제의 확산, 소득 증가, 사회의 여성참여 확대, 핵가족화, 맞벌이의 증가, 경제성장, 외국생활 경험자의 증가로 가정식에서부터 외국 프랜차이즈 음식점이 성장하고 있다.

패스트푸드점의 경우 1979년도에 처음으로 '롯데리아'가 생긴 이후 점차 확장되고 있다. 또한 외국의 유명 브랜드를 가진 업체들이 점포를 확장시키고, 대기업의 참여도가 점차 증가하여 치열한 경쟁을 벌이고 있다.

### 5) 외식의 문제점

(1) 식재료의 재배, 유통, 조리, 초장 등의 과정에서 유해성분이나 식중독의 위험에 노출되어 식품위생과 안정성에 더욱 주의를 기울여야 한다. 안전한 식품선택에 대한 지식, 기술 및 경험을 바탕으로 신뢰성이 있는 식품재료를 선택하고, 안전한 조리기기의 사용, 안전한 조리, 안전한 포장이 필요하다.

(2) 소비자의 식습관과 영양필요량에 따라 적절한 양의 음식, 음식에 대한 만족도를 높이기 위한 노력, 음식의 낭비를 줄여 식재료비의 절약에 기여할 수 있는 음식 품질의 표준화가 필요하다.

(3) 음식의 맛과 질을 향상시키기 위해 사용하는 인공조미료와 소금, 단당류의 사용으로 당뇨와 고혈압의 발생이 증가하고 있다. 소비자의 건강을 배려한 조미료, 소금, 단당류의 조절이 필요하다.

(4) 조리과정, 인건비, 식재료비의 비율이 전통음식점보다 상대적으로 낮은 외국음식점의 증가를 가져오고 있다.

# 제11장 한국의 상차림과 식사예절

Meal Management

## 11-1 상차림

한국의 일상음식 상차림은 전통적으로 한상 위에 차려내는 기본상인 독상과 가정의례 및 특별한 행사시에 차려지는 의례식 상차림으로 나눌 수 있다.

밥을 주식으로 하고 부식인 반찬으로 구성되어 있다. 주식에 따라 밥을 주로 한 반상, 흰죽 · 잣죽 등 죽 · 응이 · 미음 등을 차린 죽상, 온면 · 냉면 또는 떡국 · 만두를 차린 면상, 술을 주로 한 안주상인 주안상(술상), 손님접대용으로 다과와 차를 내는 다과상 등으로 나눌 수 있다.

상은 원형, 사각형, 팔각형 등으로 크기를 달리해서 만들어지며 놓일 음식에 따라 다르게 사용했으며, 놓일 음식이 많거나 즉석에서 조리해야 할 전골 등이 있거나 반주, 후식을 같이 내야 할 경우 곁상을 더 놓기도 했다.

### 1) 한국 상차림에 필요한 식기와 기명

#### (1) 반상기

반상에 사용되던 격식화된 그릇을 반상기라 하며 반상기의 재질은 여름철에는 도자기, 그 외의 계절에는 유기를 사용했다. 궁중이나 양반가의 재력 있는 집에서는 은기를 사용하기도 했다. 반상기의 구성은 밥그릇, 국그릇, 숭늉대접, 김치보시기, 조치보, 종지, 쟁첩, 수저, 둥근 쟁반으로 구성되어 있다. 대접을 제외하고 모두 뚜껑이 있다.

- 주발 : 남자의 밥그릇으로 사기와 유기로 사용되었다. 밑부분이 좁고 위로 올라 갈수록 넓어지며 뚜껑이 있다.
- 바리 : 여자용 밥그릇으로 주발보다 밑면이 좁고 가운데 배가 부르며 위쪽이 다시 좁아진 모양이다. 뚜껑에 꼭지가 있는 것은 처녀용으로 봉바리라고 하고, 꼭지가 없는 것이 부인용이다.
- 사발 : 위가 넓고 굽이 있는 모양의 밥그릇이나 국그릇이다.
- 탕기 : 국을 담는 그릇으로 주발과 같은 모양이며 주발보다 조금 작은 그릇이다.
- 대접 : 숭늉이나 국을 담는 그릇으로 위가 넓고 운두가 조금 낮은 밥그릇보다 조

금 작은 그릇이다. 요즘 국그릇으로 쓰인다.

- 조치보 : 찌개나 찜을 담는 그릇으로 주발과 같은 모양으로 탕기보다 한 치수 작은 그릇이다.
- 보시기 : 김치류를 담는 그릇으로 쟁첩과 같은 모양이지만 굽이 높고 쟁첩보다 약간 크고 조치보보다는 운두가 낮다. 김치나 깍두기를 담는다.
- 쟁첩 : 숙채, 생채, 마른반찬, 전, 구이, 나물, 장아찌 등 여러 가지 반찬을 담는 작고 납작한 것으로 뚜껑이 있다.
- 종지 : 간장, 초장, 초고추장 등의 장류와 꿀 등을 담는 그릇으로 모양은 쟁첩 또는 주발과 같지만, 크기는 기명 중에서 가장 작다.
- 합 : 밑이 평평하며 밑에서 위쪽까지가 거의 직선형으로 뚜껑의 위쪽도 평평하다. 작은 합은 밥그릇으로 쓰이고, 큰 합은 국수장국, 떡국, 밥, 약식 등을 담는다. 큰 합과 작은 합이 겹쳐 있는 합은 모자합이라고 한다.
- 반병두리 : 위는 넓고 아래는 조금 좁으며 평평한 양푼 모양의 그릇으로 뚜껑이 없다. 국수장국이나 떡국, 비빔밥 등을 담는 용도로 사용했다.
- 접시 : 운두가 낮고 비교적 평평한 그릇으로 모양과 크기가 다양하다. 반찬, 과실, 떡 등을 담는다.
- 쟁반 : 운두가 낮고 둥근 모양으로 음식물을 담아 가까운 거리를 이동할 때 받쳐

**그림 11·1**
**식기와 기명**

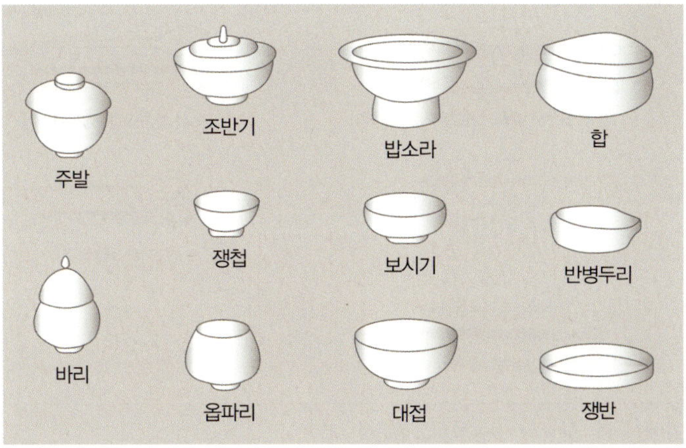

들고 나르는 받침그릇이다. 모양은 매우 다양하나 원형과 사각쟁반이 가장 많이 사용된다. 주전자, 술병, 찻잔 등을 놓거나 나르는 데 쓰인다(그림 11-1).

### (2) 수저

숟가락과 젓가락을 수저라 하며, 우리나라에서 식사할 때 도구로 사용한다. 숟가락과 젓가락의 재질은 은, 유기, 백동, 스테인리스 등 같은 재질로 하고, 목기로 만들기도 한다. 숟가락으로 밥과 국을 먹고, 젓가락으로 찬을 먹는데 한 손에 숟가락과 젓가락을 한꺼번에 쥐고 사용하지 않는다. 한국의 젓가락은 중국이나 일본의 것보다 가늘고 짧다.

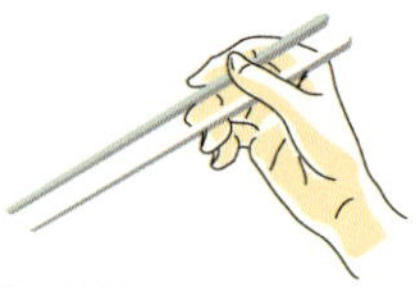

**그림 11•2**
**젓가락 쥐는 법**

**그림 11•3**
**삼국 · 고려 · 조선시대의 숟가락과 젓가락**

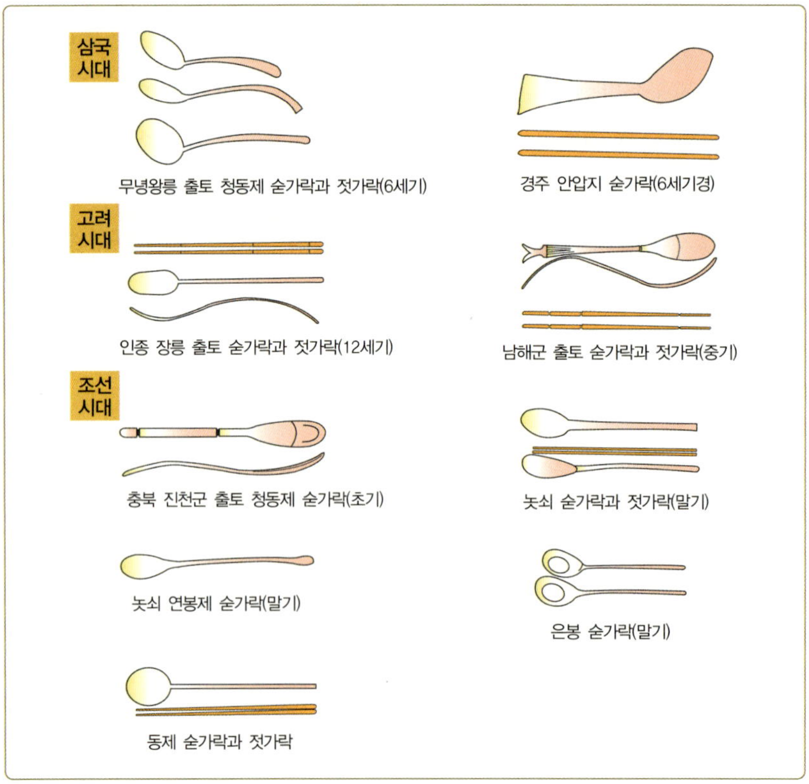


자료 : 황혜성 외, 한국의 전통음식, 교문사. 2000

(3) 상(床)

- 음식을 담아 먹는 식기를 비롯하여 물건을 놓거나 얹어 사용하기 위하여 만든 기물이다. 상의 쓰임새, 모양, 산지, 만든이, 크기, 다리의 생김새, 칠의 색에 따라 여러 가지가 있으며 그 이름도 각각 다르다.
- 원반 : 다리의 형태와 상관없이 반면이 둥근 모양의 상으로, 작은 소반부터 여럿이 둘러앉을 수 있는 두레반까지 크기가 다양하다. 조선 말기 이후 돌상차림에 사용되었다.
- 책상반 : 반의 형태가 공부할 때 사용하는 책상 모양의 장방형의 소반으로, 일상의 반상에 가장 많이 쓰인다. 통영반, 해주반, 나주반 중에 책상반이 많다.
- 팔모반 : 윗면 모서리가 팔각으로 운두가 있으며, 다리는 병풍처럼 팔면의 목판으로 짜여 있다. 주로 다과상으로 접대할 때 많이 쓰이며, 크고 붉은 칠을 한 것은 돌상차림에 쓰였다.
- 구족반 : 우리나라 서민과 상민들 사이에서 가장 많이 사용하던 소반으로 소반의 형태가 개다리처럼 생겼다 하여 개다리소반이라고도 하고, 다리의 굽이 안쪽으로 향하여 있다.
- 교자상 : 장방형의 큰상으로 여러 사람을 한 상에서 대접할 때 쓰인다.
- 가자틀 : 산정이나 정자에서 여럿이 회식할 때 가마처럼 생긴 가자틀에 음식을 얹어서 남자들이 가마를 들듯이 들어 날랐다. 이를 방 안에 놓고 둘러앉아 먹게 된 것이 교자상의 유래인 듯하다.
- 공고반 : 번상이라고도 하는 작은 팔각반으로 다리가 병풍처럼 둘러 있는데 앞뒤가 크게 뚫려 있어 머리에 이면 앞을 볼 수 있게 만들었다. 대궐이나 관아에 근무하는 관리의 집에서 밥과 반찬을 차려서 이고 운반한 상이다. 또는 관청에 번을 할 때 쓰던 상이다.

그림 11•4
여러 가지 상의 종류

## 2) 반상차림

밥을 주식으로 하고 부식으로 반찬을 격식에 맞추어 차리는 상차림이다. 받는 사람의 신분에 따라 나이 어린 사람에게는 밥상, 어른에게 진짓상, 임금님은 수라상으로 명칭을 달리하였다. 한 사람이 먹도록 차린 밥상을 외상(독상), 두 사람이 먹도록 차린 밥상을 겸상이라 한다.

외상으로 차려진 반상에는 밥, 국, 김치, 찌개(조치), 간장, 고추장, 초고추장 등을 제외한 뚜껑이 있는 반찬그릇(쟁첩)의 수를 말하는 첩에 따라 3첩, 5첩, 7첩, 9첩, 12첩이 있다. 첩수에 들어가는 음식으로 생채, 숙채, 구이, 조림, 전, 장과, 마른찬, 젓갈, 회, 편육 등으로 쟁첩에 담는다.

### (1) 3첩 반상

반상 중에 가장 간소한 상차림으로 일반인들의 상차림이다. 기본적인 밥, 국, 김치, 장 등 첩수에 들어가지 않는 음식 외에 3가지 반찬을 담아낸다. 첩수에 들어가는 음식은 생채 또는 숙채, 구이 혹은 조림, 마른찬이나 장과 또는 젓갈 중에서 택한다.

그림 11•5
3첩 반상차림

(2) 5첩 반상

여유가 있는 서민의 상차림이다. 기본적인 밥, 국, 김치, 장 등 첩수에 들어가지 않는 음식 이외에 5가지 반찬을 담아내는 반상이다. 첩수에 들어가는 음식은 나물(생채 또는 숙채), 구이, 조림, 전, 마른찬이나 장과 또는 젓갈 중에서 택한다.

그림 11•6
5첩 반상차림

(3) 7첩 반상

생신과 잔치 등 손님접대용으로 특별하게 차리는 상차림이다. 기본적인 밥, 국, 김치, 장, 찌개, 찜(선) 또는 전골 등 첩수에 들어가지 않는 음식 이외에 7가지 반찬을 담아내는 반상이다. 첩수에 들어가는 음식은 생채, 숙채, 구이, 조림, 마른찬이나 장과 또는 젓갈 중에서 1가지, 회 또는 편육 중에 택한다.

그림 11•7
7첩 반상차림

(4) 9첩 반상

반가의 최고 상차림이다. 기본적인 밥, 국, 김치, 장, 찜, 찌개, 전골 등 첩수에 들어가지 않는 음식 이외에 9가지 반찬을 담아내는 반상이다. 첩수에 들어가는 음식은 생채, 숙채, 구이, 조림, 전, 마른찬, 장과, 젓갈, 회 또는 편육 중에서 택한다.

**그림 11•8**
**9첩 반상차림(봄)**

1밥 2국 3휘건(냅킨) 4숙채 5생채
6간장 7초간장 8구이 9마른반찬
10젓갈 11편육 12구이 13장아찌
14전 15깍두기 16배추김치
17물김치 18찜 19빈접시 20찌개
21찌개 22전골 23찜

(5) 12첩 반상

궁중에서 아침과 저녁에 임금님께 드리는 수라상차림이다. 기본적인 밥, 국, 김치, 장, 찌개, 찜, 전골 등 첩수에 들어가지 않는 음식 이외에 12가지 반찬을 담아내는 반상이다. 첩수에 들어가는 음식은 생채, 숙채, 구이 두 종류(찬구이 · 더운구이), 조림, 전, 마른찬, 장과, 젓갈, 회, 편육, 별찬을 낸다.

**그림 11•9**
**12첩 반상차림(여름)**

1밥 2맑은국 3토구 4초간장
5겨자즙 6간장 7조림 8편육 9회
10찬구이 11별찬 12숙채 13생채
14더운구이 15전유어 16수란
17조치 18장과 19마른반찬 20젓갈
21찜 22깍두기 23배추김치
24물김치 25홍반 26곰국 27숭늉
28빈접시 29빈접시 30뚜껑
31종지뚜껑 32쟁첩뚜껑
33쟁첩뚜껑 34뚜껑 35달걀 36간장
37여러 가지 채소 38육수(귀대접)
39고기 40전골틀

### (6) 죽상차림

응이, 미음, 죽 등의 유동식을 주식으로 하고, 맵지 않은 국물김치(동치미 · 나박김치)와 맑은젓국찌개, 마른찬(북어보푸라기 · 어포) 등을 낸다. 죽은 그릇에 담아 중앙에 놓고 오른편에 빈그릇을 놓아 덜어 먹는다.

- 응이상 : 응이, 동치미, 소금, 꿀, 마른찬을 낸다.
- 흰죽상 : 흰죽, 젓국조치, 나박김치(또는 동치미), 매듭자반, 북어무침, 포, 청장 등을 낸다.
- 잣죽상 : 잣죽, 동치미, 북어보푸라기, 다시마튀각, 소금, 꿀 등을 낸다.

그림 11•10
죽상차림

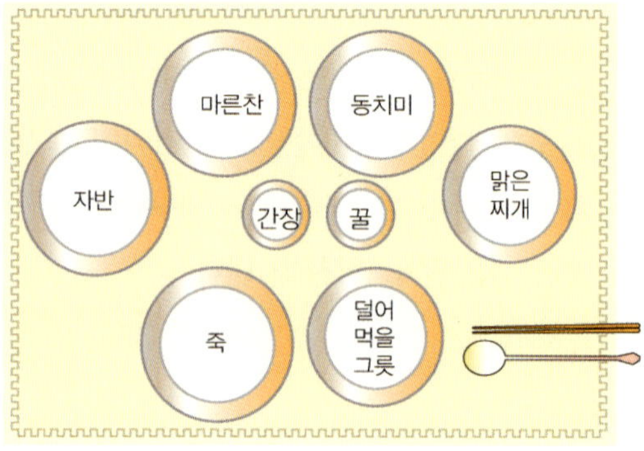


### (7) 면상차림

국수, 만두, 떡국 등을 주식으로 차리는 음식으로 주로 점심에 많이 이용한다. 주식으로 온면, 냉면, 떡국, 만둣국 등이 오르며 부식으로 찜, 겨자채, 잡채, 편육, 전, 배추김치, 나박김치, 나물, 잡채, 전 등을 놓는다. 여기에 각종 떡류나 한과, 생과일, 음료로는 식혜, 수정과, 화채 중 1가지를 놓는다. 한꺼번에 차리기도 하나 식사 후에 따로 내기도 한다. 술손님의 경우 주안상을 먼저 낸 후 면상을 낸다.

- 온면상 : 국수(온면), 찜, 전, 잡누르미, 편육, 잡채, 김치, 정과, 떡, 약식, 강정, 약

과, 화채, 녹말편 등

- 냉면상 : 냉면, 김치, 전, 쇠고기전골, 편육, 떡수단, 화채

그림 11•11
면상차림

### (8) 주안상차림

손님에게 술을 접대하기 위해 차리는 상으로 술의 종류와 기호에 따라 차려낸다. 청주, 소주, 탁주 같은 술과 함께 육포, 어포, 건어, 어란 등 마른안주와 전이나 편육, 찜, 신선로, 전골, 찌개 같은 얼큰한 안주 한두 가지 그리고 나물과 김치, 과일, 떡, 한과류가 오른다.

### (9) 교자상차림

교자상은 명절이나 경사 때 큰 사각반이나 또는 대원반에 여러 명이 함께 둘러 앉아 식사하는 회식용 상차림이다. 주된 음식을 상의 중앙에 차려 놓고 재료, 조리법, 영양, 색 등을 고려하여 음식을 낸다. 밥을 주식으로 한 교자상을 얼교자상이라 한다.

주식은 밥, 면 등 계절에 맞는 것을 선택하고 반찬은 조화가 되도록 탕, 찜, 전유어, 편육, 적, 회, 겨자채, 신선로, 마른찬, 수란, 김치, 장류, 각색편, 약식, 약과, 다식, 강정, 숙과, 정과, 숙실과, 생실과, 수정과, 식혜, 화채 등을 낸다.

(10) 다과상차림

주안상이나 교자상 뒤에 내거나 식사시간 이외의 시간에 손님에게 떡, 과자류, 과일류, 음청류를 계절에 맞게 차려낸다.

## 11-2 시식과 절식

세시음식이란 일상생활에서 계절에 맞추어 관습적으로 되풀이해 만들어 먹는 음식으로 명절음식과 시절음식이 있다. 절식은 명절식으로 절일(혹은 명일)에 그 의미에 맞추어 해먹는 음식을 말하고, 시식은 봄, 여름, 가을, 겨울의 각 계절에 나는 제철 식품으로 만드는 음식을 말한다.

### 1) 설날(정월 초하루)

음력 1월 1일로 원단(元旦), 세수(歲首), 연수(年首), 신일(愼日)이라고 하며, 묵은해를 보내고 새해 첫날을 맞아 새로운 마음과 몸가짐으로 집안의 만복을 기원한다. 세찬과 세주를 마련하여 조상님께 차례를 올린다. 설빔, 차례, 세배, 성묘 등의 풍속이 있다. 떡국, 만두, 약식, 인절미, 단자, 주악, 편육, 전, 빈대떡, 떡찜, 누름적, 잡채, 강정, 식혜, 수정과, 나박김치, 장김치, 세주 등의 음식이 있다.

- 떡국 : 설날에 흰 떡국을 끓이는 풍습은 흰색의 음식으로 새해를 시작함으로써 만물의 새로움을 뜻하기도 한다(최남선의 『조선상식』). '한양세시기'에 정월 초일에 반드시 떡국을 먹는다고 나타나 있다.
- 세주 : 설에 쓰이는 술로는 찬술을 쓴다. 이는 봄을 맞이하는 영춘의 뜻이 있다. 세주의 대표는 도소주인데, 사람의 혼을 깨어나게 한다는 뜻이 있다. 육계, 산초, 백출, 방풍 등 여러 약재를 넣어 만든 술로, 설날 마시면 병이 생기지 않고 오래 살 수 있다고 전해진다.
- 강정류 : 강정은 설날 음식의 으뜸으로 『금화경독기』에 세찬에 없어서는 안 되는

음식으로 기록되어 있다.

- 만두 : 밀가루 반죽을 얇게 밀어 동그랗게 도려내고 꿩고기나 돼지고기, 숙주, 두부 등으로 만든 소를 싸서 찜통에 쪄낸다. 쇠고기로 육수를 내어 만둣국을 끓인다.
- 약식 : 찹쌀을 쪄서 대추, 밥, 기름, 꿀, 간장 등을 섞어 함께 찌고 잣을 넣는다.
- 인절미 : 찰밥을 하여 절구에 놓고 치대어 반죽을 만들어 길게 늘어뜨려 일정한 간격으로 잘라 콩고물을 묻혀 먹는다.
- 전유어 : 생선, 고기, 채소 등을 얇게 저미거나 다져서 밀가루, 달걀물을 묻혀 번철에 지져 먹는다. 세배 손님을 받을 때마다 상차림에 빠지지 않고 내는 음식이다.
- 편육 : 양지머리나 사태 등을 푹 삶아 내어 물기를 빼어 보자기에 싸서 눌러 얇게 저민 음식이다.
- 빈대떡 : 녹두를 물에 불려 맷돌에 간 후에 고사리, 돼지고기, 숙주 등을 반죽에 섞어 한 국자씩 떠서 번철에 지져 먹는다.
- 식혜 : 엿기름가루를 따뜻한 물에 담가서 맑은 윗물과 잘 지은 밥을 넣어 엿기름의 당화효소에 의해 밥알이 잘 삭아서 떠오르면 생강 등을 넣어 끓여 식힌 후 시원한 데 두고 먹는다.
- 수정과 : 생강을 거피하여 얇게 저며 썰고, 통계피와 함께 냄비에 담고 물을 넣고 끓여서 계피향과 생강향이 어우러지게 우러나면 생강과 통계피는 건져내고 국물은 식혀서 항아리에 담고, 곶감을 넣고 실백을 띄워 먹는다.

### 2) 입춘

동지 후 44일째 되는 날로 봄에 접어드는 절기이다. 눈 속에서 돋아난 푸성귀로 오신반을 만들어 먹음으로써 추운 겨울 동안 부족한 비타민을 보충할 수 있다. 입춘채(오신반)로 움파, 산갓, 당귀싹, 미나리싹, 무의 5가지 매운 생채요리, 탕평채, 승검초산적, 죽순나물, 달래장, 냉이나물, 산갓김치 등의 음식이 있다.

### 3) 대보름(상원일)

음력 1월 15일로 1년 중 첫 보름달이 뜨는 날로 중요한 의미가 있는 날이다. 정월 초하루부터 보름까지를 설이라 하였다. 대보름은 풍요를 기원하는 농경문화의 상징이 담겨 있다. 대보름의 풍속으로 달맞이, 쥐불놀이, 답교놀이를 한다. 오곡밥, 복쌈(김구이), 9가지 묵은 나물, 약식, 유밀과, 원소병, 부럼, 나박김치, 귀밝이술 등의 음식이 있다.

- 귀밝이술 : 이른 새벽에 청주 한 잔씩을 데우지 않고 차게 해서 마시는 술로 정신이 맑아지고 1년 동안 귓병이 생기지 않으며, 1년 동안 좋은 소식만을 듣는다 하여 부녀자들도 마셨다.
- 오곡밥 : 백가반으로 백집에 나누어 먹는 것이 좋다는 뜻이 있으며 찹쌀, 차수수, 팥, 차조, 콩 등 5가지 이상의 곡식을 섞어 지은 밥으로 약식은 신라의 대보름날 음식이다. 다음해에도 모든 곡식이 잘 되길 바란다는 뜻이 담겨 있다. 또한 상원날에는 세 집 이상의 남의 집 밥을 먹어야 그 해의 운이 좋다고 한다.
- 묵은나물 : 고비, 도라지, 석이버섯, 표고버섯, 무, 숙주, 콩나물, 호박오가리, 시레기 등 9가지로 만들어 먹으면 더위를 타지 않는다고 한다.
- 복쌈 : 김, 배춧잎, 나물잎(취)에 밥을 싸서 먹는 것을 말하며, 복쌈을 먹으면 장수한다고 하였다.
- 부럼 : 아침에 눈을 뜨는 대로 날밤, 호두, 은행, 잣, 무 등을 깨물어 먹으면 1년 동안 부스럼이 나지 않고 이가 단단해진다고 한다.
- 원소병 : 화채의 일종으로 찹쌀가루에 대추와 설탕을 넣고 조린 것으로 달걀형으로 만들어 설탕물에 익혀내어 그 즙과 함께 먹었다는 기록이 있다.
- 대보름 금기음식 : 아침밥에 물을 말아먹거나 생파래를 먹으면 논이나 밭에 잡초가 무성해지고, 김치를 먹으면 물쐐기에 쏘이고 고름이 찬다고 하며, 찬물이나 눌은밥, 고춧가루를 먹으면 벌이나 벌레에 쏘인다 하여 대보름에는 먹지 않았다.

### 4) 중화절(노비일, 머슴일)

음력 2월 1일로 온 집안을 청소하고 농사를 시작하는 날이다. 농가에서 그 해의 풍년을 비는 뜻으로 정월 보름날 마당에 세웠던 화간(벼가릿대)을 2월 초하룻날 이른 아침에 거두어 철거하는데, 이 벼가릿대에서 벼를 훑어 빻은 후 떡을 빚고 쪄서 농사일을 한 일꾼들과 나누어 먹었다. 노비송편, 시래기편, 콩볶음 등의 음식이 있다.

- 송편 : 정월 보름날 볏가릿대에서 벼이삭을 내려다가 흰떡을 만들어 크기는 손바닥만하게 또는 달걀만하게 만들어 검정콩, 푸른콩, 팥속을 넣어 시루에 솔잎을 깔고 쪄서 농사지을 노비들에게 나이 수대로 먹게 하여 위로하였다.

### 5) 삼짇날(중삼절)

음력 3월 3일로 강남에 갔던 제비가 돌아온 날이며, 꽃놀이를 하고 새풀을 밟으며, 들에 나가 봄을 즐긴다. 화전, 화면, 수면, 창면, 탕평채, 진달래 화채 등의 음식이 있다.

- 화전 : 진달래꽃을 따서 꽃술을 빼고 찹쌀가루를 반죽하여 꽃을 붙여 지진다.
- 화면 : 오미자를 찬물에 우려내어 꿀을 타고 진달래꽃은 녹두 녹말에 묻혀서 끓는 물에 살짝 익혀 건져 잣과 함께 띄워 낸다.
- 수면, 청면 : 녹두 녹말을 물에 풀어 놋쟁반에 얇게 펴서 중탕으로 말갛게 익힌 후 채로 곱게 썰어 오미자 국물에 띄워 낸다.

### 6) 한식(청명절)

동지부터 105일째 날로 성묘(설 · 한식 · 단오 · 추석)를 하고 찬 음식을 먹는다. 제물로 술, 과일, 포, 식혜, 떡, 국수, 탕, 적 등을 차린다. 이 날은 한식면이라 하여 메밀국수를 먹기도 한다.

### 7) 연등일(초파일)

음력 4월 8일로 불교의 석가탄생일이다. 연등행사 등을 하고 이 자리에서는 육어류를 쓰지 않고 느티떡, 콩요리, 미나리 등 소찬으로 상을 차렸다. 초파일 음식으로 증편, 미나리강회, 파강회, 느티떡(유엽병), 쑥떡, 볶은콩 등의 음식을 즐긴다.

- 유엽병(느티떡) : 느티나무의 새싹을 따다가 멥쌀가루와 섞어서 두툼하게 찐 설기떡이다.

### 8) 단오(수리날)

음력 5월 5일 더운 여름을 맞이하는 명절로 모내기를 끝내고 풍년을 기원하는 기풍계절이다. 창포에 머리를 감고 단장한다. 그네뛰기와 씨름을 즐기고 차륜병(수리취떡), 제호탕, 증편, 앵두편, 앵두화채를 즐긴다.

- 수리취떡 : 쑥처럼 향기가 강한 수리취잎을 쪄서 멥쌀가루에 반죽, 수레바퀴 모양의 떡살로 찍어 익힌 떡이다. 수리란 고, 상, 신의 의미를 지닌 고어로 우리 말의 수레를 뜻한다.
- 제호탕 : 여름에 좋은 음료로서 오매, 축사, 백단, 사향 등을 달여 꿀을 섞은 차가운 차이다.

### 9) 유두

음력 6월 6일로 물놀이를 즐긴다. 유두란 말은 '동류두목욕(東流頭沐浴)'의 줄임말로 유두날이면 맑은 개울물에 나가 목욕하고 머리감으며 하루를 보내면 상서롭지 못한 것을 쫓고 여름 더위를 먹지 않는다고 하였다. 유두면(오색밀가루 구슬), 떡수단, 보리수단, 밀쌈, 편수, 증편, 깻국, 어선, 어채, 구절판, 생실과, 화전, 복분자화채를 즐긴다.

- 상화병 : 밀가루로 반죽을 밀어 콩과 깨를 꿀에 섞어 소를 넣고 찐 것이다.
- 연병 : 밀가루를 기름에 지져서 오이 등의 나물 소를 넣거나 콩과 들깨를 꿀에 섞어 소를 넣고 말아 색다른 형으로 만든 것이다.

### 10) 삼복절식(초복 · 중복 · 말복)

초복은 하지로부터 세 번째 경일, 중복은 하지로부터 네 번째 경일, 말복은 입추로부터 첫 번째 경일로 더위를 이겨내기 위한 음식을 섭취한다. 보신탕(개장국), 삼계탕, 팥죽, 육개장, 잉어구이, 복죽 등을 먹고, 궁중에서 얼음을 나누어주는 사빙이 있었다.

- 육개장 : 개고기 대신 쇠고기로 얼큰하게 끓여 개장국의 맛을 낸 것이다.
- 구장 : 삼복에 개를 푹 삶아 만든 개장국으로 더위를 이기기 위한 보양식이다.
- 복죽 : 팥죽을 끓여 먹어 더위를 이겼다.

### 11) 칠석

음력 7월 7일로 견우와 직녀가 1년에 한 번 만난다는 날이다. 이 날은 아낙네들이 마당에 바느질 차비와 음식을 차려 놓고 길쌈과 바느질을 관장한다는 직녀에게 길쌈과 바느질을 잘하게 해달라고 기원했다. 또 집집마다 옷과 책을 볕에 쪼여 습기를 없애는 풍습이 있었다. 밀전병, 증편, 밀국수, 육개장, 잉어, 넙치, 복숭아화채, 오이소박이, 취나물, 고비나물 등의 음식을 먹는다.

### 12) 추석(중추절, 한가위)

음력 8월 15일로 수확에 대한 감사의례로 추석다례이다. 신도주와 오려송편을 비롯하여 여러 가지 음식으로 조상께 차례를 지내고 성묘한다. 송편, 토란탕, 햅쌀술, 누름적, 화양적, 닭찜, 송이산적, 갖은 나물, 가리찜, 배화채, 햇과일, 밤, 밤초, 대추초, 사과, 배, 감, 배숙 등의 음식을 먹는다.

- 송편 : 햅쌀을 빻아 익반죽하여 햇녹두, 청대콩, 깨 등을 속으로 넣어 송편을 빚는다.
- 토란탕 : 다시마와 쇠고기를 넣고, 토란을 넣어 맑은장국으로 끓인다.
- 누름적 : 햇버섯, 도라지, 고기, 파 등을 꿰어 화양적을 만들거나 지짐누름적을 만든다.
- 닭찜 : 가을에 살이 올라 맛있는 햇닭으로 닭찜을 한다.

### 13) 중구(중양절)

음력 9월 9일로 제비가 강남으로 떠난다는 날이다. 유자화채, 배화채, 국화전, 국화주, 밤단자, 생실과를 먹는다.

### 14) 무오일

음력 10월의 오일(午日)로 말의 날에 해당된다. 무시루떡, 팥시루떡, 국화전, 연포탕, 타락죽, 신선로, 햇곡술, 무오병, 유자화채, 생실과 등을 먹는다.

- 팥시루떡 : 고사떡이라고 하며 붉은 팥으로 고물을 얹어서 찐 시루떡이다.
- 신선로 : 궁중음식으로 숯을 넣은 화통에 달려 있는 냄비에 육류, 해산물, 채소 등을 둘러놓고 웃기로는 고기완자, 은행, 호두 등을 얹어 육수를 붓고 끓여 먹는 음식이다.
- 국화전 : 익반죽한 찹쌀을 둥글게 빚어 국화잎으로 문양을 만들어 기름에 지져낸 떡이다.
- 연포탕(軟泡湯) : 두부를 잘게 썰어 꼬치에 꿰어서 기름에 지져 닭고기와 같이 끓인 국이다.

### 15) 동지

음력 11월 22일로 작은 설이라고 한다. 하지부터 짧아진 낮이 동지에는 낮이 가장 짧고 밤이 가장 긴 날이다. 팥죽, 전약(쇠족, 쇠머리 등과 다른 재료들을 고아 굳혀 만드는 겨울철 보양식), 동치미, 생실과, 경단, 식혜, 수정과 등을 먹는다.

### 16) 섣달그믐

섣달그믐은 1년을 마무리하고 새로운 마음으로 새해를 준비하는 날이다. 골동반, 각색전, 완자탕, 주악, 잡과, 떡국, 만두, 전골, 정과, 식혜, 수정과, 장김치, 보쌈김치 등을 먹는다.

## 11-3 통과의례 음식과 상차림

통과의례란 사람이 태어나서 성장하고 혼인하고 사망에 따른 의례로 규범화된 의식이고, 그 의식에 따르는 음식을 마련한다.

### 1) 출산 전 · 후

#### (1) 출산 전

산모가 출산의 기미가 보이면 아기를 낳기 전에 산실 윗자리에 짚을 깔고 상을 차리고 그릇에 백미 수북이 담고 그 위에 장곽을 올려놓고 정화수 한 사발을 떠서 삼신상을 차린다.

#### (2) 출산 후

아이가 태어나면 산욕을 시킨 다음 삼신상을 준비한다. 삼신상은 아기를 점지해주는 세신령을 모신 상으로 흰 쌀밥과 미역국을 각각 3그릇씩 놓고 삼신께 아기의 탄생과 순산을 감사하다는 뜻에서 행해지는 제의식이다. 유아나 산모의 액과 화를 피하고, 초복(招福) · 장수를 기원하였다.

### 2) 삼칠일

아기가 태어난지 21일째 되는 날을 축하하는 날이다. 흰 쌀밥에 미역국과 백설기를 준비한다. 백설기는 신성의 의미가 담겨 있고 속세와 섞이지 않고 삼신의 보호 아래 둔다는 의미에서 집안에 모인 가족끼리만 나누어 먹고 대문 밖으로 보내지 않는다. 궁중이나 부잣집에서는 태어난지 7일, 14일, 21일이 되면 수수팥 단자를 집 앞을 지나가는 사람들에게 나누어 주었다. 수수의 붉은색이 잡귀를 쫓는다는 속설 때문이다.

### 3) 백일

출생 후 백일이 되는 날을 축하하는 날이다. '백(白)'이라는 숫자에는 완전, 성숙 등의 의미가 있으므로 아기가 이 완성된 단계를 무사히 넘기게 되었음을 축하하는 날이다. 백일상에는 흰밥과 고기를 넣어 끓인 국, 푸른색 나물, 백설기, 붉은 팥고물차수수경단, 오색송편 등이 오른다.

- 백설기 : 순수무구한 순결을 의미
- 붉은 팥고물차수수경단 : 아기에게 잡귀를 막아 액을 면하게 한다는 의미
- 오색송편 : 오행, 오덕, 오미와 같은 관념으로 '만물의 조화'를 의미

### 4) 첫돌

아기가 태어난지 만 1년이 되면 첫 생일을 축하하기 위해 차리는 상차림으로 돌상이라고 한다. 차리는 음식과 물건은 아기의 수명장수와 다재다복을 바라는 마음으로 준비한다. 흰밥, 미역국, 청채나물, 백설기, 오색송편, 인절미, 차수수경단, 생실과 쌀, 국수 삶은 것, 대추, 흰타래실, 청홍비단실, 붓, 먹, 벼루, 천자문, 활과 화살, 돈 등이며 여아는 천자문 대신 국문을 놓고 활과 화살 대신 색지, 실패, 자 등을 놓는다.

- 백설기 : 신성, 정렬, 무병장수의 기원을 의미
- 인절미 : 끈기 있고 단단해지라는 의미
- 오색송편 : 만물의 조화를 의미. 속이 차라는 의미로 속을 넣은 송편과 의견을 넓히라는 뜻으로 속이 빈 송편을 만든다.
- 무지개떡 : 만물의 조화와 온화한 사랑을 의미
- 쌀 : 식복이 많고 부자가 되라는 의미
- 수수경단 : 무병장수, 잡귀와 액을 쫓고 덕을 쌓으라는 의미
- 대추 : 자손 번창을 기원하는 의미
- 과일 : 결실을 바라는 의미
- 국수, 무명실 : 무병장수 기원의 의미
- 미나리 : 사철 푸르고 장수 기원의 의미
- 청 · 홍실 : 장수와 사이좋기를 기원하는 의미

- 돈 : 부유를 기원하는 의미
- 책 : 학문과 식견이 넓어지길 기원하는 의미
- 벼루, 먹, 붓 : 글재주를 기원하는 의미
- 활, 화살 : 남아의 무문을 기원하는 의미
- 가위, 실패, 자 : 여아의 바느질 솜씨를 기원하는 의미

그림 11·12
돌상차림

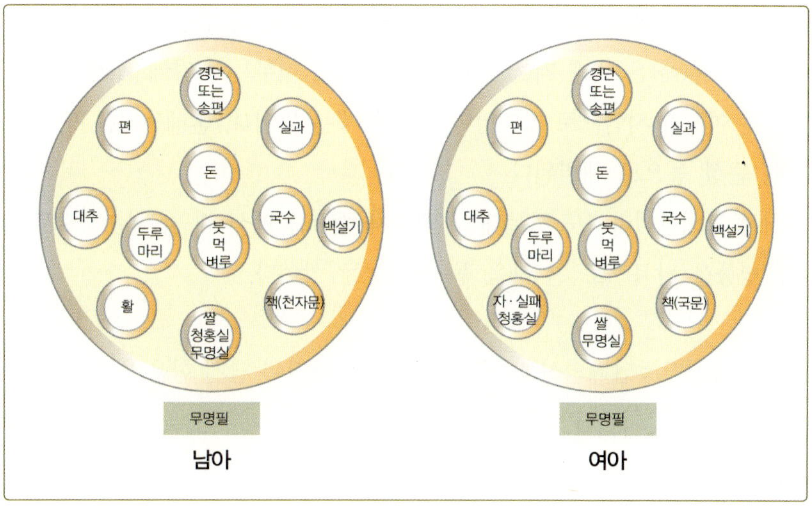


### 5) 책례

아이가 서당에 다니면서 책을 한 권씩 뗄 때마다 행하던 의례이다. 책례의 의식은 어려운 책을 끝냈다는 축하와 격려의 뜻으로 오색송편의 책례떡을 만들어 선생님과 친지들이 함께 나누었다.

- 송편 : 깨나 팥, 콩 등으로 소를 꽉 채운 떡으로 학문으로 꽉 차라는 뜻으로 빚었다. 오색송편은 만물의 조화를 나타내었다.

### 6) 관례

아이가 자라 15세 이상이 되면 어른이 되었음을 상징하는 의식으로 사회적으로 책임이 인정되는 나이에 행하는 의례이다. 남자는 관례를 여자는 계례를 행하였다. 술을 비롯하여 안주용 음식과 국수장국, 떡, 조과, 생과, 식혜, 수정과 등을 올린다.

### 7) 혼례

사람이 성장하여 때가 되면 부부의 인연을 맺게 되는데 부부의 연을 맺는 의식을 혼례라 한다. 혼(婚)은 원래 저물 '혼(昏)'이다. 해가 저무는 시간에 올리는 예를 뜻하며 인(姻)은 여자가 사람으로 말미암아 '성례한다'는 뜻이다. 혼례음식은 봉채떡, 교배상, 폐백, 큰상 등으로 대별된다.

혼례상은 교배상이라고도 하는데, 혼례절차 중 교근예식 때 차리는 상으로 대청이나 뜰에 병풍을 남북으로 친 다음 동서로 놓는 상이다.

- 봉채떡(봉치떡) : 납폐의식을 행할 때 혼서와 채단이 담긴 함을 받기 위하여 신부집에서 만드는 떡이다. 찹쌀 3되와 붉은팥 1되로 시루에 부부 한 쌍을 뜻하는 2켜만 안쳐 윗켜 중앙에 밤을 하나 올려놓고 밤의 주위에 아들 7형제를 상징하는 대추 7개를 둥글게 모아 놓고 함이 들어올 시간에 맞추어 찐 찹쌀시루떡이다.
- 교배상(동뢰상) : 초례의식을 치르기 위해 마련하는 상이다. 상 위에 오르는 위치와 종류는 지방에 따라 다르다. 맨 앞줄에 대추, 밤, 조과를 각각 두 그릇씩 담고 한 쌍의 닭 모양을 만들어 수탉은 동쪽에 암탉은 서쪽에 각각 놓는다. 달떡과 색떡을 만들어 올린다.
- 대추, 밤 : 자손의 번창을 의미한다.
- 닭 : 정확하고 정의롭게 남의 모범으로 살라는 의미이다.

### 8) 폐백

신부가 시부모를 비롯한 시댁의 여러 친척에게 정식으로 인사드리는 예를 행할 때

신부측에서 마련하는 음식이다. 폐백은 지역에 따라 다소 다르지만 가운데 밤을 올린 대추고임과 편포 등을 올린다. 폐백을 싸는 보자기는 청 · 홍색 두 겹으로 네모나게 만들고 네 귀에 금전지나 수실을 꿰매어 단다. 보자기는 서로 묶어 매지 않고 네 귀를 모아 올려서 근봉띠를 끼워 오므린다.

- 대추 : 부귀다남을 상징. 대추의 붉은색은 양을 의미하고 부전하겠다는 다짐의 의미
- 밤 : 음을 의미하고 두렵다는 뜻이 있는데 부모님을 공경하겠다는 의미
- 큰상차림 : 초례를 치른 신랑신부를 축하하기 위하여 여러 가지 음식을 높이 고여 차리는 상이다. 혼례뿐만 아니라 회갑, 희년, 회혼 등의 축의 때도 차리는 상이다. 음식은 떡, 숙실과, 견과, 유밀과, 각색당 등을 높이 괴어서 상의 앞쪽에 색을 맞추어 배상하고 가화로 장식을 한다.

### 9) 육순, 회갑, 진갑

오래 살아온 것을 축하하는 잔치로 만 60세가 되면 회갑이라 하여 성대한 연회를 차려 드린다. 혼례처럼 음식을 30～70cm 높이의 원통형으로 괴어 고배상을 차리고 자손들은 헌주한다. 큰상에 높이 괴었던 푸짐한 떡들은 잔치가 끝난 다음 서로 나누어 먹고 손님들께 국수장국을 대접한다. 차리는 음식으로 유밀과, 강정, 다식, 당속, 생실과, 건과, 정과, 편, 건어물, 편육, 초, 적 등을 차린다.

### 10) 회혼

혼례를 올리고 만 60년을 해로한 해를 회혼이라고 한다. 회혼을 맞이하는 부부는 혼례 때와 같은 신랑, 신부 복장을 하고 자손들로부터 축하를 받는다. 혼례처럼 큰상을 차리고 자손들은 헌주하고, 잔치를 베풀어 축하한다. 결혼과 다른 것은 자손들의 헌주와 권주가와 음식이 따른다. 차리는 음식으로 유밀과, 강정, 다식, 당속, 생실과, 건과, 정과, 편, 건어물, 편육, 초, 적 등을 차린다.

### 11) 상례

부모님이 수를 다하여 운명하게 되면 자손들이 경건하고 엄숙하게 예를 갖추어 의식의 절차에 따라 장사를 지내는 것을 상례라 한다. 산 사람과의 마지막 이별 절차를 행하는 것이다. 상례에 따르는 음식은 상례 중에 올리는 전(奠)과 조석상식(朝夕上食)으로 구분한다.

- 전이란 장례 전에 영좌 앞에 간단한 음식을 차려 놓는 예식으로 술, 생선과 삼색 과일(대추 · 곶감 · 밤), 감주를 하루에 한 번씩 올리는 것으로 상식을 올릴 때 거두어 내린다.
- 조석상식은 돌아가신 조상을 섬기되 살아계신 조상 섬기듯 한다는 의미로 아침, 저녁으로 올리는 상이다. 망인이 생전에 쓰던 반상기에 평소에 들던 격식으로 상을 차린다. 밥, 국, 김치, 나물, 구이, 조림 등으로 한다. 조석상식은 탈상할 때까지 만 2년간을 올린다.

### 12) 제례

돌아가신 조상을 추모하여 지내는 자손들이 행하는 아름다운 효행의식 절차이다. 제례음식 곧 제수의 종류라든가 그 진설법은 지역이나 가풍에 따라 조금씩 차이가 있다. 해마다 죽기 전날 제상을 차려 고인을 기다린다. 초첩, 메, 갱, 면, 편, 편청, 탕, 전, 초장, 적, 적염, 포, 해, 혜, 숙채, 침채, 청장, 과실, 제주, 숙수 등을 올린다.

제수를 조리할 때는 털이 난 과실, 비늘 없는 생선, 고춧가루와 파, 마늘 등을 쓰지 않고, 개나 말 등의 통발짐승도 올리지 않는다.

그림 11·13
제상 진설의 예

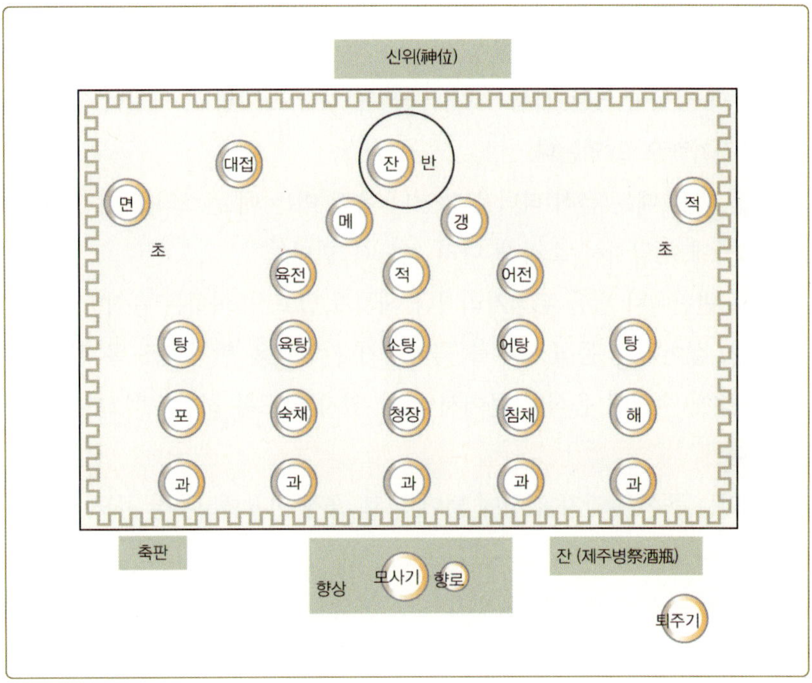


## 11-4 한국의 식사예절

대접받는 사람은 감사하는 마음으로 잘 먹고 감사의 인사를 잊지 말아야 한다. 음식을 먹을 때에는 식사 분위기에 알맞은 옷차림을 단정히 하고 몸가짐은 의젓하며, 큰소리를 내거나 음식 먹는 소리를 내는 것은 예의에 어긋난다.

### 1) 식사 중의 예절

(1) 식사를 시작할 때는 어른이 먼저 수저를 든 다음에 아랫사람이 들도록 한다.

(2) 수저를 동시에 한 손에 들지 않으며, 젓가락을 사용할 때에는 숟가락을 상 위에 놓고 숟가락을 사용할 때는 젓가락을 상 위에 놓는다. 수저를 그릇에 걸치거나

엎어 놓지 말고 밥그릇이나 국그릇은 손으로 들고 먹지 않으며, 상 위에 놓고 먹는다.

(3) 숟가락으로 국이나 김칫국물을 먼저 떠 마시고 나서 밥이나 다른 음식을 먹는다. 밥과 국물이 있는 김치, 찌개, 국은 숟가락으로 먹고, 국물이 없는 다른 반찬은 젓가락으로 먹는다.

(4) 음식을 먹을 때는 음식 타박을 하거나 음식 먹는 데 큰소리를 내지 말고, 수저가 그릇에 부딪쳐서 소리가 나지 않도록 한다.

(5) 수저로 반찬이나 밥을 뒤적거리거나 헤치지 말고, 좋아하는 음식만 집중적으로 먹거나, 싫어하는 음식 일부를 골라내거나 양념을 털지 않도록 한다.

(6) 식사 중에 수저에 음식이 묻어서 남아 있지 않도록 하며, 밥그릇은 깨끗하게 비운다.

(7) 함께 먹는 음식은 각자 접시에 덜어 먹고, 초장이나 초고추장 등도 접시에 덜어서 먹는다.

(8) 음식을 먹는 도중에 뼈나 생선가시 등은 옆사람에게 보이지 않도록 조용히 처리한다. 상 위나 바닥에 그대로 버려서 더럽히지 않도록 처리한다.

(9) 식사 중에 기침이나 재채기가 나면 얼굴을 옆으로 돌려 손이나 손수건으로 입을 가려 다른 사람에게 실례가 되지 않도록 한다.

(10) 먹는 속도가 너무 빠르거나 지나치게 느리지 않도록 다른 사람들과 음식 먹는 속도를 맞춘다. 어른이 먼저 수저를 내려놓은 다음에 따라서 내려놓도록 한다.

(11) 식사 후에는 수저를 처음 위치에 가지런히 놓고, 사용한 냅킨은 상 위에 놓는다.

(12) 이쑤시개는 한 손으로 가리고 사용하고, 사용 후에는 남에게 보이지 않게 처리한다.

### 2) 외식업소에서의 식사예절

(1) 식사와 휴식을 겸한 공간이 되도록 서로 협조한다. 차례를 지키고, 청결하게 이용하며, 바른 식사예절을 지킨다. 이웃을 존중하는 마음과 음식에 대한 감사한 마음을 가진다.

(2) 외식업소 서비스 종사자의 인격을 존중하고, 고운말을 사용한다.

(3) 옆자리의 손님에게 불쾌감을 주는 언행을 삼가고, 주문한 음식을 조리되기 전부터 독촉하지 않는다.

(4) 식사 중에 생긴 휴지는 휴지통에 버린다.

# 제12장 외국의 식생활문화와 상차림

Meal Management

## 12-1 중국의 식생활문화와 상차림

### 1) 중국의 식생활문화

중국의 식생활문화는 2000년 전의 기록이 남아 있을 정도로 오랜 역사를 지니며, 국토면적은 한반도의 44배에 이르고, 중부지방의 양쯔강 하류는 온대습윤, 남부지방은 열대다우, 서부지방은 온대몬슨, 북부지방은 냉대하계습윤으로 지역에 따라 지형, 기후, 풍토가 달라 다양한 방법의 조리, 여러 가지 식품재료의 사용 등으로 독특하고 다양한 식생활문화가 형성되었다.

중국은 한족 외에 55개 소수민족을 포함하는 다민족국가로 관습도 다양하여 지역마다 특색 있는 식생활문화가 발달했다.

중국요리는 넓은 영토와 영해로 좋은 생산물과 해산물을 재료로 이용하여 다양한 음식이 발달하였다. 지역별로 조리법에 차이가 있으며 북경요리, 광둥요리, 사천요리, 상해요리로 구분된다.

### 2) 중국 식생활의 일반적 특징

(1) 식재료가 폭넓게 이용되고 있다.
(2) 오미의 배합으로 맛이 다양하고 풍부하다.
(3) 모든 식재료를 손질하여 짧은 시간동안 익혀내는 숙식이 기본이다.
(4) 기름을 사용한 손쉽고 합리적인 조리법을 사용한다.
(5) 녹말물을 사용하여 음식이 걸죽한 상태가 되어 온도유지가 좋다.
(6) 단순조리법과 복합조리법을 사용하여 다양한 맛을 낸다.
(7) 중화팬, 찜통, 칼, 도마, 뒤집개, 국자 등 조리기구가 간단하고 사용하기 쉽다.
(8) 음식을 담아낼 때 장식을 하여, 시각적으로 외관이 풍요롭고 화려하다.
(9) 향신료와 조미료 등의 향미를 활용하여 음식에 독특한 향미를 낸다.

## 3) 중국의 지역별 음식

### (1) 상해요리(후차이)

일찍 외국과 교류가 많아 외국인의 기호에 맞는 음식이 발달하였으며, 따뜻한 기후의 영향으로 농산물과 해산물이 풍부하다. 간장과 설탕으로 달콤하게 맛을 내는 찜이나 조림요리가 발달하였다. 동파육, 바닷게 요리인 푸룽칭세, 꽃모양의 빵 화쥐안, 만두의 일종인 탕바오 등이 유명하다.

### (2) 사천요리(첸차이)

바다가 멀고 더위와 추위가 심한 지방으로 마늘, 파, 생강, 고추 같은 향신료를 많이 쓴 음식이 발달했다. 마파두부, 회교도의 양고기 요리인 양러우궈쯔, 새우칠리소스볶음 등이 유명하다.

### (3) 광동요리(웨차이)

남쪽 항구지역인 광저우를 중심으로 발달한 요리이다. 아열대기후로 과일, 채소가 풍부하고, 축산물, 해산물이 풍부하고 외국과의 교류로 서양채소, 토마토케첩, 우스터소스 등 서양재료와 조미료로 이국적인 요리가 발달하였다. 재료의 맛을 살리고 담백한 맛이 특징이다. 간은 싱겁고 닭국물을 많이 사용하며 기름을 적게 사용하고 곡주, 설탕, 생강을 조미료로 사용한다. 상어지느러미찜, 광동식탕수육, 제비집요리 등이 유명하다.

### (4) 북경요리(징차이)

중국의 수도인 북경을 중심으로 발달한 요리이며, 궁중음식을 비롯하여 고급음식이 발달하였고, 가장 사치스러운 음식문화를 이루고 있다. 농작물과 과일 등이 풍부하고 북방에 위치하기 때문에 높은 열량이 필요하여 육류를 이용한 튀김과 볶음, 구이 등이 많다. 간장과 설탕을 많이 사용하고, 조미료는 파, 마늘, 참기름을 사용한다. 북경통오리구이, 피단 면류, 만두인 만터우, 떡종류인 빙 등 가루음식과 쇠고기와 돼지고기의 내장, 양고기, 오리고기, 어패류를 이용한 음식이 유명하다.

### 4) 상차림

식탁에는 양념접시, 덜어 먹을 수 있는 개인접시, 젓가락과 받침, 숟가락과 받침, 술잔, 물컵, 간장, 식초, 고추기름 등의 양념을 놓는다. 중국음식은 큰 접시에 담아 순서대로 한 가지씩 나오는 시간전개형 상차림이다. 식단을 채단이라고 하는데, 전채 요리인 젠차이[前菜], 중심요리인 따차이[大菜], 덴싱[点心], 탕(湯), 백반과 김치[香菜] 종류인 상차림 순서로 낸다.

그림 12•1
중국의 상차림

### 5) 중국음식의 식단구성 및 식사방법

#### (1) 징꾸어

젠차이(전채) 전에 내놓는 안주류를 말하며, 수박씨, 호박씨 등이 식탁에 놓여 있는 동안 언제나 먹을 수 있다.

#### (2) 젠차이(전채)

찬 전채와 더운 전채로 나누며 일반적으로 찬 전채가 주로 이용된다. 젠차이는 식욕을 돋워주는 서양의 애피타이저와 같다. 코스 끝까지 식탁에 놓여 있으므로 처음에 많이 덜지 않도록 하며, 음식과 음식 사이에 적당히 먹는다. 냉채는 한 접시에 여러 가지를 섞어 담아 4품 냉채, 6품 냉채, 8품 냉채 등으로 대접한다.

### (3) 따차이(주요리)

전채 후에 대접하는 더운 음식 중 가장 먼저 나오는 요리이다. 식단 중에서 가장 대표가 되는 음식이 처음에 나오는데 재료, 조리법에 변화가 있게 하며 맨 나중에는 탕으로 마무리한다. 맨 처음 음식은 주인이 직접 나누어주기도 하나, 각자가 덜 때는 순서에 따라 덜고 다음 사람에게 돌린다. 통째로 조리한 큰 음식은 주인이 쪼개어 먼저 주빈에게 덜어주고, 그 다음은 각자가 덜어 담는다. 탕은 탕그릇에 덜어 담고, 중국식 사기 숟가락(랭게)으로 소리 나지 않게 먹는다. 새우껍질은 젓가락으로 떼어 내고 먹는다. 음식재료의 종류에 따라 최고급 요리로 제비집요리가 나오고 조금 낮은 등급에서는 해삼요리가 제공된다.

### (4) 뎬싱(点心, 딤섬)

뎬싱은 짠맛과 단맛의 간식이나 가벼운 음식으로 만두류, 국수류, 춘권, 단과자로 1~2가지를 대접한다. 고구마 맛탕처럼 설탕엿을 묻힌 음식은 젓가락으로 집어 찬물에 살짝 담가 설탕엿에서 늘어나는 실을 끊고 먹는다. 면류는 국물이 있는 경우 사기 숟가락을 왼손으로 쥐고 오른손에 쥔 젓가락으로 국수를 집어 숟가락에 얹어서 먹는다. 국물은 랭게를 이용하여 소리나지 않게 떠서 먹는다. 광동식 발음으로 딤섬으로 더 많이 알려져 있다.

### (5) 탕

연회에서 탕이 나오면 식사가 끝난 것으로 생각해도 된다. 탕과 함께 밥, 죽, 만두 등의 식사 종류와 반찬이 되는 피말과 돼지고기볶음 등 손이 많이 가지 않는 후안차이, 김치 또는 장아찌의 상 차이를 낸다.

### (6) 과일

마지막으로 과일과 차를 낸다.

### 6) 중국의 식사예절

(1) 좌석 배치는 입구에서 먼 쪽이 상석으로 주빈이 앉도록 하고, 주인은 문 쪽에서 가장 가까운 말석에 앉는다.
(2) 음식이 나오면 주빈 앞에 놓아 먼저 먹도록 하고, 마실 술의 종류도 주빈에게 물어서 청하도록 한다.
(3) 탕을 먹을 때는 랭게라는 숟가락을 사용하고 탕 이외의 음식은 젓가락을 사용한다.
(4) 개인접시를 사용하고 조금씩 덜어 놓되 음식을 뒤적이지 않는다.
(5) 차는 접시가 있으면 접시째 들어서 찻잔의 뚜껑을 오른손으로 조금 위쪽으로 밀어서 잡고 그 틈새로 차를 마신다.
(6) 손님초대 시에는 반드시 즈단이라는 초대장을 보내야 한다. 초대장에는 반드시 주빈의 이름을 맨 위에 적고 초대하는 사람의 이름을 연명한다.

## 12-2 일본의 식생활문화와 상차림

### 1) 일본의 식생활문화

일본의 전통요리는 의식요리인 혼젠요리, 연회상차림요리인 가이세키요리, 생활중심요리인 쇼징요리, 중국풍 요리인 후차요리 등이 있다.

한반도의 약 1.7배의 면적을 가진 일본은 홋카이도, 혼슈, 시코쿠, 규슈 등 여러 개의 섬으로 이루어져 있어 생선요리가 발달한 것이 특징이며, 국의 맛을 내는 재료로 가쓰오부시와 다시마를 주로 사용한다.

### 2) 일본 식생활문화의 일반적 특징

(1) 주식과 부식으로 구성되어 있다.
(2) 두부, 유부, 미소, 간장, 낫토 등 콩제품의 활용이 많다.

(3) 자연 그대로의 맛과 모양을 살린다.
(4) 계절감과 시각적인 면을 중시한다.
(5) 음식마다 다른 색, 재질, 형태의 식기를 사용한다.
(6) 식기는 1인분씩 따로 담아 사용한다.
(7) 소량씩 기교적으로 담는다.
(8) 채소 썰기가 다양하게 발달했다.
(9) 젓가락만 사용한다.
(10) 조리법이 서로 다른 음식으로 상차림을 구성한다.

### 3) 일본 지역별 음식 특징

#### (1) 관서지방

오사카를 중심으로 발달한 가미가다요리는 간이 그리 강하지 않고 야채나 어패류 등 재료의 맛을 최대한으로 살리고, 설탕을 비교적 쓰지 않아 연한 맛이 특징이다. 색과 형태도 그대로 살리며 어느 정도의 국물이 많은 것이 특징이다.

#### (2) 관동지방

도쿄를 중심으로 발달한 에도(도쿄)요리라고 하며, 스시, 덴뿌라, 장어구이, 메밀국수 등이 대표적이며, 관서지방보다 설탕과 간장을 사용하여 맛이 농후한 것이 특징이다.

### 4) 일본음식의 상차림

일본에서는 식단을 곤다테라고 하고, 상차림을 하이젠이라고 한다. 일본은 1즙 3채가 기본식단이 되고 일상적인 상차림이다. 일본의 식기류는 요리에 따라 그릇의 형, 색채 무늬가 다르다. 밥그릇과 국그릇은 칠기이고, 식기류는 모두 도자기류이다. 조림은 우묵하게 생긴 그릇에, 구이는 접시에, 초나물을 작은 보시기에, 초밥은 대형 접시를 사용하고 젓가락은 칠기나 뿔로 만든 것을 사용하고 숟가락은 사용하지 않는다. 술잔은 도자기, 찻그릇은 무쇠, 차종 중에 엽차는 뚜껑이 있는 종지, 가루차는 큰

보시기 같은 자기, 차 뜨는 국자는 대나무로 되어 있다.

(1) 혼젠요리(本膳料理)

무로마치시대 이래 정가에서 정식이 필요해짐에 따라 나타난 형식이다. 일본의 정식 관혼상제의 의식요리로 정통 정찬차림의 형식화된 요리이다. 1즙 3채, 1즙 5채, 2즙 5채, 2즙 7채, 3즙 5채, 3즙 7채, 3즙 11채 등이 있으나 현재 2즙 5채를 차려내는 3상이 가장 일반적이다.

(2) 차카이세키요리(茶懐石)

혼젠요리를 간소화하여 다도행사 시 차를 마시는 자리에서 차를 대접하기 위해 간단하게 먹도록 한 형식의 가이세키요리이다. 승려들이 따뜻하게 데운 돌을 품에 품고 다닌 데서 유래한 가벼운 식사를 의미한다.

(3) 카이세키요리(會席石料理)

에도시대에 발전했던 복잡한 혼젠요리를 결혼식이나 연회용으로 간략하게 하여 독자적으로 만든 주연을 위한 요리로 현재 일본요리의 주류가 되는 코스요리이다. 현재 일본요리의 연회나 회식, 결혼피로연 등으로 이어졌다. 보통 7품이 많고 가정에서는 5품, 7품 정도가 적당하다. 젠사이(전채), 스이모노(맑은국), 사시미(생선회), 야끼모노(구이요리), 니모노(조림요리), 아게모노(튀김요리), 무시모노(찜), 고항(밥), 스노모노(초회), 후식(과일) 등이다.

(4) 쇼징요리(精進)

어류와 생선과 수조육을 전혀 사용하지 않고 콩, 채소, 해조류 위주의 식물성 재료로만 만든 사찰음식으로 교토를 중심으로 발달하여 서민에게 전파되었다.

(5) 후차요리(普茶)

기름과 녹말을 많이 사용한 중국풍의 정진요리를 말한다. 중국의 우원선사에 의해 알려진 요리이다.

### (6) 오세치요리

설날(신정) 연휴 동안 주방에서 가급적 불을 사용하지 않도록 설전에 미리 조림음식을 만들어 찬합에 담아 놓고 먹는 설날 음식을 말한다. 첫해를 좋은 음식으로 보낸다는 뜻이 담겨 있다.

- 쿠로아메(검은콩조림) : 1년 동안 건강하고 근면하게 일하기를 기원
- 쿠라긴톤(단밤조림) : 황금색의 금처럼 호화로움을 의미
- 이와이시타마고(바단달걀찜) : 호화로움을 의미
- 코하쿠나마누(무 · 당근초절임) : 축하의 의미
- 이리도리(닭야채조림) : 우엉은 일가 뿌리를 잘 내리라는 의미이고, 연근은 연근 구멍처럼 지혜롭게 세상을 보라는 의미이며, 토란은 자식의 번영을 의미
- 타즈쿠리(멸치조림) : 풍년, 풍작을 기원
- 곰부마키(다시마말이) : 경사스러운 일을 의미
- 에비노츠야니(새우조림) : 장수를 의미
- 타타키고보우(우엉깨무침) : 일가의 뿌리

**그림 12·2**
**1즙 3채**

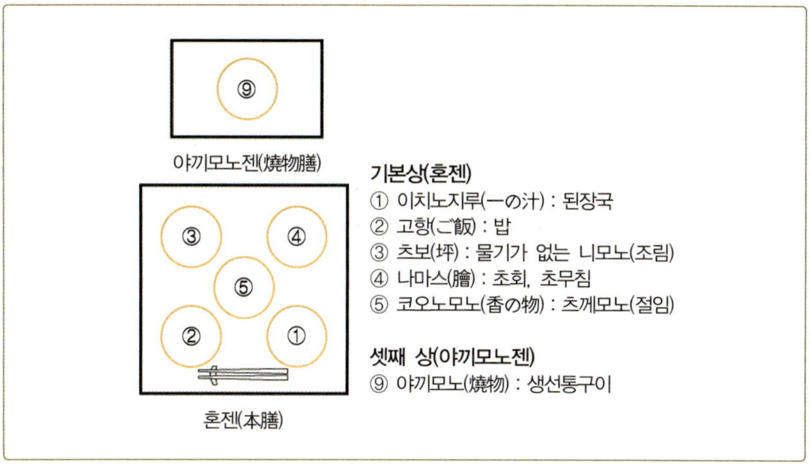

그림 12·3
2즙 5채

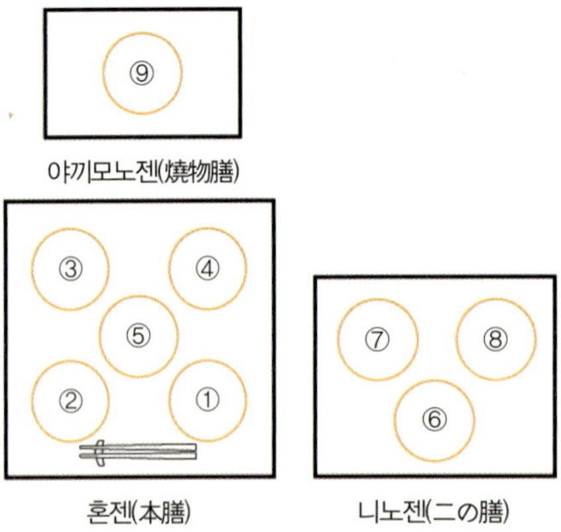


**기본상(혼젠)**
① 이치노지루(一の汁) : 된장국
② 고항(ご飯) : 밥
③ 츠보(坪) : 물기가 없는 니모노(조림)
④ 나마스(膾) : 초회, 초무침
⑤ 코오노모노(香の物) : 츠께모노(절임)

**둘째 상(니노젠)**
⑥ 니노지루(二の汁) : 맑은국(스마시지)
⑦ 쵸쿠(豬口) : 나물(아에모노 또는 히타시모노)
⑧ 히라(平) : 니모노(조림)

**셋째 상(야끼모노젠)**
⑨ 야끼모노(燒物) : 생선통구이

## 5) 일본의 식사예절

(1) 식사 전에 반드시 인사를 하고 젓가락을 들고 음식 먹는 소리가 나지 않도록 한다.
(2) 그릇의 뚜껑은 밥, 국, 반찬 순으로 열어 상 위에 가지런히 놓고 식사가 끝난 후에는 뚜껑이 있는 그릇은 도로 덮어 둔다.
(3) 젓가락을 사용하여 식사한다.
(4) 음식을 덜 때는 전용 젓가락을 사용하고 없을 경우 젓가락을 거꾸로 쥐고 사용한다.
(5) 통생선요리는 머리 쪽의 등살에서부터 꼬리 순으로 먹는다. 작은 가시는 얌전하게 모아 놓는다. 등살 쪽을 다 먹어도 생선을 뒤집지 않는다.
(6) 차를 마실 때에는 찻잔을 두 손으로 들어 왼손을 찻잔 밑에 받치고 오른손으로 찻잔을 쥐고 마신 뒤 뚜껑을 도로 덮는다.
(7) 식사 후 반드시 잘 먹었다는 인사를 한다.
(8) 술을 마실 때에는 잔을 두 손으로 잡고 술을 받으며 일단 선에 놓고 모두 같이 인사가 있은 후 입에 댄다. 건배가 있을 때는 술을 못마셔도 받아서 건배에 동참한다.

## 12-3 서양의 상차림과 식사예절

### 1) 서양 상차림의 특징

(1) 양식은 상을 차리고 사람이 앉은 다음에 음식을 주방에서 운반하여 개인에게 서빙한다.
(2) 음식을 먹는 데 사용하는 도구가 나이프, 포크, 스푼 등 용도에 따라 다르게 사용하며 놓는 위치도 다르다.
(3) 양식은 큰 덩어리로 조리하여 먹을 때 나이프와 포크를 이용하여 잘라 먹는 경우가 많다.
(4) 찬 음식, 샐러드. 빵, 뜨거운 음식, 후식 등으로 대접한다.

### 2) 서양 상차림에 필요한 도구

#### (1) 테이블클로스(Table cloth)

보통 테이블클로스의 소재는 식사시간, 목적, 분위기에 맞게 사용한다. 흰색의 목면으로 만든 린넨이 기본으로 상 모서리에서 30cm 정도 아래로 늘어지는 것이 적당하다. 정찬이 아닌 경우 식탁보 대신 접시받침을 사용할 수 있다. 테이블클로스 밑에는 식기 소리나 식탁보의 움직임이 적고 식기의 미끄럼 방지효과가 있는 언더클로스를 덮는다.

#### (2) 냅킨(Napkin)

품격 있는 식사 때에 사용해 왔으며, 상보와 같은 린넨이 정식이고, 요즘은 간소화하여 종이를 사용하기도 한다. 아침이나 점심식사 외 캐주얼용은 30×40cm, 저녁식사, 포멀한 용은 50~60×50~60cm 정사각형, 정찬용은 60×75cm 다과에는 20~30×20~30cm, 칵테일용은 15×15cm의 직사각형을 사용한다. 격식에 있는 자리에서는 큰 냅킨을 준비한다.

### (3) 러너(Runner)

식탁의 중앙을 가로지르는 천을 가리키며 폭, 길이 비율은 자유롭게 선택하고 캐주얼한 분위기에 세팅할 때 쓰인다.

### (4) 도일리(Doily)

10cm 정사각형 또는 원모양 천으로 레이스나 자수로 되어 있고 접시와 다른 그릇이 부딪치는 소리를 방지하기 위해 사용한다.

### (5) 양념그릇과 장식품

식단 중앙에 센터피스로 계절 꽃이나 채소, 과일, 과자 등을 장식하며 촛대로 장식하기도 한다. 양념그릇은 소금과 후추를 놓고 때에 따라 토마토케첩이나 겨자, 설탕을 준비한다. 공식적인 경우 촛대가 은이면 소금, 후추통도 은으로 통일감을 준다.

### (6) 식기

보통 사기그릇을 사용하나 중요한 격식이 있는 자리에는 은식기를 사용한다. 육류와 채소를 담는 주식접시가 가장 큰 것을 사용하고 샐러드접시, 후식접시, 빵접시, 그 밖의 수프볼, 물컵, 술컵, 칵테일컵, 피클을 담는 접시가 있고, 식사도구로 나이프, 포크, 스푼, 서빙포크와 서빙스푼 등도 있다.

- 음식에 따라 그릇의 모양이 다르다. 디너접시는 직경 27cm, 샐러드접시나 오드볼접시는 21～23cm, 수프볼이나 시리어볼은 21cm, 케이크접시는 18～19cm, 찻잔 세트 정도가 1인용의 기본 세트이다.
- 숟가락과 포크, 나이프에 해당하는 것을 커트러리 또는 플랫웨어라 한다. 고급 커트러리는 순은이나 도금제품이 많은데 이를 실버웨어라 한다.
- 정식 상차림에는 글라스가 3개 놓인다. 오른쪽에서부터 물잔, 레드와인잔, 화이트와인잔의 순서로 나이프 위쪽에 놓는다.

그림 12•4
양식기

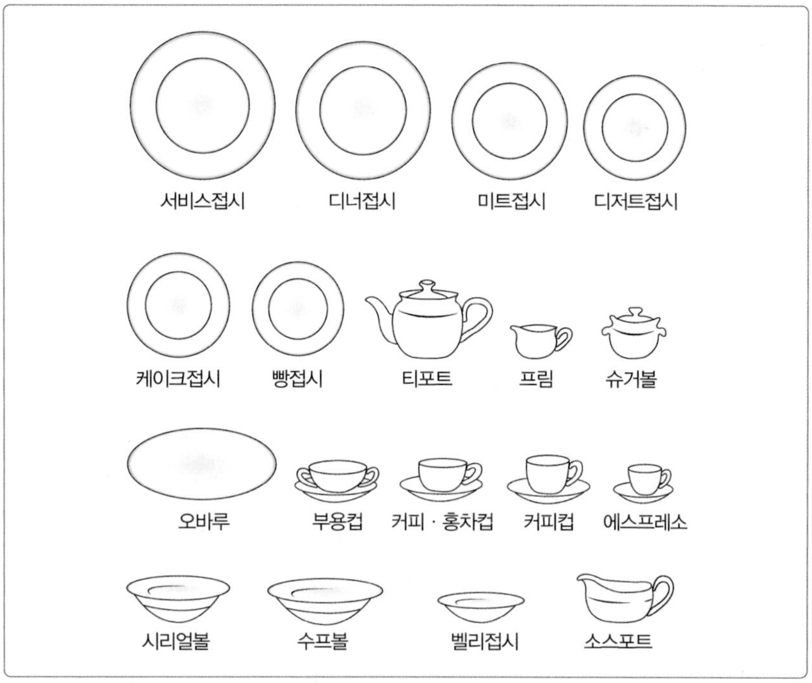


그림 12•5
글라스웨어

### 3) 서양의 상차림

정찬 상차림, 간단한 일상차림, 뷔페 상차림, 다과상차림, 칵테일파티 상차림 등이 있다.

#### (1) 서양식 정찬 상차림

- 디너파티 상차림 : 최고의 격식을 차린 만찬이므로 메뉴도 8코스 이상이다. 즉, 전채요리, 콩소메나 수프, 빵, 생선요리, 앙트레, 샐러드, 후식, 차 등으로 구성된다. 공간장식은 물론 린넨류, 식기류, 식탁장식품, 파티 진행과정 등에 이르기까지 클래식 스타일의 세팅이 이루어진다.
- 서퍼파티 상차림 : 세미디너 파티의 형식으로 완전히 격식을 차린 파티가 아닌 오후 6시에 갖는 저녁식사 형식의 파티 상차림이다.
- 오찬 상차림 : 정식 오찬으로 비즈니스 모임, 외교관부인 모임 등 사교의 장으로, 메뉴도 디너에 뒤지지 않을 만큼 제공하고 테이블 세팅도 격식을 갖춘 상차림이다.
- 웨딩파티 상차림 : 교외나 정원에서 가든파티 형식이나 세미디너 형식의 스타일로 이루어지는 결혼축하파티 상차림이다.

그림 12•6
정찬의 상차림

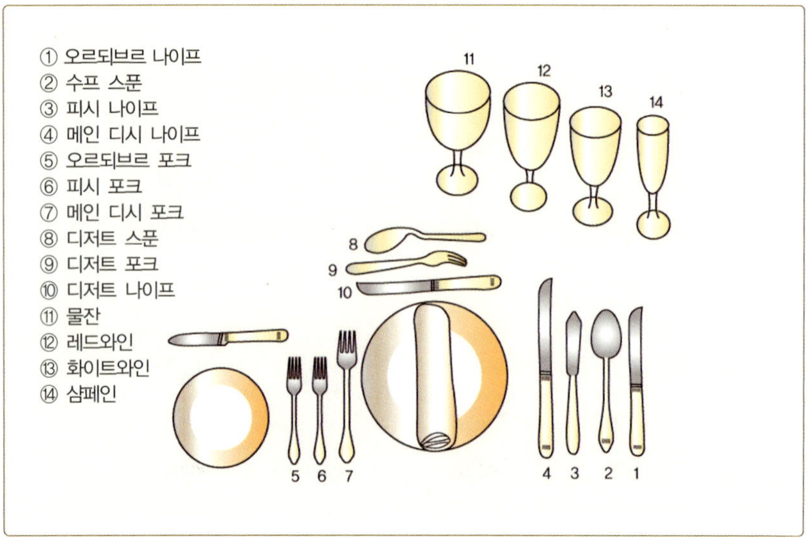

### (2) 일상식 상차림

**아침 상차림(Breakfast)**

가족과 함께하는 고규모의 아침식사로, 과일, 시리얼, 계란, 빵, 베이컨, 음료 등 5가지 정도로 메뉴를 구성하며, 기본적인 테이블웨어는 제대로 갖춘다.

**브런치 상차림(Brunch)**

Breakfast와 Lunch가 합해진 단어로 아침과 점심을 겸한 식사형식으로 보통 오전 11시경에 한다. 부활절 아침이나 휴일 아침 가족모임 등 늦은 아침에 여유 있게 하는 식사이다. 메뉴는 수프, 빵, 고기요리, 생선요리, 샐러드, 후식, 차 등으로 구성한다.

**포트락 상차림(Potluck)**

모임에 초대받은 사람들 각자가 음식을 가져와서 갖는 격식 없는 캐주얼한 파티로 부인들의 모임이나 종교모임에서 갖는 모임 상차림이다.

**티파티 상차림**

대화를 즐기는 파티로 여러 종류의 차와 케이크, 쿠키, 과일 등으로 간단한 상차림을 한다. 애프터눈 티파티는 티파티 중 가장 전통이 깊고 격조 높은 사교모임이다.

**칵테일파티 상차림**

저녁 무렵 디너파티의 저녁식사 전 2시간 정도 주류를 즐기면서 분위기를 고조시키는 파티로, 안주용의 간단한 음식으로 상차림한다.

**뷔페 스타일 상차림**

장소가 좁거나 모이는 사람들의 시간이 일정하지 않을 때 적합한 파티 상차림이다. 음식과 식기를 테이블 중앙에 놓고 손님 각자가 접시에 음식을 덜어 식탁에 앉아서 먹는 'sit-down buffet'와 인원이 많아 서서 음식을 먹을 수 있도록 메뉴를 조절하는 'standing-buffet'가 있다.

### (3) 서양 테이블 세팅

① 상 위를 깨끗이 닦고 언더클로스를 깔고 테이블클로스를 깐다.
② 식탁 중심에 장식품을 놓고 그 주위에 양념그릇을 놓는다.
③ 주식접시는 식탁 끝에서 3~4cm 안쪽으로 놓고, 주식접시 오른편에 나이프와 스푼을, 왼편에 포크를 놓는다.
④ 물컵은 나이프 위쪽에 놓는다.
⑤ 냅킨은 포크 왼편에 놓기도 하고 주식접시 위에 놓기도 한다.
⑥ 빵접시는 주식접시와 포크의 중간 위치에 놓되 주식접시 위쪽에 오도록 한다.
⑦ 샐러드접시는 빵접시 왼편에 놓는다.
⑧ 한 사람의 식탁 차지는 60~70cm 정도이다.
⑨ 식사 좌석은 입구에서 먼 쪽이 상석으로 남녀가 일반적으로 섞어서 앉는다.

**그림 12·7**
**식사 시 좌석 정하기**

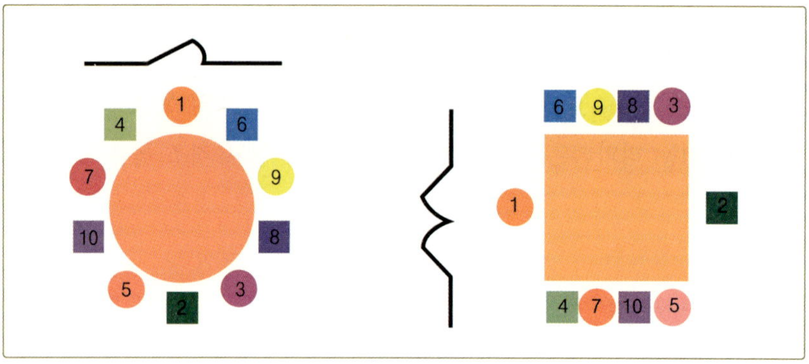


원탁의 경우
여자 주인 ①을 중심으로 남자 주인과 여자 주인은 마주보는 곳에 앉는다. ②
여성 주빈은 주인의 오른쪽 ③에, 남성 주빈은 여자 주인의 오른쪽 ④에 앉아 각각 파트너가 된다.
다음 번호순서에 따라 좌석을 결정한다.

장방형의 경우
여자 주인과 남자 주인은 식탁 좌우 ①②에, 여성 주빈은 주인의 오른쪽 ③에, 남성 주빈은 여자 주인의 오른쪽 ②에 앉는다. 남녀 교차는 위의 번호와 같이 결정한다.

ㅇ–여성 ㅁ–남성

**그림 12•8**
**서양식 상차림의 예**

1 기본식사 때의 나이프와 포크 놓기 (전채와 주요리 코스)

2 수프와 후식을 포함하는 식사를 위한 상차림

3 케이크나 커피를 들 때와 같이 나이프가 필요치 않을 때는 포크를 스푼 바로 안쪽에 놓는다.

4 음료용 스푼은 맨 오른쪽에 둔다. 작은 커피스푼은 찻잔 받침접시 위에 놓는다.

5 포도주잔과 물잔은 북서방향에서 남동방향으로 향하는 대각선이 되게 배치한다. 주요리와 함께 마시는 포도주용 잔을 주요리용 나이프의 끝에서 1.25cm 떨어진 곳에 둔다.

6 물잔은 모든 포도주잔보다 윗자리에 놓는다. 식탁 안쪽에서 가장 가까운 곳에 둔다.

7 버터나이프는 주요리용 나이프와 나란한 위치로 버터접시 위에 둔다.

### 4) 음식 담기

같은 음식이라도 어떤 그릇에 어떻게 담느냐, 어떤 것과 담느냐에 따라 분위기가 다르다. 음식의 모양, 담는 그릇의 모양, 담음새에 따라 전체 모양이 결정되며, 색은 음식의 색과 그릇의 색의 조화로 이루어진다.

#### (1) 접시 모양에 따른 활용법

- 원형 접시는 가장 기본이 되고 편안하고 고전적인 느낌을 준다. 테두리의 무늬와 색상에 따라 다양한 이미지 연출이 가능하다.
- 타원형 접시는 우아하고 여성적인 원만한 느낌을 준다. 가로세로의 비율을 변화시켜 섬세한 이미지 연출을 한다.
- 정사각형 접시는 안정되고 정돈된 느낌을 주며 모던하고 세련된 느낌을 준다. 주로 젠 스타일을 연출할 때 활용한다.
- 직사각형 접시는 안정되고 세련된 모던 느낌과 친근한 이미지 연출에 적합하다.
- 삼각형 접시는 날카로움과 빠른 움직임의 느낌을 주므로 코믹한 분위기나 자유로운 분위기를 연출할 때 활용한다.
- 역삼각형 접시는 날카로움과 속도감이 있어 강한 움직임의 이미지를 연출할 때 적합하다.
- 마름모형 접시는 평면적이면서도 입체적인 느낌을 주고 정사각형 접시를 45도 돌려서 활용 가능하다.

#### (2) 음식 담기의 실제

**① 접시의 가장자리 이외의 곳에 음식을 놓아라**

- 이는 음식을 놓을 만한 충분한 크기의 접시를 선택하라는 것이다. 음식을 잘 만드는 것도 중요하지만 보이는 것 또한 중요하기 때문이다.

**② 상대방이 편할 수 있게 아이템을 배치하라**

- 상대방이 보이는 부분에 최고의 아이템을 두어야 한다. 즉, 바라보이는 곳을

최대한 살려야 한다는 뜻이다.

**③ 덩치 큰 요리가 아니라면 아이템 사이에 공간을 두어라**

- 뒤죽박죽 두지 말고 하나하나의 개성을 살려 표현해야 한다.

**④ 항상 조화를 유지하라**

- 관계성이 너무 없으면 어색해 보이므로 잘 어울릴 수 있게 표현해야 한다.

**⑤ 가니쉬를 고려하고 만들어라**

- 색뿐만 아니라 균형을 맞추는 것에도 중요한 요소이므로 잘 고려해야 한다.

**⑥ 최대한 심플하게 하라**

- 복잡하면 자칫 어수선해 보일 수도 있으므로 각각 요리의 개성을 살려 최대한 깔끔하게 표현해야 한다.

**⑦ 온도**

- 뜨거운 음식은 뜨겁게, 차가운 음식은 차갑게 담는다.

(3) 식공간 분위기 만들기

① 식탁 위치는 여름을 제외하고 햇빛이 잘 드는 곳으로 이동하여 따뜻하고 밝은 식사 분위기를 만든다.

② 식탁이 있는 공간의 창문에 햇빛 투과율이 좋은 소재로 커튼이나 블라인드를 만든다.

③ 창가에 투명유리 소품을 이용하여 화사한 분위기를 만들어본다.

④ 먹는 사람의 자세에 편안한 식탁과 의자를 활용한다.

⑤ 자연요소를 최대로 활용하고, 센터피스를 이용하여 주변을 심리적으로 안정되게 한다.

### 5) 서양의 여러 나라 식생활문화

#### (1) 프랑스 식생활문화

소스가 음식맛을 결정하며, 섬세하고 예술적 아름다움이 뛰어나다. 프랑스는 지중해와 대서양에 면하고 있어 기후가 온화하고, 농 · 수 · 축산물이 풍부하여 좋은 식재료가 공급된다. 프랑스는 와인과 음식의 관계를 중요시하며, 산지에 따라 맛, 색, 향기 등이 다르고 종류도 다양하다. 다양한 향신료의 사용으로 미묘한 맛을 연출한다. 프랑스의 대표음식으로는 달팽이요리인 에스까르고, 거위간요리인 프와그라, 서양송로버섯인 트러플(truffle)요리, 생굴요리 등이 유명하다.

#### (2) 미국의 식생활문화

다민족국가의 특성으로 각국의 음식이 발달하였으며 편리성을 추구하여 패스트푸드와 냉동식품, 반조리식품, 인스턴트식품이 발달하였다. 햄버거, 핫도그, 스테이크, 켄터키치킨 등이 전 세계적으로 사랑받는 음식이다.

#### (3) 영국의 식생활문화

목축업이 활발하여 낙농제품이 많고, 감자를 많이 생산하여 감자음식이 많다. 아침을 중시하여 과일주스, 시리얼, 베이컨과 계란 혹은 소시지, 훈제청어와 토마토 등 푸짐한 아침식사를 한다. 향신료를 많이 쓰기보다는 자연스러운 음식 자체의 맛과 향을 중요시한다. 영국의 대표음식으로는 로스트비프와 요크셔푸딩이 유명하다. 케이크, 비스킷, 샌드위치 등이 발달하였고, 흰살생선을 튀겨 감자튀김과 함께 먹는 피시 앤 칩스가 유명하며 홍차를 즐겨 마신다.

#### (4) 이탈리아의 식생활문화

이탈리아는 공업이 발달하고 알프스와 바다로 접해 있어 경제적으로 풍족하다. 북부지방의 농업이 발달해 쌀과 유제품이 풍부한 반면, 남부지방은 삼면이 바다로 둘러싸인 반도인 특성으로 해산물과 올리브와 토마토, 모차렐라치즈를 활용한 요리가 많다. 이탈리아 북부 요리로는 크림소스, 볼로냐의 미트소스, 중부 요리로는 로마의 카르보나라, 피렌체는 올리브와 와인이 그리고 남부의 나폴리는 피자와 파스타의 고향이라고 한다. 베네치아는 향료가 유명하고, 조개, 생선 등 해산물로 만든 음식인 봉골레 스파게티, 플레타, 리조또가 유명하다.

(5) 독일

합리적인 가정요리가 특색이며 감자, 소시지가 주식이며, 목축업이 발달하여 겨울 동안 저장음식으로 개발된 햄과 소시지가 유명하다. 돼지나 소의 발목 바로 윗부분을 이용한 음식이 학세(haxe), 돼지 뒷다리고기를 절였다가 부드럽게 삶은 아이스바인(eisbein), 양배추절임인 사워크라우트와 맥주가 유명하다. 퓨레, 으깬 감자에 버터를 넣어 구운 요리, 감자 팬케이크, 크로켓 등이 대표적이다.

### 6) 서양 식사예절

① 식탁에 앉을 때에는 의자를 앞당겨 식탁 가까이 앉으며 냅킨은 무릎 위에 펴 놓으며 식사가 끝난 다음에 냅킨을 대강 접어서 식탁 위에 놓는다.
② 육류나 채소는 왼손으로 포크를 쥐고, 오른손으로 나이프를 사용하여 적당한 크기로 음식을 자르고 포크를 사용하여 먹는다.
③ 음식은 잘라가면서 먹는다.
④ 빵은 나이프를 사용하지 않고 손을 사용하여 떼고 버터나이프를 이용하여 버터를 발라 먹는다.
⑤ 수프를 먹을 때는 들여마시는 소리가 나지 않도록 주의하고 스푼을 전체 입속에 넣지 말고 스푼을 기울여 흘려서 넣는 식으로 먹는다.
⑥ 샐러드는 고기음식과 함께 나오는데 토마토나 상추처럼 큰 것은 나이프를 사용하고 포크로 먹을 수 있는 작은 크기의 것은 포크만 사용해도 된다.
⑦ 식사 중에 대화하는 경우는 포크와 나이프를 양쪽으로 접시에 걸쳐 놓고 음식을 다 먹고 난 후에는 포크와 나이프를 가지런히 오른쪽으로 접시에 놓는다(그림 12-9).

⑧ 후식으로 멜론을 먹을 때는 껍질을 벗긴 후 한입 크기로 잘라 먹고, 바나나는 껍질을 자르고 펼친 후 한입 크기로 썰어 먹는다(그림 12-10).

**그림 12•9**
**식사 중과 식사 후 포크와 나이프의 위치**

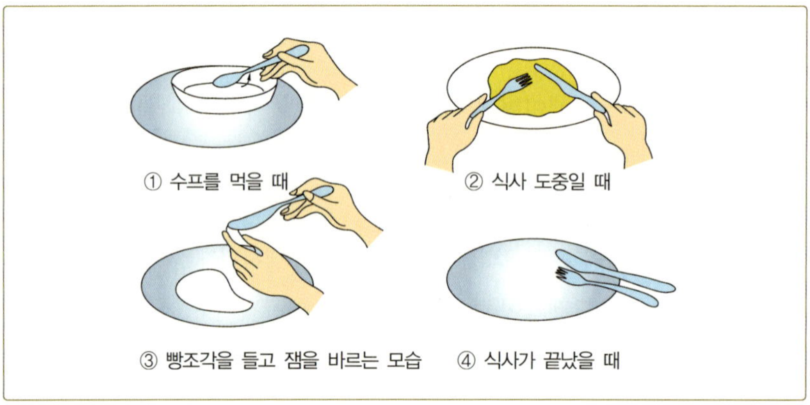


**그림 12•10**
**후식으로 멜론과 바나나를 먹을 때**

# 제13장 테이블 코디네이션

Meal Management

## 13-1 테이블 코디네이션의 정의

테이블 코디네이션은 식탁에서 단순히 음식을 먹는 것에서 더 나아가 식탁의 미를 추구하는 공간예술이다. 식탁 위에 올려놓는 식기, 음식, 수저, 테이블보, 장식물 등 모든 물건의 색, 소재, 모양 등의 조화를 고려하여 음식을 보다 맛있게 보이도록 하기 위하여 식공간을 기획, 조절 및 연출하는 것을 말한다.

## 13-2 테이블 코디네이션의 기본

### 1) TPO에 따른 테이블 코디네이션

- Time(시간) : 식사시간이 어느 때인가에 따라, 아침, 점심, 저녁에 따라 음식이 다르고, 식사에 소요되는 시간도 다르다.
- Place(장소) : 식사하는 장소에 따라 준비가 다르다. 실내, 실외, 거실, 다이닝룸 등에 따라 테이블의 형태나 크기, 높이 등이 달라진다.
- Object(목적) : 식사의 목적이 일상인지 특별한 행사나 초대인지에 따라 분위기와 색상연출이 다르고 공식의례 행사의 경우 국제의례준칙에 맞추면서 다른 나라의 문화나 주변 사람에 대한 배려를 고려한다.

### 2) 오감의 조화

식탁에서 가장 중요한 것은 음식의 맛인 미각이지만 테이블의 전체적 코디네이션이 오감 즉, 미각, 시각, 후각, 촉각, 청각을 자극하여 음식의 맛과 조화를 이루어야 한다.

## 13-3 색채와 계절감

식탁을 차릴 때 계절감을 살려 세팅을 하면 더 풍요롭고 아름다운 식탁이 된다. 단색의 색 이미지가 다색으로 이용될 때 통용하는 이미지 군이 있다.

따뜻한 감각의 색을 2~3색 편성한 배색은 따뜻한 느낌이 되고 차가운 느낌을 주로한 색상은 차가운 느낌의 효과가 있다. 따뜻한 느낌의 색(난색계)으로서는 적, 황등, 차가운 느낌의 색(한색계)은 청록, 청, 청자 등이다. 고명도 그룹의 배색은 가벼운 느낌과 부드러운 느낌을 준다(그림 13-1).

그림 13•1
계절 이미지 스케일

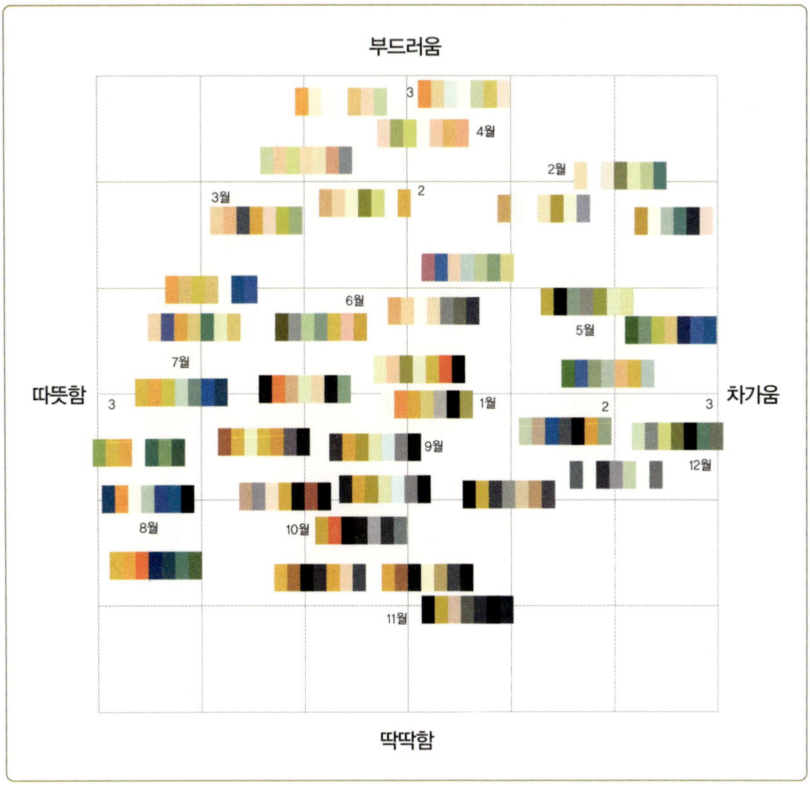


자료: 박필제 · 백숙자 공저, 색채학입문, 형설출판사, 2002

### 1) 봄

봄의 대표적인 색은 분홍, 레몬옐로, 라임그린 등의 파스텔 계열의 색으로 따뜻하고 화사한 느낌을 준다. 봄의 색은 선명하고 부드러우면서 명도와 채도가 높은 그룹으로 선택한다.

### 2) 여름

여름은 흰색을 기본 바탕색상으로 하고 밝고 가벼운 색으로 파란색과 흰색이 들어 있으면 부드러우면서도 차가운 느낌을 준다. 코발트블루와 같은 청색 계열과 회색 계열, 파스텔톤으로 푸른기가 도는 아이보리색, 하늘색, 강렬한 태양을 상기시키는 진한 노랑이나 주황색, 빨강색도 여름을 느끼게 한다.

### 3) 가을

가을은 채도가 낮은 브라운색과 올리브그린, 겨자색, 자연의 낙엽색을 활용한다. 톤이 낮으면서 부드럽고 차분한 색이 주를 이룬다. 딥브라운과 빛바랜 녹색과 저채도 녹색, 가을 들녘의 풍성하고 차분한 이미지의 색들로 구성한다.

### 4) 겨울

겨울의 대표적인 색은 푸른색과 검정색이 섞여 있어 찬색으로 구분된다. 푸른색이 기본 바탕색으로 채도가 높으며 강하게 가라앉는 느낌을 주며 모던하고 도회적인 세련된 이미지의 색이 된다. 청록색, 청보라, 군청색, 흰색, 검정색, 와인색 등에 자주, 빨강 등의 배색을 사용한다.

그림 13•2
사계절의 색

자료 : 권순자 외 6명, 웰빙식생활, 교문사, 2012

## 13-4 배색 이미지 스케일

그림 13•3
배색 이미지 스케일

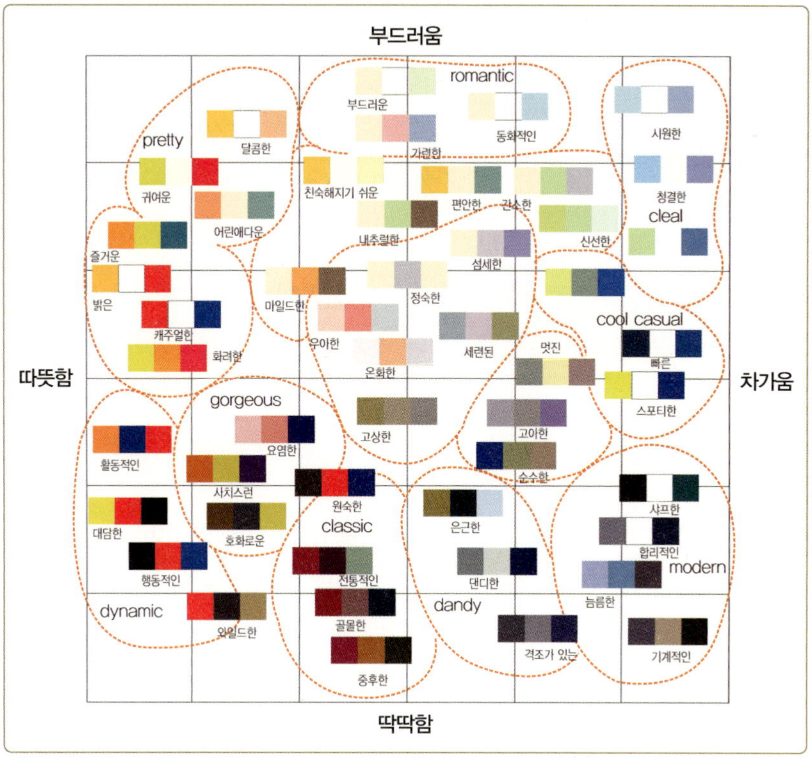


자료 : 박필제 · 백숙자 공저, 색채학입문, 형설출판사, 2002

3색의 배색은 미묘한 이미지의 차이를 표현한다. 따뜻함/차가움, 부드러움/딱딱함, 깨끗함/탁함의 공간에 위치를 정할 수 있다. 전체 중에서 아주 비슷한 이미지 배색끼리 정리하면 귀여움, 캐주얼 등의 특징이 있다. 색에서 언어로, 언어에서 색으로 감성을 잡는다. 서로 떨어져 있는 배색은 반대 이미지를 갖고, 가까이 있는 것은 비슷한 이미지를 갖는다(그림 13-3).

## 13-5 기본이 되는 테이블 코디네이션 스타일

### 1) 클래식 스타일

영국의 전통적이고 격조 있는 안정된 스타일로 정식 디너 상차림으로 테이블클로스는 린넨, 식기와 커트러리는 도자기, 본차이나, 은식기, 금, 도금 등을 사용하고 오랜 역사를 지닌 명품을 사용한다.

### 2) 엘레강스 스타일

클래식 스타일에 비해 더 우아하면서도 품위가 있고, 차분한 정식 상차림에 어울린다. 식기는 흰색, 엷은 파스텔 색상의 도자기나 본차이나 사용, 냅킨은 흰색이나 연핑크, 테이블클로스는 고급스러운 레이스와 수가 돋보이는 상차림이 좋다.

### 3) 캐주얼 스타일

캐주얼 스타일은 밝고 힘 있고 유쾌감, 컬러풀함, 건강함의 이미지이다. 식사의 처음부터 끝까지 한 개의 나이프와 포크를 사용해도 실례가 되지 않고 정해진 양식이 없는 스타일이다. 커트러리는 손잡이가 플라스틱, 메탈, 나무 등으로 만든 것을 다양하게 사용한다.

### 4) 로맨틱 스타일

부드럽고 달콤한 순수한 소녀의 이미지이다. 부드러운 쉬폰이나 면레이스, 불투명한 유리, 밝은 컬러의 연보라색, 우아하고 사랑스러운 디자인, 부드럽고 가련한 분위기가 어울린다. 작은 꽃무늬나 물방울무늬, 우아한 프린트 모티브가 파스텔의 색조와 조합을 이루면 좋다.

### 5) 모던 스타일

새롭게 도회적이고 세련된 감각의 스타일로 식기 및 테이블웨어 등의 소재, 색상, 디자인, 장식 등이 기존의 스타일과 다르게 변화되는 스타일이다.

### 6) 퓨전 스타일

현대적 감각으로 여러 스타일이 크로스 오버된 퓨전 스타일이다.

**〈표 13-1〉 스타일별 테이블 코디네이션**

| 스타일 | 테이블/린넨류 | 식 기 | 글라스/커트러리 | 식탁소품 |
|---|---|---|---|---|
| 클래식 | • 장미목, 마호가니 재질의 테이블<br>• 장식성이 풍부하거나 은은한 무늬의 테이블클로스<br>• 고전적인 문양의 패턴이나 손으로 수를 놓은 린넨류도 가능<br>• 전통적인 다마스크 직물<br>• 벨벳이나 실크로 트리밍한 고급스러운 러너 | • 유백색의 디너웨어<br>• 명품의 본차이나 세트<br>• 금색 라인의 식기류<br>• 깊이감 있는 색의 테두리가 있는 것<br>• 접시 중앙 부분에 무늬가 없는 것이 적합 | • 크리스탈류의 글라스<br>• 은이나 은도금 제품<br>• 손잡이 부분이 고급스러운 느낌이 나는 명품<br>• 길이가 긴 유럽식 정찬용 커트러리가 적당 | • 은제품 피겨<br>• 촛대 등을 악센트로 활용<br>• 일반적으로 냅킨 링은 사용하지 않음 |
| 엘레강스 | • 등나무나 호두나무 등의 온화한 나무결을 살린 테이블<br>• 흰색을 기본으로 파스텔톤을 기조색으로 함<br>• 마, 투명감이 있는 소재나 레이스, 자수 등 우아하고 고급스러운 제품<br>• 섬세하고 아름다운 볼륨감이 돋보이는 린넨류 | • 흰색, 금색, 은색의 자기나 본차이나를 중심으로 한 파스텔톤의 컬러를 곁들임<br>• 디너웨어는 세트 제품을 사용<br>• 곡선 장식이 있는 식기 | • 장식이 유려한 크리스탈류의 글라스<br>• 품위 있는 조각이 있는 제품<br>• 품위 있는 디자인의 제품 | • 은은한 색의 꽃으로 곡선을 살림<br>• 고급스러운 도자기 인형이나 진주를 이용한 소품<br>• 은제품의 소금, 후추통 |

| 스타일 | 테이블/린넨류 | 식 기 | 글라스/커트러리 | 식탁소품 |
|---|---|---|---|---|
| 내추럴 | • 자연적 질감이 그대로 살아 있는 밝은 톤의 테이블클로스<br>• 자연미가 있는 면, 마, 실크 소재의 린넨류<br>• 베이지계, 아이보리계, 그린계 등의 평온한 톤을 바탕으로 한 통합감 있는 배색의 린넨류 | • 도자기, 나무, 대나무 등 자연적 질감이 그대로 살아 있는 밝은 톤의 식기<br>• 무늬가 없거나 풀, 나무 등 자연을 모티브로 한 식기 | • 밝고 친근하고 소박한 형태의 글라스<br>• 나무, 대나무, 등나무 등 소박한 질감의 제품 | • 돌과 나무 등을 이용한 다양한 디자인의 촛대<br>• 돌과 나무, 허브와 같은 식물을 이용한 센터피스 |
| 모던 | • 흰색의 단순한 형태 테이블<br>• 원색 테이블도 활용 가능<br>• 무지, 기하학적 무늬 혹은 과감한 스트라이프 무늬의 패브릭<br>• 모노톤의 흑백이 섞인 면<br>• 폴리에스테르 등 다양한 종류의 소재도 가능 | • 추상적인 무늬턴 기하학적 패턴의 식기<br>• 스테인리스 스틸의 식기<br>• 두께가 얇고 날카로운 느낌의 식기<br>• 사각형의 식기를 적절하게 활용 | • 스템 부분에 색이 있거나 단순한 선을 강조한 글라스<br>• 직선을 강조한 제품<br>• 스테인리스 스틸 소재 등 손잡이의 색상이나 소재가 특이한 제품<br>• 독특한 디자인의 제품 | • 플라스틱이나 아크릴 소품 등 차가운 느낌의 금속 소품<br>• 부피감이 있는 센터피스는 금물 |
| 젠 | • 심플한 디자인의 사각 테이블<br>• 흑과 백 또는 나무색 정도만을 사용한 린넨<br>• 부드럽고 따스한 느낌을 연출하기 위해 모노톤 외에도 밤색, 카키색, 겨자색, 보라색의 린넨류도 사용 가능 | • 사각의 도자기를 개인접시로 활용<br>• 자연에서 영감을 얻은 색과 형태의 식기<br>• 은은한 느낌의 식기 | • 단순한 라인의 글라스<br>• 나무젓가락 사용 | • 흙과 나무, 돌 등을 센터피스로 활용<br>• 대나무, 자갈, 갈대, 나뭇잎과 같은 자연소재 사용 |
| 캐주얼 | • 비비드 컬러의 테이블클로스 또는 다양한 소재의 플래이스 매트 활용<br>• 체크, 스트라이프, 프린트 무늬 등 다양한 패턴의 린넨류<br>• 다양한 소재의 냅킨 사용 가능(면, 폴리에스테르, 종이 등)<br>• 다색상의 대비로 코디네이트 함 | • 스톤웨어, 두께가 없는 자기나 도기, 플라스틱, 아크릴, 한국 전통옹기 등의 식기<br>• 일회용 식기도 무방함<br>• 원색의 화려한 식기<br>• 귀여운 무늬나 화려한 장식이 없는 투박한 식기<br>• 다양한 색조의 식기를 함께 조화시키기도 함 | • 스템이 두껍고 장식성이 없거나 유색의 글라스<br>• 두꺼운 강화컵이나 모양이 있는 컵<br>• 스테인리스 제품이나 일회용 플라스틱 제품<br>• 나무핸들, 고무핸들 등 다양한 소재<br>• 유럽식보다 약간 짧은 미국식 스타일이 적당 | • 색이 선명한 꽃의 센터피스<br>• 화기로는 식기를 사용하여 자연스러운 분위기를 연출하거나 유리화기를 사용<br>• 다양한 소재의 냅킨 링을 활용<br>• 조약돌이나 과일을 이용하여 경쾌한 분위기 연출 |
| 에스닉 | • 서로 다른 톤의 컬러 매치로 화려함이 돋보이는 직물의 린넨류<br>• 천연소재인 면, 마, 아프리카풍의 화려한 무늬의 린넨류<br>• 디테일 처리에 있어 비전문적인 장식기법을 적용하는 것도 아이디어 | • 목재, 도기 등 자연친화적 패턴이나 화려한 색상의 식기<br>• 천연목이나 칠기 또는 원시 분위기가 나는 식기<br>• 무늬가 있는 금속이나 나무그릇이 일반적<br>• 거친 질감의 식기 | • 강렬한 색상의 글라스<br>• 조개류, 나무, 동물의 뼈, 대나무 등을 모티브로 한 젓가락이나 스푼 | • 지역의 민예품, 동물의 뿔, 대자연 상징물 등 풍토미가 있는 장식물<br>• 커다란 잎사귀, 나무나 왕골 소품<br>• 센터피스로 열대과일이나 음료를 담은 바구니, 토분에 담긴 꽃을 활용 |
| 한국전통 | • 전통미가 있는 옻칠한 테이블<br>• 테이블클로스나 러너는 생략 가능<br>• 한국 전통문양의 린넨류<br>• 한국의 오방색을 사용한 린넨류 | • 백자, 청자, 분청사기 등의 분위기가 나는 식기류<br>• 유기그릇<br>• 은은한 무늬의 식기류<br>• 투박한 질감의 질그릇 | • 은제품이나 스테인리스 스틸 제품의 수저 | • 한국 전통미가 풍기는 공예품<br>• 전통미가 있는 화기에 꽂은 꽃 |

자료 : 건축과 디자인 교수진, 건축과 디자인, 배재대학교 출판부, 2007

## REFERENCES


권순자 · 김미라 · 손정민 · 김종희 · 이연경 · 최경숙 · 정현아(2012). 식생활관리, 파워북.

권순자 · 이정원 · 구난숙 · 신말식 · 서정숙 · 우미경 · 송미영(2010). 개정판 웰빙식생활, 교문사.

노희경 · 박양원 · 박영희 · 오영준(2007). 식생활관리, 대경북스.

윤서석 · 이기열 · 유태종 · 안명수 · 조후종 · 이효지 · 권태완(2002). 한국음식대관 제1권 한국음식의 개관, 한림출판사.

박영희 · 노희경 · 정난희(2010). 웰빙 현대인의 식생활과 건강, 신광출판사.

백옥희 · 윤기선 · 한은숙 · 김옥선 · 고성희(2012). 식품구매, 파워북.

서정숙 · 이혜상 · 이심열 · 김경민 · 김복희(2010). 개정 식생활관리, 신광출판사.

장명숙 · 이승현 · 문성원(2006). 식생활관리, 신광출판사.

한복려 · 조후종 · 윤숙자 · 윤숙경 · 주영하 · 이효지 · 윤덕인(2002). 한국음식대관 제5권 상차림 · 기명 · 기구, 한림출판사.